KB274875

과학기술로 세상을 열다

과학기술로 세상을 열다

매일경제 과학기술부 지음

서울대학교 공과대학·공학한림원·매일경제 공동선정

한국 엔지니어 60인

매일경제신문사

서 문 l

장 대 환

매일경제신문·매일경제TV 대표이사 회장

　매일경제신문이 서울대 공과대학, 한국공학한림원과 함께한 '한국을 일으킨 엔지니어 60인' 선정작업은 매우 뜻깊은 일이었습니다. 해방 이후 지난 60년간 한국 현대사의 최대 성과로 꼽히는 산업화를 일군 엔지니어를 찾아내어 그들의 업적을 기리고, 경제성장에 있어 공학의 중요성을 되새길 수 있는 뜻깊은 기회였습니다. 특히 세계가 치열한 첨단기술전쟁을 벌이는 요즘, 사상 처음으로 학계와 언론이 힘을 합쳐 산업현장의 대표 엔지니어를 선정해 발표했다는 점에서 더욱 의미있는 일이 아닐 수 없습니다.

　이 책에 실린 엔지니어들은 산업을 일으키기 위한 인프라스트럭처라곤 찾아보기조차 힘들었던 해방 이후의 황무지에서 오늘날 대한민국을 반도체 강국, 조선 강국, 자동차 강국, IT 강국으로 일군 주인공들입니다.

　'한강의 기적'이라 불리는 빠른 경제성장의 이면에는 산업의 태동과 성장에 필수적인 기초장비와 기반시설을 직접 손으로 만들어가며 산업의 주춧돌을 놓은 이들 엔지니어들의 공로가 숨어 있습니다. 한국을 '일으킨' 엔지니어라고 이름 붙인 것도 이들의 기여가 없었다면 오늘날 한국의 경제성장을 생각한 수 없기 때문입니다.

　선정작업은 매우 엄격하고 공정했습니다. 매일경제신문은 서울대 공과대학, 한국공학한림원과 함께 각계 전문가 16명으로 이루어진 선정위원회를 구성하고 수차례에 걸친 선정위원회의를 거쳐 2006년 10월 20일 1,400여 명의 후보 가운데 60명을 최종 선정해 공식 발표했습니다.

선정작업은 2006년 4월부터 10월까지 6개월 동안 진행됐습니다. 4월 학계와 산업계 전문가 등 18명으로 구성된 추천위원회를 가동하고 예비 후보 1,200여 명을 모을 수 있었습니다. 또 협회 및 개인의 추천 등 후보 공개모집을 통해 7월까지 모두 1,470여 명의 후보를 확보했습니다. 추천위원회는 이들을 대상으로 5개월 동안의 작업을 통해 122명으로 압축했습니다. 이어 선우중호 명지대 석좌교수를 위원장으로 한 16명의 전문가로 이뤄진 선정위원회가 추천위원회에서 추천된 122명을 놓고 모두 네 차례에 걸쳐 엄격한 심사를 진행해 최종 60명을 선정했습니다.

이 과정에는 산업 인프라스트럭처 구축, 신산업 구축, 경제성장 기여, 수출 기여 등 엔지니어로서 산업발전 기여도에 중점을 뒀습니다. 그 결과 울산석유화학단지 건설, 포항제철소 완공, 원자력발전소 고리1기 점화 등 산업화에 밑거름이 된 '창조'를 이끈 산업현장의 엔지니어들을 발굴할 수 있었습니다.

산업현장의 경험과 결실이 생생하게 느껴지는 이 선정집은 성장동력을 찾으려 애쓰시는 모든 분과 엔지니어를 꿈꾸는 젊은 공학도에게 소중한 교과서가 될 것입니다. 끝으로 오늘도 어려운 여건 하에서 산업발전과 신기술개발에 헌신하고 있는 산업현장의 엔지니어와 기술경영인 여러분의 노고에 감사를 드리며, 이 책에 소개된 엔지니어 여러분의 생생한 기록이 미래 한국의 바람직한 엔지니어상이 되었으면 하는 간절한 마음을 전합니다.

김 도 연

서울대학교 공과대학장

기술력(技術力)은 곧 국력(國力)입니다. 그러나 우리 사회에 뿌리 깊었던 사농공상(士農工商)의 차별 의식과, 기술을 경시하는 가치관 때문에 우리는 결국 망국(亡國)의 서러움까지 겪은 바 있습니다. 30년이 훌쩍 넘는 일제(日帝) 강점기를 거친 후, 6·25 전쟁을 치르면서 이 땅은 완벽히 폐허가 되었습니다.

그러나 절망의 땅에서 희망의 불꽃을 지피고 이를 모닥불로 만들어낸 사람들이 바로 자랑스런 대한민국의 엔지니어들이었습니다. 1953년 국민소득 67달러에 불과했던 대한민국이 이제는 세계 11위의 경제대국이자 자유민주주의 국가로 발전했습니다. 우리의 엔지니어들은 대한민국이 세계 무대의 주역으로 부상할 수 있는 기초를 쌓았습니다.

서울대학교 공과대학은 2006년으로 개교 60주년을 맞이하였습니다. 60년이란 한 사람의 삶이 완성되는 기간입니다. 마찬가지로 서울대 공대도 역사의 한 페이지를 덮고 새로운 페이지를 시작하고 있습니다.

이런 기회에 대한민국의 오늘을 만든 자랑스런 엔지니어를 발굴해 그들의 공로를 기리는 작업은 매우 큰 의미를 지닌 것으로 생각됩니다. 이 과정에서 다양한 분야의 산업 발전에 크게 기여한 엔지니어를 너무나 많이 찾을 수 있었으나, 제한된 숫자로 인해 이 분들을 함께 모실 수 없었던 것이 매우 송구스럽습니다.

이제 21세기를 맞아 우리나라가 명실상부한 선진국 대열에 들기 위해서는 사회의 모든 부문에서 치밀한 준비와 각고의 노력이 있어야 하겠지만, 그 중에서도 절대적으로 필요한 것은 역시 기술력입니다. 우리가 자동차, 반도체 분야 등 일부 산업에서 지니게 된 경쟁력도 끊임없는 기술혁신을 이루지 못한다면 더 이상 유지하기 어려울 것입니다.

기술은 결국 사람의 문제이기에 기술의 진흥과 국가 발전을 위해서는 우수한 젊은 인재가 이공계를 택해야 하며, 이들이 자랑스럽게 자기 전공 분야에 몰두할 수 있는 사회적 분위기가 조성되어야 할 것입니다. 이는 다른 대안이 없는 대한민국의 21세기 발전 전략이자 생존 전략입니다.

이번에 '명예의 전당'에 모시게 된 60인의 엔지니어가 이루어낸 공적과 그들의 도전 정신을 잊지 않고 기억하겠습니다. 그리고 이를 널리 알려서 대한민국 젊은이들의 사표(師表)가 되도록 하겠습니다. 이 책을 통하여 엔지니어가 좀 더 대접 받는 사회가 되길 기대합니다. 끝으로 이 사업의 실무 책임자로서 수고를 아끼지 않으신 최항순, 허은녕 교수님과 주덕영 반도체협회 부회장님께 각별한 감사의 말씀 올립니다.

차 례

강진구

삼성전자 전 대표이사 회장

△1927년 출생 △1957년 서울
대 전자공학과 △1965~1973
년 중앙일보 동양방송 이사 △
1974~1982년 삼성전자 대표
이사 사장 △1988~1990년 삼
성전자 대표이사 부회장 △
1988~1993년 삼성전기 대표
이사 △1991~1992년 삼성종
합기술원 원장 △1990~1998
년 삼성전자 대표이사 회장 △
1998~2001년 삼성전기 대표
이사 회장

〈주요 업적〉 컬러 TV, 마이크
로웨이브 오븐, 냉장고 등 가전
산업의 세계화

굵직한 전환점마다 족적 남긴 큰 나무

강진구 전 삼성전자 회장은 삼성전자의 반도체사업을 초기 주관하여 성공시켰고 초창기 컬러TV, 전자레인지, 냉장고 등 가전산업의 세계화에 결정적인 기여를 했던 인물로 평가받고 있다. 또 한국전자공업진흥회 회장을 맡아 한국의 전자공업 진흥에 족적을 남기기도 했다.

강진구 전 회장은 졸업 후 국내 최초의 TV방송국인 HLKZ에 엔지니어로 입사했다가 KBS를 거쳐 1963년 삼성 계열사인 동양방송 TV기술부장으로 스카우트됐다.

당시 정부는 고(故) 이병철 삼성 전 회장에게 TV방송 허가를 내주면서 특정 시점까지 TV 전파를 쏘아 올리지 못할 경우 허가를 취소하겠다고 엄포를 놨다. 그러면서도 외화 환전과 해외 송금 편의를 봐주지 않아 필요한 방송 기자재를 수입할 수 없었다.

약속된 시한이 다가오자 강진구 전 회장은 하는 수 없이 청계천을 이 잡듯 뒤져가며 부품들을 구한 뒤 직접 기자재를 만들었다. 시한을 불과 몇 달 앞두고 마침내 전파를 쏘았는데 시청자들로부터 "KBS보다 화질이 낫다"는 평가를 받았다.

이를 계기로 이병철 전 회장의 눈에 든 그는 1974년 삼성전자 사장으로 발탁됐다. 당시 삼성전자는 매출액이 60억 원에 불과했고 해마다 적자가 쌓여가는 형편이었다. 이병철 전 회장은 "1년만 해보고 안 되거든 회사를 접어도 좋다"며 그의 등을 떠밀었다. 이병철 전 회장의 신임을 얼마나 받았는지 엿볼 수 있는 대목이다.

30여 년이 흘렀지만, 만약 삼성전자가 강진구 전 회장을 만나지 못해 적자가 지속되었다면 한국 경제는 어떻게 됐을까 생각만 해도 끔직한 일이다.

그는 당시 논과 밭으로 둘러싸인 허름한 건물에서 모기떼에 뜯겨가며 제품 개발에 매달렸다. 외국 회사들이 기술이전을 거절하면 그 회사 제품을 사다놓고 해체와 조립을 거듭한 끝에 독학으로 제조기술을 익혔다.

그로부터 30년이 지난 지금 삼성전자는 아시아를 대표하는 글로벌 기업으로 성장했다.

강진구 전 회장이 현업에서 뛰면서 일궜던 업적을 정리해 보면, '전자사업에 미래를 걸다' → '국내 정상의 종합전자회사로' → '제2의 창업, 통합 삼성전자 출범'으로 요약할 수 있다. 굵직굵직한 전환점을 보다 자세히 살펴보면, 국내 최초 컬러TV(1976), 냉장고(1974), 세탁기(1974), 전자레인지(1978) 등을 개발 생산하며 종합전자회사로 발돋움했고 VCR을 세계 4번째로 독자개발(1979)하기도 했다.

삼성은 한국전자통신 인수를 계기로 통신 분야 영역을 확장할 수 있게 되었으며 1982년 10월에는 반도체와 통신사업을 강화하기 위해 삼성반도체통신을 출범시켰다. 이 시기 삼성전자는 가전 사업을 중심으로 국내 정상의 전자회사로 도약했다. 삼성반도체통신은 대용량 메모리 사업에 진출해 대한민국을 세계 세 번째 메모리 반도체 생산국가 반열에 올렸으며 통신 분야에서도 전자교환기 도입으로 통신혁명의 기초를 마련했다.

1983년 3월 이병철 전 회장의 반도체 사업진출 선언 이후 1983년 11월 64K D램 개발에 성공했고 삼성전자와 삼성반도체통신으로 이원화되었던 전자산업은 복합화, 시스템화 등에 대응하기 위해 1988년 11월 통합 삼성전자를 출범시킨다.

강진구 전 회장이 우리나라 정보통신 산업의 초석을 다진 뒷얘기를 소개한다.

1982년 9월 삼성반도체통신의 사장으로 부임하자마자 그는 통신 산업의 새로운 흐름에 대처하기 위해 시분할 방식 디지털 교환기 기술의 도입을 서둘렀다. 당시 디지털 교환방식은 몇몇 선진 기업만이 보유하고 있었다. 검토 끝에 협력관계에 있던 ITT와 S-1240의 도입계약을 체결했나.

1983년 5월 기술 습득을 위해 ITT의 자회사인 벨기에의 BTM 사에 기술연수생을 파견했다. 연수생이 출발하기에 앞서 강진구 전 회장은 연수생 간부들을 불러 점심을 같이 하면서 조립기술이나 운영기술만이 아닌 핵심기술까지도 알아오라고 당부했다. 그러나 BTM이 핵심기술을 쉽게 가르쳐줄 리 만무했다.

그래서 BTM이 하나를 가르쳐줄 때 다섯, 여섯까지도 캐묻고, 그래도 안 되면 밤잠을 설치고서라도 연구하라고 당부했다. 심지어는 근본원리와 핵심기술을 완전히 파악하지 못하면 아예 귀국할 생각도 하지 말라고 엄포를 놓았을 정도였다.

연수생은 각오를 새롭게 하고 벨기에로 떠났다. 처음 7, 8개월간은 그 쪽에서 준비한 일정에 따라 조립과 운영기술을 전수받았다.

그러면서도 연수생 간부 중 한 명인 유의선 팀장은 기본 연수과정은 BTM의 계획대로 진행하되 우리나라의 환경에 적용시키는 CDE(Country Development Engineering)만큼은 BTM과 공동으로 하자고 주장했다. 하지만 BTM은 그 요청을 거부하고 직접 개발하겠다고 주장했다.

유의선 팀장은 M10CN을 설치할 때의 쓰라린 경험을 상기하면서 당시 BTM 측이 CDE를 소홀히 했기 때문에 애를 먹었던 일들을 일일이 지적했다. 결국 BTM 측도 유의선 팀장의 합리적이고 타당한 논리에 주장을 굽히지 않을 수 없었다. 그래서 S-1240 CDE는 공동으로 개발하게 됐다.

CDE 개발에는 2년 가까운 시일이 소요됐다. 사실 우리나라 실정에 맞게 현장설계를 하려면 S-1240의 핵심원리와 기술을 충분히 알아야 했다.

그러나 그런 고급기술에 접근하는 것 자체가 쉬운 일이 아니었다. BTM의 보안조치가 엄격해서 그들이 허용한 접근영역을 넘어서려면 당장 제동이 걸렸다. 따라서 각 분담 조는 현장에서 해결하지 못한 과제를 숙소에 돌아와 함께 검토해 해결한다든지 또는 우회적인 접근법을 사용해 알아낸다든지, 그야말로 상상할 수 있는 모든 수단을 동원해 하나하나 해결해 나갈 수밖에 없었다.

그렇게 해서 익힌 기술이 이후 TDX 시리즈인 디지털 교환기 공동개발 때 위력을 발휘해 우리나라 정보통신 선진화에 크게 이바지할 수 있었다.

경세호

가희 회장

△1932년 출생 △1957년 서울대 섬유공학과 졸업 △1958년 대전방직 입사 △1966년 삼호방직 상무이사 △1971년 풍한방직 상무이사 △1975년 효성물산 상무이사 △1984년 쌍방울 대표이사 △1987년~ 가희 대표이사 △1990년 한국면방공업협동조합 이사장 △2005년 한국섬유산업연합회 회장
<주요 업적> 봉제수출 통한 외화획득

48년 섬유산업 외길, 재도약의 지휘자

경세호 가희 회장은 1957년 서울대 섬유공학과를 졸업하고 당시 최대의 방직회사인 삼호방직의 계열사 대전방직에 입사한 것을 계기로 지난 48년간 섬유산업 외길을 걸었다. 특히 그는 국내 10여 곳에 방직공장, 봉제공장을 세운 1970년대 섬유수출의 주인공으로 꼽힌다.

경세호 회장이 유학을 꿈꾸며 선교사 등을 통해 중학생 때부터 틈틈이 영어를 배워둔 것은 그의 섬유인생에서 더할 수 없는 자산이 됐다.

영어를 쓸 수 있는 사람이 얼마 안 되던 당시 갓 입사한 20대의 그가 회사를 대표해 미국, 유럽 등의 최신 봉제공장을 견학할 기회를 잡은 것이나. 일본 봉성 사부소의 수선으로 녹일, 스위스, 이탈리아, 베트남, 홍콩, 싱가포르, 터키, 파키스탄 등 10여 개국의 공장을 방문하고 담당자를 만나 상담했던 당시의 경험은 돈을 주고도 살 수 없는 것이었다.

하지만 밀라노에서 취리히로 이동하는 비행기에서 그는 놀라운 소식을 들었다. 옆자리 승객이 프랑스신문을 보여주며 한국에서 박정희 등의 군부 쿠데타가 일어났다는 소식을 알려준 것이다.

이와 함께 정재호 삼호방직 회장을 포함, 대부분의 기업인들이 부정축재자로 줄줄이 소환되었다는 소식을 접하고 부랴부랴 한국에 연락해 보았지만 통신이 두절돼 연락이 닿지 않았다.

"졸지에 국제고아가 된 것 같았지요. 당시만 해도 외국에 나가는 게 지금처럼 쉽지 않았어요. 그 때 생각난 것이 서울대 재학 중 유학을 위해 접촉했던 섬유분야 대가인 영국 리즈(Leeds) 대학 제이비스 빅맨 교수였습니다. 지푸라기를 잡는 심정으로 도움을 요청하는 편지를 썼지요."

이를 계기로 두 달간 영국에 머물면서 공부했다. 하지만 그것도 잠시, 한국에서 삼호방직 회장 일행 등이 독일 차관 및 외자 도입 교섭을 위해 유럽에 와 20대 나이인 그가 수행을 맡게 되었다.

"9월 한 달간 독일, 이탈리아 등을 다니며 차관 도입 협상의 통역은 물론 메모와 보고서 작성까지 계열사 사장단 보다 더 가까이 회장의 지시를 받으면서 많이 배웠죠."

경세호 회장은 회사 측의 협박에 가까운 회유로 영국 유학을 접고 한국으로 돌아와 본격적인 섬유인의 길에 접어든다.

1962년 그는 돈암동 동도극장 맞은편에 국내 최초의 수출 봉제공장을 세우게 된다. 재봉틀 350대, 700여 명의 직원들로 시작했다. 작은 가내수공업 형태의 봉제공장은 있었지만 수출을 위한 대규모 봉제공장은 당시로서는 획기적이었다. 뒤이어 천우사, 삼도물산 등이 공장을 짓기 시작하면서 1960년대 국내 섬유산업의 황금기를 이끈 셈이다.

"기획에서부터 건설까지 전 과정을 맡아 진행했지요. 재봉틀 한 대가 50달러로 대당 100만~500만 달러에 이르는 방직기에 비하면 굉장히 규모가 작은 셈이지요. 재봉틀 100대 규모의 기획을 올렸다가 크게 혼이 났습니다. 키가 작다고 생각까지 작아서 되겠냐고 불호령이 떨어졌지요."

특히 그는 봉제공장 설계를 당시 동경대에서 공부를 마치고 이름을 날리던 건축가 김수근 선생에게 부탁하는 파격을 감행했다.

"봉제공장의 수출경쟁력은 길어야 5년일 것이라고 봤습니다. 이미 유럽이나 일본 등지에서 눈으로 확인한 것이지요. 훗날 쇼핑센터로 사용할 것을 감안해 헛간처럼 짓지 말라고 공장설계를 부탁했습니다. 김수근 선생도 처음에는 화를 냈지만 이런 설명을 듣고는 흔쾌히 수락했지요."

당시 섬유산업의 수출기여도란 지대한 것이었다. 1965년 삼호무역은 500만 달러 수출 달성으로 금탑산업훈장을 받았다. 이는 당시 국내 전체 수출액 3,000만 달러의 20%에 해당될 정도였다.

경세호 회장은 10여 곳의 봉제공장을 세운 것 외에도 참신한 아이템으로 당시 패션시장에 큰 돌풍을 일으켰다.

입사 직후 유럽출장에서 본 주름기계에 착안했다. 10~20만 달러짜리 수름잡는 공정을 들여와 국내에 흑마표 주름치마를 선보였다. 또 독일에서 15야드 크기의 대형 자수기계를 도입해 한국인이 선호하는 큰 무늬가 담긴 자수직물을 만들어내었다.

"큰 기업인일수록 작은 일에 절대 소홀한 법이 없지요. 당시 회장님께서도 봉제공장으로 전성기를 누리면서도 주름치마와 자수직물을 꼼꼼히 챙기셨어요."

특히 이때 자수디자인을 맡을 인력이 없어 유럽 디자이너를 한 달에 1,500달러를 주고 데려온 것은 그에게 큰 교훈을 남겼다.

"당시 우리 월급이 100달러가 안 되던 때였습니다. 기계를 독일에서 들여왔지만 기계에 사용되는 자수디자인을 할 수 있는 사람이 없었습니다. 유럽 디자이너가 부르는 것이 값이었지요. 이 일을 계기로 가희를 창업한 후에도 2년차가 넘으면 반드시 외국으로 연수를 보내는 등 인력양성에 힘을 쓰게 됐지요."

1970년 삼호방직 상무이사로 퇴임하고 1971년부터 풍한방직 상무이사, 효성물산 상무이사, 원미섬유공업 사장, 쌍방울 사장 등 원료생산에서부터 제품생산과 판매에 이르기까지 전 과정을 두루 경험한다.

1987년에는 쇠퇴해가는 면방산업의 틈새를 공략해 가희를 창업하고 다품종, 소량 단납기 시스템을 구축, 고품질의 단섬유 방적사를 생산하고 있다.

중국의 저임금 노동력 등 변하는 환경에서 차별화를 고민하다 내린 결론은 '방적' 이었다. 특히 방적을 하되 최첨단 고성능 생산설비를 고집함으로써 품질 우위의 경쟁력을 확보했다. 사양길이라며 남들이 다 공장을 걷어치울 때 계속 최신설비로 증설해 온 것도 이 같은 경세호 회장의 고집이 고스란히 담겨있다.

"1987년 창업 후 1988년, 1993년, 2001년, 2004년 최신설비로 재설비 작업을 했습니다. 그 외에도 크고 작은 여러 번의 설비보수 작업이 있었지요. 생산시설에 최신 과학기술을 도입한 종합 품질제어시스템을 갖춰 1998년에는 ISO9001과 ISO9002 인증을 받았습니다."

아직도 가희 충주공장의 생산, 구매, 판매, 인사 전 과정을 꼼꼼히 지휘하는 그가 고품질만 고집한 것도 20년이다. 인천과 신림동의 봉제공장은 정리했다.

"가격경쟁력은 어차피 게임이 안 됩니다. 실의 품질을 USTER 등급에서 상위 10%, 내부적으로는 5%에 맞추려 하고 있지요. 중국 등지로부터 국내에 수입되는 것이 대부분 30~40% 등급이고 국내 다른 업체들이 20% 등급을 생산할 때 우리는 흔들리지 않았지요."

특히 가희로부터 컨테이너 1~2개 정도를 납품받는 미국의 한 업체가 20~30개를 주문했지만 품질 저하 우려 때문에 무리하지 않았다.

"욕심내지 않습니다. 방적기 하나에 부품이 3만 5,000여 개 입니다. 치밀한 관리가 이뤄지지 않으면 실의 품질이 금세 떨어지게 되지요. 중국에서조차 구하기 힘든 고급원사는 한국에서 사가는 실정이지요."

그가 중국이나 동남아로 공장을 옮기지 않은 것도 품질에 대한 욕심 때문이다.

"대충 만들면 인력훈련과 품질제어 시스템 정착 등에 3~5년이면 되겠지만 고품질은 힘듭니다."

가희에서 개발되는 원사만도 한 달에 40~50여 종. 가희에서는 생산직 사람들이 연구개발과 설계를 맡을 정도로 교육을 중요시 한다.

"그간 10여 곳에 봉제공장이나 방적공장을 세웠지요. 무엇보다 가희 충주공장을 최첨단 설비로 완공했을 때가 가장 기억에 남습니다. 당시 첨단자동화 시설로 5,000여 평 땅을 쓰면서 직원은 56명에 불과했지요. 고용효과가 너무 적다는 이유로 시청에서 공장 설립이 반려되기도 했습니다."

한국의 섬유산업은 한국인 특유의 솜씨와 재주를 토대로 성장잠재력이 충분하지만, 다만 잘 살아보자는 의지가 희석되는 것이 염려된다는 경세호 회장. 그는 지금도 섬유산업연합회 회장으로서 섬유산업구조혁신전략을 기획, 섬유특별법 제정을 건의하는 등 섬유산업의 재도약을 지휘하고 있다.

권기태

현대건설 전 부사장

△1932년 출생 △1956년 서울대 토목공학과 졸업 △1965년 현대건설 토목사업본부 이사 △1070~1984년 현대건설 토목사업본부 부사장 △1984~1988년 두산건설 부사장 △1988~1991년 한양 대표이사 △1991~1997년 한라건설 부회장 △1999~2001년 현대건설 토목사업본부 고문

〈주요 업적〉 국내 첫 해외현장 건설, 유조선 공법을 통한 간척지 공사 등 국내외 토목공사 발전 기여

현장을 누빈 대한민국 토목史

권기태 전 현대건설 부사장은 1956년 서울대 토목공학과를 졸업하고 40년 이상 업계와 학계를 두루 거치며 능력을 발휘한, 우리나라 건설산업 현장의 1대 엔지니어라는 평가를 받고 있다.

특히 1959년부터 1984년까지 현대건설 부사장으로 재직하면서 국내 첫 해외 현장인 '파타니 - 나라티왓 고속도로' 건설현장에서부터 '정주영 유조선 공법'으로 유명한 서산간척지 공사에 이르기까지 굵직굵직한 공사를 맡아 해결사 역할을 해왔다.

현대건설 초창기 멤버인 그는 1961년 4월 당시로서는 국내 최대의 대형공사였던 200만 달러 규모의 인천 도크복구공사에 참여했는데, 회사의 사활이 걸린 공사였던 만큼 고(故) 정주영 회장이 새벽부터 밤까지 직원들을 독촉했다. 그 때 초급사원이던 권기태 전 부사장은 밤 12시가 훌쩍 넘어서까지 책임감 있게 일하는 모습으로 정주영 회장의 눈에 들어 고속승진의 발판을 마련할 수 있었다.

이처럼 그는 정주영 회장이 자신의 회고록에서 권기태의 이름을 언급하며 신뢰감을 표시할 정도로 토목분야에서 능력을 인정받는 엔지니어였다.

같은 해 군산비행장 활주로 포장공사에도 참여했는데 정주영 회장은 당시 과장이었던 권기태 전 부사장에게 콘크리트를 중량비로 배합하는 공법인 배치플랜트 설계명령을 내렸다.

그는 "당시로서는 듣지도 보지도 못한 공법설계로 수소문 끝에 미 대사관 건물이 이를 적용하고 있다는 사실을 파악했다. 결국 미 대사관 경내로 어렵게 들어가 배치플랜트 설계를 스케치하는 등 우여곡절 끝에 비행장 활주로 공사를 성공적으로 이끌었다"며 "국산 제1호 배치플랜트가 성공한 뒤 수원·광주·대구 활주로 포장공사에서도 이를 적용하는 등 활성화됐다"고 당시를 회상했다.

국내에서 단 10㎞의 도로공사도 해본 경험이 없던 상황이었는데 배치플랜트 성공으로 경부고속도로와 태국 고속도로 공사에 진출할 수 있는 가능성을 열게 된 것이다.

1962년 10월에는 제2한강교(양화대교) 건설에 참여해 우리기술로는 처음으로 한강 횡단 다리를 설계·제작·가설하였다. 이는 국내 교량 건설 역사의 시초가 됐다. 또 1967년 4월 당시 동양 최고 규모의 소양강댐 공사에 참여하는 등 우리나라에서 처음 시도되는 다양한 토목공사에 관여한 그는 '우리나라 토목사의 산증인'이라는 주변의 평가를 받고 있다.

권기태 전 부사장은 당시 소양강댐 공사에 관해 정주영 회장의 회고록에 나온 에피소드 한 토막을 소개했다.

　1957년 구상돼 1967년에 착공했던 소양강 다목적댐은 정부의 수자원 종합개발 10개년 계획의 일환으로 건설됐다. 특히 재원의 일부를 대일청구권 자금으로 충당했기 때문에 일본공영이 설계에서 기술, 용역까지 담당했다. 그러나 그를 제외하고라도 철근과 시멘트 등 기초자재에서부터 당시 우리나라 생산시설로는 도저히 감당할 수 없는 상황이었다. 정주영 회장은 자재를 수급할 수 있다고 해도 그 산간벽지까지 운반에 더 많은 돈이 들 것 같은 생각이 들었다.

　권기태 전 부사장은 "당시 왕회장님(정주영 회장의 별명)은 콘크리트 중력댐을 만들게 되면 설계비에 기초 자재비, 기술용역비까지 일본으로 고스란히 흘러가게 된다고 판단하고 댐이 들어설 현장 조사를 맡겼다"며 "소양강댐이 들어설 자리 주변에 무진장 널려있는 모래와 자갈을 보고 콘크리트보다는 모래와 자갈을 이용한 사력댐을 만드는 것이 경제적이란 결론을 내리고 보고서를 작성했는데 그걸 본 왕회장님께서 미소를 짓더라"고 회상했다.

　권기태 전 부사장은 해외공사에도 활발히 참여했다. 1965년 8월 방콕지점에서 이사로 근무하던 그는 국내 최초의 해외공사인 파타니-나라티왓 공사를 수주하는데 큰 공을 세웠다. 부족한 장비와 첫 해외현장에 대한 경험부족, 시행착오 등 숱은 어려움을 극복하고 총 연장 98km의 고속도로를 성공적으로 완성했다.

　이후 파타니-나라티왓 구간은 10년이 지나도 파손이 없어 태국인들은 '한국의 기술력이 이 정도였냐'며 감탄했고, 이 구간을 달리는 버스는 컵의 물도 넘치지 않다고 해서 '타놈 까우리' 라고 불리는 등 태국의 아우토반이란 평가를 받았다.

또한 당시 토목사업본부 본부장이었던 그는 파푸아뉴기니 지하 수력발전소 공사를 수주했는데 이 역시 지하 300m 깊이에 동굴을 만들고 발전기를 설치해 낙차를 이용해 발전하는 어려운 공사였다.

권기태 전 부사장은 당시 선진국 건설업체와 비교해 기술과 경험보다는 열정과 끈기가 강했던 현대건설이 수주할 가능성이 높다고 판단했다. 결국 난공사를 성공적으로 완공함으로써 현대건설의 기술력을 세계무대에서 인정받게 된 대표적인 공사가 되었다.

이후 이란 반다르 아바스 동원조선소 공사수주를 시작으로 중동시대를 열었고, 바레인 아랍수리조선소를 착공했으며, 사우디 해군기지 해상공사를 착공하는 등 중동공사 수주의 한 가운데는 항상 그가 있었다. 결국 1976년 당시 세계 최대 규모였던 사우디 주베일 산업항 공사 수주를 이끌어 냈다.

당시 현대가 입찰한 금액 9억 2,800만 달러가 너무 저가여서 평가위원회가 고민 중이었을 때, 그는 3개월여 동안 밤잠을 설치며 공사를 이끌었다. 결국 20세기 최대 역사인 주베일 산업항 공사 수주에 성공하고 성공적으로 완성해 현대건설이 세계적인 건설회사로 이름을 날리게 하는 한편 '토목공사는 한국기업' 이라는 인식을 각인시키게 했다.

1978년부터는 해외공사가 퇴조되기 시작하고 해외에서 사용하던 중장비는 현지에서 쓸모없는 고철이 되어가고, 근로자들도 한국으로 돌아와 이들 자원활용이 사회적 문제로 제기되고 있는 가운데 현대건설은 부족한 토지와 전력을 확보하기 위해 1979년 8월 민간기업으로는 처음 서산일대 간척사업 면허를 취득했다.

당시 토목사업본부 부사장직을 맡고 있던 그는 현직에서 마지막 공사라는 일념으로 1982년 4월 서산 B지구 간척사업을 착수하고 1983년 7월 A지구 착공에 들어갔다.

B지구는 방조제 길이만 1,228m로 양쪽 끝에서 쌓아 올라가다가 중간지점에서 맞닿게 함으로써 작업이 끝나게 되는데 마지막 연결작업은 최종 물막이 작업으로 충남 서산군 부석면 창리와 남면 당인리를 잇는 조수 속도를 극복하기 위해 4.5톤 바위에 구멍을 뚫어 철사에 2~3개씩 연결해 바지선으로 운반해 투하하는 등 특별한 매립기법이 동원됐다.

그러나 A지구는 조석간만의 차가 크고 조수량이 평균 3억 4,700만 톤, 유속이 초당 8m(홍수가 났을 경우 한강의 유속은 보통 초당 6.5m)에 달해 매립을 위해서는 막대한 시간과 공사비가 소요될 수밖에 없었다. 유속을 이기고 매립을 마무리하기 위해서는 20톤 이상의 망태를 대량 유입해야 했기 때문이다.

그래서 정주영 회장과 권기태 전 부사장은 일단 대형유조선으로 조수를 막아놓으면 현장 근처에서 쉽게 구할 수 있는 흙이나 바위 등의 재료로도 물막이를 할 수 있어 비용이 크게 절감될 것이라는 기상천외한 발상을 해 이를 실행했다.

바로 현대건설만의 독창적인 간척사업 기술인 '정주영 유조선 공법'을 도입해 당초 45개월 예정의 공사기간을 36개월로 단축시켰고 경비도 280억 원이나 절감할 수 있었다. 농경지는 물론 4,922ha에 달하는 2개의 인공담수호와 3,300여만 평의 개펄을 만들어낸 간척공사를 성공적으로 마치게 한 이 '정주영 유조선 공법'은 당시 〈뉴스위크지〉와 〈뉴욕타임즈〉에도 소개될 정도였다.

그는 1980년 9월부터 1988년 12월까지 9년이 넘는 시간 동안 서울대 공대에서 토목시공을 강의하고 이 과정에서 토목시공의 교과서로 평가받고 있는 《시공계획과 관리》를 출간하는 등 후학 양성에도 큰 관심을 갖고 있다.

특히 현장에서 벗어난 뒤에도 토목시공학, 한국토목사, 건설기계와 시공 등 토목을 공부하는 이들에게 유용한 정보를 제공하기 위해 《토목시공학》,《토목시공연습》,《한국토목사》,《건설기계와 시공》 등 전문서적을 집필하는 등 우리나라 토목기술을 한 단계 발전시키기 위한 노력을 기울이고 있다.

이 같은 노력으로 1983년에는 제16회 대한민국 과학기술 대상을 수상했고, 1995년부터는 한국과학기술한림원 정회원으로 활동하며 지금까지 과학기술 연구에 기여하고 있다.

권상문

삼성중공업 전 대표이사

△1942년 출생 △1964년 한양대 건축공학과 졸업 △1979년 한라건설 건축총괄이사 △1997년 삼성건설 건축사업본부 부사장 △1999년 대한건축협회 기술상 수상 △2000년 삼성중공업 건설부문 대표이사 △2003년 건국AMC 대표

〈주요 업적〉 건설업과 IT기술 접목, 다양한 토목건축기술 개발에 기여

초고층 주거문화 조성에 앞장

권상문 전 삼성중공업 대표이사는 사회에 첫 발을 내딛은 지난 1969년부터 34년을 건설업무만을 담당한 진정한 '건설맨'이다. 현재는 한국건축시공학회 회장을 맡고 있으며 건국대 남측부지에 짓고 있는 스타시티 개발사업에 뛰어들어 새로운 건설신화를 이룩하려 하고 있다.

권상문 전 대표는 한양대 건축공학과를 졸업 후 현대건설에 입사해 건설엔지니어로 길을 걷기 시작했다. 입사 3년 이내에 현장소장이 하는 일을 다 배우겠다고 결심했던 그는 당시 누구보다도 열심히 일을 했다. 전수받기 힘들다는 시공관리 노하우를 현장소장들로부터 직접 배우기 위해 밤낮이 바뀔 정도였다.

권상문 전 대표는 당시를 회상하며 "해외건설 현장에서 근무할 때는 영국인 감독관이 규정을 엄격히 적용해 처음에는 무척 힘들었지만 상대방이 감복할 정도로 노력을 하는 것 외에 달리 길이 없다는 것을 깨닫게 됐다"고 말했다.

그는 또 "첫 직장인 현대건설에 입사해 3년 내 현장소장이 하는 일을 모두 배우겠다고 각오하고 일을 했다"며 "처음에는 곧 나가떨어지겠지 하던 상사도 결국 나에게 좋은 인상을 갖고 자신의 시공관리 노하우를 전수해 줬다"고 말했다. 권상문 전 대표는 인내와 노력만이 문제를 해결하는 지름길이라는 것을 첫 직장에서 배우게 됐다고 말했다.

이런 노력으로 현대건설 내에서 능력을 높이 평가받게 됐고, 서울 구의동 쓰레기매립장을 알짜 땅인 '구의동 현대타운'으로 탈바꿈시키는 프로젝트를 입안해 성공시키기도 했다.

지난 1995년 삼성건설에 영입된 그는 세계 최초로 반도체 공장에 전체 PC공법을 적용해 품질과 안전 확보는 물론 건설 환경 개선에 기여하기도 했다. 이와 함께 66층 규모의 서울 도곡동 삼성 타워팰리스, 맞춤형 아파트 삼성 쉐르빌을 성공시켜 국내 굴지의 건설사인 현대와 삼성 양쪽 모두에서 입지전적인 인물이라는 평가를 받았다.

또한 한국 주거문화를 한 차원 끌어올리는 국내 최초 초고층 주거건축물 축조를 위한 각종 해외 선진기술을 도입하는 데 앞장선 대표적인 엔지니어라 불리기도 한다. 그 한 예로 신기술 개발 및 설계에서 현장 시공에 이르는 일련의 과정에 대해 'TES(Total Engineering System)'를 구축한 것이 대표적이다. 특히 삼성 쉐르빌은 입주자의 라이프스타일에 따라 다양한 공간을 선택해 설계할 수 있다는 점이 소비자들에게 많은 공감을 이끌어낼 수 있었다는 평가를 받고 있다.

이 같은 노력으로 지난 1999년에는 대한건축협회 기술상을 받았고, 이듬해인 2000년에는 한국건설기술인협회에서 주는 대한민국기술인상 금상을 수상했다.

이후 삼성중공업 건설부문 대표이사로 자리를 옮긴 그는 '일이 취미'라고 말할 정도로 일에 몰두해, 매일 새벽 4시에 일어나 헬스클럽을 찾아 하루를 시작해 12시간 이상 일에 매달릴 정도였다. 그러나 주말에는 가족들과 함께 산책을 하면서 한 주간의 스트레스를 풀고 사색의 여유를 즐기는 한편 개인홈페이지를 만들어 꾸미는 등 가족 사랑도 일 만큼이나 각별하였다.

권상문 전 대표는 "고교 재학시절 배구선수로 활동하면서 전국체전에 출전할 정도로 운동을 즐겨 아직도 대학 때 체격을 그대로 유지하고 있을 정도"라며 "일을 하기 위해서는 강한 체력이 필요하다는 것이 평소 지론"이라고 강조했다.

그가 건설부문에서 높은 평가를 받고 있는 이유는 선 굵은 건설엔지니어의 이미지에 부드러운 전문경영인의 장점을 두루 갖춘 기업인으로 자리매김했기 때문이다. 흔히 주먹구구식의 경영으로 기업전체의 부실을 가져올 수 있는 건설업 분야에 정보화의 중요성을 접목하기도 했다. 인터넷을 통한 자재구매, 협력업체 선정, 현장관리, 분양업무 등 주요 외부업무를 볼 수 있는 시스템을 새롭게 구축해 '디지로그(디지털+아날로그) 경영인'이었다는 평가도 받았다.

그는 철골구조와 철근콘크리트 구조의 연결 메커니즘을 획기적으로 개선한 신개념의 복합화 공법 '하이빔 공법과 철근콘크리트 구조의 현장시공을 대폭적으로 개선한 PC복합화 공법'의 개발로 복합구조시스템에 대한 새로운 대안을 제시했다. 이와 함께 '건축공사 거푸집 설계 및 제작지침'은 동바리와 거푸집의 설계·제작을 컴퓨터 프로그램으로 실행하는 것인데 획기적인 콘크리트현장 생산기술 개선모델을 제시했다는 평을 받고 있다.

최근 국내 건설시장도 노동집약적 산업에서 기술집약적 산업형태로 변화하는 것에 발맞춰 건설환경의 변화를 신기술 개발에 적용해 '하이빔 공법', '외벽석재 오픈조인트 공법' 그리고 '슬라브층 콘크리트 타설이 용이한 철골보' 등 특허출원한 것이 16건에 이를 정도로 안전한 기술개발을 통한 한국의 건설산업 발전에 앞장섰다.

권상문 전 대표는 최근 건설업계에 대한 충고도 아끼지 않았다. 건설업들도 이익위주 경영전환을 꾀하고 있는데 이는 말 그대로 지금까지 속빈 강정처럼 화려한 외향만을 고집하던 관행을 털어버리고 알맹이가 꽉 찬 실질적 이익을 창출할 수 있는 프로젝트에 손을 대야 한다는 것이다. 즉 '양보다는 질'이라는 말이다.

그는 건축의 미래는 "사람과 기술에 달려있다"고 단언했다. 즉 전문역량을 갈고 닦는 것이 건축디자인 발전의 기초가 된다는 것이다. 또 건축 산업 추세가 공간설계, 인테리어 디자인과 같은 소프트웨어 분야가 사업의 성패를 좌우하고 회사경쟁력을 결정하는 핵심기술의 중요한 요소로 여겨지고 있고, 대부분의 시간을 복합화된 건축물에서 보내는 현대인의 생활패턴에 비춰 도시공간의 편의성과 생산성을 향상시키기 위한 건축디자인의 역할이 커질 것이라고 예측했다.

이와 함께 "앞으로는 유능한 건축디자이너들이 전문성을 갖춘 스페셜리스트로서 건축산업을 선도할 것"이라고 예상하며 "건축인들의 인문과학과 사회과학의 폭넓은 이해와 융화, 전문분야에 대한 끊임없는 창의와 노력만이 건축디자인의 위상을 한 단계 발전시킬 수 있는 힘”
이라고 강조했다.

권상문 전 대표는 건축디자이너를 꿈꾸는 젊은 건축인들에게 “최근 경기침체로 인해 건설업 역시 전반적으로 침체돼 있는 분위기인 것이 사실”이라며 “이런 분위기에 휩쓸려 미래에 대한 도전과 자기계발을 게을리 한다면 건축산업은 지금까지 쌓아올린 위치마저 잃게 될 수 있다”고 당부했다.

그는 자신이 대학을 다니던 지난 1960년대도 지금처럼 건설업계에서 일자리를 구하기가 어려웠지만 주택과 건설기술은 계속 발전돼 왔다고 말했다. 건설은 전보다 더 좋은 상태로 발전해 나가는 것이지 결코 퇴보하지 않는다는 것이다. 서로에게 소식을 전달하는 방법이 ‘우편에서 전화로, 그리고 인터넷 이메일로’ 계속 진화되는 것처럼 건설 역시 어느 정도 발전하느냐가 달라질 뿐 한 단계씩 꾸준히 발전해 나가고 있다.

주택건설의 발전역사를 보더라도 지난 1960년대까지만 해도 서구 주거문화의 시대였다면 1970~1980년대로 옮겨가면서 아파트 건설이 본격적으로 등장했고 1990년대까지는 아파트의 대단지화와 고층화 바람이 불었다. 그러다가 1990년대 이후부터는 삶의 질을 추구하는 주거문화로 발전되어가고 있는 양상을 띠고 있다.

권상문 전 대표는 건설분야 중 일부분인 주택분야가 이렇게 발전을 이뤄왔다는 것은 다른 건설분야 역시 무한히 발전하고 있다는 것을 보여주는 증거이며 꾸준히 새로운 고객 창출을 위해 노력해 왔다는 것이기도 하다고 강조했다.

그는 이런 맥락 속에서 "새로운 고객을 창출해 고객만족, 고객감동을 이끌어낸다면 어려운 건설 불황 속에서도 상당한 경쟁력을 발휘할 수 있다"며 "단, 고객감동을 위해서는 단순한 노력만이 아니라 오랜 경험과 기술이 상당히 축적돼야 하며 이를 위해서 건설업체들도 기술개발을 위한 꾸준한 노력이 필요하다"고 말했다.

권상문 전 대표는 마지막으로 "일반 벤처분야 등은 창의적인 젊은이들을 더 필요로 하지만 풍부한 경험과 축적된 기술을 요구하는 건설현장에는 오랫동안 근무한 노장들이 많을수록 고객감동도 충분히 이끌어낼 수 있다"며 "건설분야 발전이 고령화 사회를 대비할 수 있게 해준다"고 말했다.

권영렬

화천그룹 회장

△1946년 출생 △1969년 한양대 전기공학과 졸업 △1978년 화천기공 대표이사 △1989년 한국공작기계공업협회 부회장 △1998년~ 화천기계공업 회장 △1999년 한국공작기계공업협회 회장 △1999년 한국산업기술평가원 이사

〈주요 업적〉 국산기술로 수치제어선반 개발

뚝심으로 공작기계강국 일궈내

권영렬 화천그룹 회장은 한국 공작기계 산업분야의 초석을 다진 인물 중 한 명이다.

그는 '기계를 만드는 기계'로 불리는 공작기계 제조업체들의 단체인 한국공작기계공업협회 회장을 역임하고 있다. 권영렬 회장은 2002년 대한민국기술대전 산업기술진흥유공자 부문 동탑산업훈장을 수상했다.

권영렬 회장은 지난 1977년 수치제어 선반을 미국, 독일, 일본에 이어 화천기계공업이 세계 4번째로 개발하는데 큰 역할을 했다. 또 1978년 열린 세계공작기계전시회에서는 국내에서 처음으로 수치제어 선반을 선시해 세세에 한국 기계산업의 높은 수순을 자랑했다.

권영렬 회장은 이와 함께 21세기 정보기술(IT) 산업과 관련 공작기계의 수요확대를 예상하고 산학연 공동연구개발을 주도했으며 21세기 뉴프런티어 연구개발 사업에 적극 참여해 국가경쟁력 제고에 일조했다.

2004년도 미국 가드너 사가 발표한 자료에 의하면 당해년도 한국의 공작기계 산업은 생산 소비 수출입 측면에서 모두 세계 8위에 드는 놀라운 성적을 보였다. 권영렬 회장은 한국이 이처럼 좋은 성적을 거두는데 일조했다는 평가를 받는다. 그는 공작기계 부문에서 탁월한 업적과 기술을 개발해 한국 기계산업 발전에 견인차 역할을 했으며 다양한 종류의 공작기계를 국산화하고 수출실적을 올리는 데도 기여했다.

그가 현재 갖고 있는 직함은 무수히 많다. 한국기계공업진흥회 이사, 수치제어공작기계연구조합 이사, 한국생산기술연구원 이사, 한국산업기술평가원 이사, 한국공작기계공업협회 회장, 한국무역협회 부회장 등이다. 이것만 봐도 그가 한국 공작기계산업에 그동안 얼마나 많은 공헌을 해 왔으며 성과들을 내 왔는지 알 수 있다.

권영렬 회장이 생각하는 이상적인 공작기계란 어떤 걸까. 그는 공작기계는 성능이 우수하면서도 조작이 간편해 누구나 쉽게 배워 이용할 수 있어야 한다고 주장해 왔다.

대표적인 작품은 화천기계가 지난 1997년 내놓은 밀링머신. 이 제품은 단순한 핸들조작만으로 금속의 형상을 가공할 수 있도록 했다. 이전까지 밀링머신은 대부분 공작물을 가공할 때 복잡한 조작단계를 거쳐야 했다. 때문에 작업 전 많은 시행착오와 훈련을 받아야 했다.

이 같은 현실에 대해 문제의식을 갖고 있던 권영렬 회장은 이를 해결하기 위한 연구개발을 지시했고 결국 새로운 개념의 제품이 나오게 된 것이다. 이 제품은 핸들조작만으로 직선, 사선, 원호, 제한, 분할 등 각종 가공작업을 할 수 있도록 했다.

　권영렬 회장은 이밖에 로봇소재와 자동차부품, 공작기계, CNC선반, 공장자동화라인 등을 자체기술로 개발했다. 1995년에는 CNC선반부문 6기종, 머시닝센타부문 1기종에 대한 우수제품(EM)마크를 획득해 높은 기술력을 인정받기도 했다.

　그는 자본재산업의 열렬한 신봉자다. 자본재가 발달하지 않으면 국가경제의 발전은 단기에 그칠 수밖에 없다고 보고 있다. 전자제품, 식품, 문구류 등 우리 일상에서 사용하는 소비재와 달리 자본재는 기계류, 부품, 소재를 통칭한다. 일본이 강대국 반열에 들어선 것도 자본재산업을 충실하게 육성했기 때문이라는 것이 그의 생각이다. 그가 자본재산업의 중심이랄 수 있는 공작기계 분야의 외길을 걸어온 것도 그 같은 이유에서다.

　권영렬 회장은 공작기계 제작과 보급에 평생을 바쳐왔다. 남들이 잘된다 하는 분야로 외도도 해볼 법한데 눈길 한 번 안 줬다. 오늘날 화천기계공업이 세계적인 공작기계 전문기업으로 발돋움한 데에는 어쩌면 권영렬 회장의 이 같은 뚝심이 한몫 했는지 모르겠다.

　화천기계공업의 기술력은 자타가 공인한다. 국내에서 개발된 기계부품 소재류 제품 가운데 품질이 우수한 제품을 선별하는 EM 마크도 여러 번 획득했다. 수치제어 피스톤 가공기를 비롯해 수평 수치제어 신반, 수직 수치세어 선반, 수식 머시닝 센터 등 다양한 제품이 품질을 인정받았다.

　그의 이 같은 노력은 창업주인 부친 권승관 전 회장 대부터 이어온 것이다. 권승관 전 회장은 1958년 피대 선반을 시작으로 1962년 디젤 발동기 개발 등 국내 공작기계산업을 주도해 왔다. 이어 평벨트 선반,

기어 구동식 반자동 선반, 셰이퍼 밀링기, 고속 선반, 탁상용 선반, 강력선반 등 화천기계공업이 한국 공작기계사에 남긴 흔적은 일일이 수를 세기 어려울 정도다.

이 같은 기술개발 원동력은 수준 높은 연구인력에서 기인한다. 권영렬 회장은 뛰어난 인재를 중용하기로 업계에서 정평이 나 있다. 해외 수출에도 큰 역할을 하고 있다. 1997년 수출 4,000만 달러 금자탑을 쌓은 이후 수출규모를 점차 늘려가고 있다.

권영렬 회장이 기업경영에서 가장 중시하는 것은 '품질'과 '고객'이다. 아무리 기업역량이 뛰어나도 이를 품질로 연결시키지 못하면 죽은 것이나 다름없다고 말한다. 이와 함께 고객은 기업의 또 다른 주인이다. 고객이 있어야 기업이 있고 기업이 산다. 아무리 중요하게 생각해도 지나치지 않은 것이 고객이다.

권영렬 회장은 1999년부터는 한국공작기계공업협회 회장 역할도 수행했다. 기업인의 사회환원 차원에서 역할을 수행하게 된 그는 한국 공작기계산업분야의 국제경쟁력 확보를 위해 팔을 걷었다.

협회장 직을 맡게 된 권영렬 회장은 동시에 무거운 짐도 지게 됐다. 한국의 공작기계 수입량이 점점 늘고 있었던 것이다. 당시에는 한국의 공작기계산업이 생산 면에선 세계 11위지만 대만, 중국에 크게 뒤져 중국과 함께 대표적인 공작기계 수입국으로 분류됐다. 당시 대만이 공작기계로만 5억 달러 이상의 무역흑자를 기록한 반면 한국은 약 3억 달러의 무역적자를 기록했다. 일본의 수입의존도도 44.7%에 달했다.

2002년에 부산에서 열린 '국제공작기계전'은 한국의 공작기계산업이 국제경쟁력을 확보하는데 큰 역할을 했다. 2002년 2월 공작기계협회 회장으로 재선임된 권영렬 회장은 공작기계 업체들이 대부분 창원, 울산지역에 위치했다는 점에 착안해 그동안 서울서 열리던 전시회를 부산으로 과감하게 옮기고 세계적인 업체들을 초청해 공작기계 산업의 붐 조성을 꾀했다.

그의 의도는 적중했다. 이 대회는 사상 최대 규모로 치러졌다. 14개 국가에서 270여 개 업체가 참여했다. 제품을 전시한 부스만 해도 1,750여 개에 달했다. 물론 EMO나 IMTS 같은 유서 깊은 전시회와는 다소 차이가 있었으나 한국에서 치러진 대회로는 유례없는 성황을 기록했다.

이러한 노력과 맞물려 국내 공작기계산업도 호황세를 타기 시작했다. 2003년에는 전년도 대비 공작기계 수주액이 37%나 늘어났고, 수출도 125% 증가했다. 직접적인 원인은 자동차업종의 대규모 신규투자와 전기전자, 금형업종에서의 수요가 급증한 탓도 있지만 권영렬 회장을 비롯한 국내 공작기계 분야 리더들의 노력이 한 몫 했음을 부인하긴 힘들 것이다.

권영렬 회장의 꿈은 대한민국이 세계에서 다섯 손가락 안에 드는 공작기계 대국이 되는 것이다. 그는 "한국의 공작기계산업은 지난 1992년 수출 1억 달러를 넘어선 이후 13년 만인 2005년에 10억 달러를 돌파했다. 대한민국의 효자산업으로 자리매김한 것"이라며 "앞으로도 국제경쟁력 확보에 힘을 써 오는 2010년까지 세계 5위권의 공작기계 생산대국으로 진입할 수 있도록 노력을 게을리 하지 않을 것"이라고 말했다.

권익부

롯데중앙연구소 상임고문

△1940년 출생 △1964년 부산대 화학과 졸업 △1965년 롯데제과 입사 △1989년 롯데제과 중앙연구소 소장 전무 △1991년 강원대학교 발효공학과 박사 △1993년 롯데제과 중앙연구소 소장 부사장 △1999년 롯데제과 중앙연구소 소장 사장 △2005년~롯데중앙연구소 상임고문

〈주요 업적〉 껌, 캔디, 비스킷 등 창의적인 신제품 개발

에너지 넘치는 한국 껌의 아버지

자일리톨껌, 목캔디, 제크, 칙촉, 빠다코코낫, 가나초콜릿, 월드콘, 나뚜루, 2%부족할때, 콜드, 검은콩우유….

이들의 공통점은 무엇일까.

바로 권익부 롯데중앙연구소 상임고문의 손을 거쳐 간 히트상품이라는 점이다. 권익부 고문은 1989년부터 2005년까지 롯데제과 중앙연구소 소장을 맡아 롯데 신제품의 대부분이 그의 머리에서 나왔다고 할 정도로 국내 식품산업에서 빼놓을 수 없는 자리를 차지하고 있다.

롯데그룹 내 연간 매출 4조 4,000억 원에 이르는 식품 8개 사의 신제품 연구개발 및 기존제품 개량개선을 담당하는 중추적 역할을 수행하는 롯데중앙연구소에는 그의 땀과 노력이 고스란히 배어 있다. 특히 국내의 롯데껌은 권익부 고문과 함께 시작됐다고 해도 과언이 아니다.

1964년 부산대 화학과를 졸업하고 동경대 진학을 위해 일본어를 공부하며 과학도의 꿈을 키우던 20대 청년은 롯데의 공채 1기 모집 공고를 접한다.

“우연히 롯데가 일본에 본사를 두고 있다는 걸 알게 됐지요. 동경대 유학을 꿈꾸며 일본어 공부를 하던 때라 훗날 일본에서도 일할 수 있을 것이란 기대로 입사했던 것이 이제 42년이 됐습니다.”

그는 1964년 입사하자마자 두각을 나타냈다.

“입사 후 바로 물엿, 고추장을 만들라는 지시가 있었죠. 처음에는 앞이 캄캄했습니다. 당시 국내에는 식품공학이라는 개념이 없었어요. 화학을 전공했기 때문에 합성에는 자신이 있었지만 식품을 만들기 위한 재래식 공법을 터득하기 위해 일어로 된 전문서적을 탐독하며 한 달 넘게 기능공들과 끙끙거려야 했지요.”

입사 당시 일본어 시험에서 최고점을 받을 정도로 일본어에 능통했던 것도 도움이 됐다.

이 같은 열정을 쏟아 붓던 어느 날 그는 놀라운 제안을 받았다. 사장으로부터 일본 롯데에서 가져온 껌 배합표를 건네받고 기밀유지를 위해 사장실 뒤 골방에서 혼자 껌을 만들게 된 것이다. 당시는 자동화기계 없이 드럼통에서 향료와 껌의 원료인 껌 베이스를 배합하는 것에서부터 숙성, 포장까지 모든 것이 수작업으로 이뤄졌던 때였다.

일본어에도 능통하고 엔지니어 기본이 갖춰진 그가 적임자였던 것이다.

당시는 1948년 자본금 100만 엔의 추잉껌 제조회사로 출발한 일본 롯데가 천연 치클을 사용한 껌이 진짜 껌이라는 신념으로 일본시장을 제패하고 한국 롯데에 본격적으로 투자하던 시기였다. 일본 롯데는 하리스 사의 독무대였던 일본 껌 시장에 천연치클을 사용한 품질향상과 연매출액의 10%를 웃도는 집중적인 광고 투자로 껌 시장의 70%를 장악한 것이다.

국내에서는 후발기업으로 제과업계에 등장한 롯데가 바브민트껌, 쿨민트껌, 오렌지볼껌, 그린껌 등의 히트상품을 기록하며 제과기술에 전환점을 가져온 것도 이처럼 일본 롯데에서 축적한 기술과 설비를 도입했기 때문이었다.

권익부 고문 역시 입사한 지 5년만인 1969년 일본 기후의 일본합성 공장에서 4개월간 머무르며 껌의 원료가 되는 베이스공정을 배워왔다. 이렇게 탄생한 것이 1970년 시흥에 설립된 껌 베이스 공장. 그간 수입에 의존하던 멕시코산 천연 치클을 사용한 껌 베이스를 국내에서 처음으로 생산해내기 시작했다. 1967년 껌만을 생산하는 용산구 갈월동의 제1공장에 일본 롯데 공장장 오가와 고이찌 씨의 주도로 3단 압연롤러와 소형믹서기 등 새로운 설비가 보강되어 껌 생산 설비가 갖춰진지 3년만이었다.

그는 '왔다껌' 선풍에 이어 1969년 영등포 껌 공장을 준공하고 쥬시후레쉬, 스피아민트, 후레쉬민트 3종을 탄생시키면서 '껌의 왕국' 의 숨은 기둥 역할을 톡톡히 해냈다.

1968년 그린껌은 롯데그룹 신격호 회장의 아이디어가 구체화된 예나. 크로로필은 제2차 세계 대전 당시 미국에서 화장품, 쥬스, 과자류 등에 널리 이용됐다. 하지만 크로로필의 약리작용이 거의 알려지지 않은 상태에서 살균작용을 하고 악취를 없애는 그린껌을 개발했던 것이다.

권익부 고문은 이 같은 국내 껌 열기에 힘입어 찌는 듯한 여름에도 껌 건조를 위해 스토브를 틀어가며 힘든 줄 모르고 일했다.

"자동포장기 없이 수작업으로 포장하던 당시, 판껌 1만 개 생산을 달성한 날은 직원들과 수위실에서 막걸리를 마시며 격려했지요. 당시 국내 껌 열기는 대단했습니다."

그는 아직도 1967년 8월 창경궁(당시 창경원)에서 한 달간 열린 식품 전시회를 잊지 못한다. 1매 껌을 자동으로 포장하는 FW-502 포장기 한 대를 전시장에 설치해 놓고 학생들과 시민들이 빽빽이 둘러선 가운데 껌을 포장하는 광경을 보여줬다.

"미국사람에 비해 한국, 인도, 중국 등 동양사람이 음식을 씹는 악력이 3분의 2에 불과하다는 것 알고 있습니까? 껌은 단순한 기호식품이 아닙니다. 야구선수들이 왜 마운드에 올라 껌을 씹고 전장에서 적과 대치하는 군인들에게 왜 껌을 지급하겠습니까?"

말 한마디만 나눠도 그에게서는 충만한 에너지가 전해진다.

이 같은 열정은 그가 롯데제과 중앙연구소장 전무이사로 재직하면서도 서울과 강원도를 오가도록 만들었다. 1991년 4년간의 노력 끝에 강원대학교 대학원 발효공학과에서 박사학위를 받은 것이다. 그는 연세대 산업대학원 식품공학과에서 석사학위를 받고도 여전히 신제품 개발에 갈증을 느꼈다. 당시 발효공학만을 전문화해 별도학과를 둔 곳은 강원대가 유일했다.

이때 연구한 카카오는 10년 넘게 연구를 거듭해 드림카카오라는 제품으로 상품화됐다. 껌, 초콜릿뿐 아니다. 롯데화학공업사가 빵을 만들기 시작하면서 석탄이 아닌 전기오븐을 도입한 자리에도 그가 있었다.

"빵을 굽는다는 게 정시에 되는 일입니까. 새벽 4시에 일어나 반죽하고 아침 8시에 다시 원료를 추가하고 밤 12시를 넘기기 일쑤였지요. 코피를 쏟기도 했습니다. 이러다가 대학원은 못 가겠구나 싶었죠."

이 같은 열정 끝에 결국 롯데보다 앞서 설립된 미국 껌 업계의 제왕이라 불리던 리글리 사와 라이벌 관계에 이르렀다.

"리글리 사는 그야말로 하늘같던 업체지요. 하지만 약통에 자일리톨 껌을 담아내는 등 리글리 사가 따라올 수 없는 발상으로 이미 리글리를 위협하고 있습니다. 결국 60억 달러에 이르는 세계 껌 시장을 삼킬 겁니다."

환갑이 넘은 지금까지도 연구실을 지키는 그의 열정은 예나 지금이나 변함이 없는 듯하다.

권익부 고문의 이 같은 연구열은 회사 내에만 머물지 않았다. 학계와의 지속적인 산학협동을 통해 국내 식품산업 발전에 큰 기여를 한 것으로 평가되고 있다. 서울대 의대와 공동으로 수행한 카카오폴리페놀 성분이 헬리코박터파일로리에 의한 산화적 스트레스에 미치는 영향이 대표적이다. 뿐만 아니라 강원대 환경생물공학부와 공동으로 '금연효과가 있는 천연물질개발' 연구를 진행했다.

권익부 고문은 1997년 국가공인시험기관(KOLAS)으로 지정된 롯데 중앙연구소장을 맡아 소비자 중심의 창의적인 신제품 개발에 앞장서 왔다. 특히 1,500여 종의 최신 연구설비를 갖추고 연구원의 60% 가량이 해외출장을 통해 신기술을 습득하도록 적극 권유한다.

"후배들에게도 대학원을 다니도록 격려합니다. 제가 껌산업을 일굴 당시는 지금보다 여건이 훨씬 나빴지요. 요즘은 여건이 좋아져서 한강의 기적이 더 쉽게 일어날 수 있어요. 여기저기 기웃거리지 말고 세계로 나가라고 항상 당부합니다."

얼마 전 〈마르퀴스 후즈후〉 아시아판에 등재될 정도로 식품산업 분야에서 인정받은 그는 고려대 겸임교수로 최고경영자 과정 건강식품 프로그램에도 출강하고 있다.

김광호

삼성SDI 전 회장

△1940년 출생 △한양대 전기공학과 졸업 △1964년 동양방송 입사 △1969년 삼성전자 TV 생산부장 △1979년 삼성전자 반도체사업부 이사 △1990년 삼성전자 반도체부문 대표이사 사장 △1992년 삼성전자 대표이사 사장 △1994년 삼성전자 대표이사 부회장 △1998년 삼성전관 회장

〈주요 업적〉 한국반도체 산업 초석 마련

반도체 역사 새로 쓴 삼성전자맨

김광호 삼성SDI 전 회장은 1979년부터 18년간 삼성전자 반도체사업부문을 총괄하여 삼성전자를 세계 2위 반도체업체로 성장시켰고 한국반도체 산업을 국내수출 1위의 핵심 성장동력산업으로 자리매김하는데 주도적인 역할을 했다.

김광호 전 회장은 한국반도체산업 제1세대의 최고 주역이다. 그는 또 국내반도체 산업의 지속적인 육성, 발전을 위해 한국반도체산업협회(KSIA)의 창설에 산파역을 자임했고 초대 회장직을 역임했다. 우리나라의 반도체 역사를 새로 쓴 인물이라고 평가해도 결코 과장이 아니다.

김광호 전 회장은 아울러 반도체상비·재료 능 수변산업 육성을 위해 수요업체 주도의 중기거점 기술개발사업을 추진하여 반도체 주변산업발전의 초석을 다졌다. 그는 '양' 위주의 경영을 버리고 '질' 위주로 옮겨간다는 삼성 신경영 선언에 따라 정보가전부문에서 세계적인 명품을 쏟아냈으며, 정보통신부문에서는 애니콜 신화를 일궈냈다.

오늘날의 삼성전자를 글로벌 기업으로 자리매김하는 데 결정적인 역할을 하고 있는 휴대폰은 1980~1990년대 왕성한 현역생활을 했던 김광호 전 회장의 남다른 노력으로 탄생한 것이다.

특히 반도체부문에서도 메모리 반도체가 세계 정상에 올라서는 반도체 신화를 창조하며 삼성전자를 세계적인 기업으로 부상시켰다. 뿐만아니라 월드베스트 명품TV, 명품플러스원TV, 독립만세 냉장고, 손빨래 세탁기, 그린PC, 센스 노트북 등의 히트작도 김광호 전 회장의 작품들이다.

그는 1994년 출시한 셀룰러 휴대폰으로 모토로라를 물리치는 '애니콜 신화'를 창조했다. 이어 CDMA 휴대폰의 세계최초 상용화와 디지털 휴대폰 시장에서도 정상을 차지함으로써 세계적인 통신기기회사로 성장하는 데 큰 역할을 했다.

1994년에는 256메가 D램, 1996년에는 1기가 D램을 세계 최초로 개발했으며 1995년에는 2조 5,000억 원에 이르는 순익을 거두는 반도체 신화를 창조했다. 또한 제2의 반도체로 불리는 TFT-LCD 사업에 투자를 집중해 차세대 주력사업으로 키워 나갔다.

복합단지 건설에 힘을 기울여 영국의 윈야드 전자복합단지, 멕시코 티후아나, 브라질 마나우스, 말레이사시아 세렘방, 중국 톈진, 중국 쑤저우 등에 복합단지를 조성했다.

김광호 전 회장은 대학 졸업 후 동양방송에 입사했다. 그후 삼성전자 설립과 함께 삼성전자로 옮겼고 줄곧 TV 생산업무를 담당했다. 삼성전자의 산증인인 셈이다.

그는 1979년 9월에 삼성반도체를 맡으면서 반도체에 몸담아 1992년

12월에는 총괄 사장에 올랐다. 사원에서 출발해 최고경영자까지 오른 최초의 삼성전자맨이란 기록을 남겼다. 김광호 전 회장의 이 같은 역정은 이공계 학생들에게 귀감이 되어 엔지니어의 중요성을 일깨우는 계기가 되기도 했다.

적자에 허덕이던 삼성반도체를 맡으라고 할 때 사실 그는 좌천이 아닌가 하는 생각까지 했었다고 한다. 그런데 당시 강진구 사장이 삼성반도체 직원들에게 그를 소개하면서 이런 말을 하면서 생각을 완전히 고쳐먹었다고 한다.

"앞으로 김광호 이사가 부천사업장의 책임을 맡는다. 그를 절대적으로 지원해 달라. 만약 그렇게 해서도 삼성반도체를 살리지 못한다면 더 이상 반도체사업을 계속할 수 없다."

김광호 전 회장이 삼성반도체의 마지막 배수진이었던 것이다.

강진구 전 회장이 초창기 어려웠던 삼성전자를 맡아 살려냈던 인물이라면 김광호 전 회장은 삼성반도체사업을 일으켜 세운 인물로 평가받는 이유가 여기에 있다.

그제서야 그는 반도체사업을 자신에게 맡긴 이유를 짐작할 수 있었다. 김광호 전 회장이 반도체사업의 마지막 카드였던 것이다. 마지막 카드로 그가 지명됐던 것은 TV사업을 성공적으로 이끈 이유도 있었지만 일을 두려워하지 않는 불도저형 업무 추진력이 고려됐을 것이라는 게 중론이다.

"부천사업장에 가보니 1,000여 명의 직원이 일거리가 없어 놀고 있었습니다. 자본은 잠식상태였고, 신용이 바닥에 떨어져 은행에서 어음

용지를 주지 않을 정도였습니다. 거기에다가 회사의 장래를 불안하게 생각한 핵심 엔지니어들이 줄줄이 빠져나가고 있었습니다. 주위에서는 반도체사업이 1년을 버티지 못할 것이라고 수근거렸습니다. 절망적이었습니다. 그러나 더 이상 나빠질 것이 없다는 생각을 하자 오히려 희망이 보였습니다."

김광호 전 회장의 회고담이다.

그는 그 다음해 1월 삼성반도체를 삼성전자의 사업부로 흡수하는 한편, 설비와 클린룸을 개선해 생산성을 높였다. 그 결과 월 50만 개 정도이던 칩 생산량이 100만 개로 껑충 뛰었다. 이와 함께 한 제품에 기술력과 생산력을 집중해 경쟁력을 높이기로 했다.

그래서 선택한 것이 디지털 시계용 워치칩이었다. 시장을 선도할 기술도 없고, 개발인력도 부족했지만 개발 기간을 단축하고 가격을 낮추지 못하면 승산이 없었다. 당시 다기능 워치칩이 비교적 높은 가격인 5달러였기 때문에 단순기능의 워치칩에 승부를 걸기로 결정했다.

단순기능 워치칩을 내놓자 일본의 오키 사가 맞불을 놓았다. 시장의 주도권을 잡기 위한 치열한 가격인하 경쟁이 시작됐다. 적자를 보면서 31센트까지 쫓아가다보니 오히려 습숙곡선(習熟曲線 learning curve)에 의해 손익 분기점을 맞출 수 있었다. 28센트까지 가격을 내리니까 이익이 나기 시작했지만 오키는 추격을 멈추지 않았다.

18센트까지 내리니까 오키가 손을 들고 다기능 워치칩으로 돌아갔다. 그리하여 삼성이 세계시장의 60%를 점유하며 주도권을 쥐게 됐고, 1982년부터 흑자를 낼 수 있었다. 불도저식 추진력이 다시 한 번

진가를 발휘하는 순간이었다. 결과는 성공이었지만 실로 위험한 도박이었다.

"실패했을 경우 반도체사업은 완전히 주저앉았을지도 모른다. 아니 오늘의 반도체 신화는 없었을지도 모른다"며 김광호 전 회장은 그 당시를 생각하면 지금도 가슴을 쓸어내린다고 합니다. 워치칩의 성공으로 삼성은 반도체사업에 자신감을 갖게 됐고, 메모리 반도체에 투자할 수 있었다고 확신하고 있다.

다시 말해 워치칩을 통해 반도체사업의 전기를 마련했던 것이다. 이를 바탕으로 삼성전자는 비약적인 성장을 거듭하며 해마다 세계 반도체 역사를 새롭게 써나가고 있다.

김수근

(주)공간 전 대표이사

△1931년 출생 △1951년 서울대 건축학과 중퇴 △1961년 김수근건축연구소 △1962년 도쿄대 건축학 박사 △1966년 서울시 도시계획위원 △1968년 한국종합기술개발공사 대표이사 △1969년 인간환경계획연구소 이사장 △1972년 공간그룹 설립 △1976년 한국건축가협회 회장 △1979년 국민대 조형대학장 △1982년 서울올림픽대회 추진위원회 국제친선분과위원 △1986년 별세

<주요 설계 건축물> 자유센터(1963) 한국일보사(1965) 공간사옥(1971) 올림픽주경기장(1977) 문예진흥원 문예회관(1977) 경동교회(1980) 경복궁 지하철역(1981) 등

한국 현대건축의 거장

1931년에 태어난 고(故) 김수근 공간 전 대표이사는 일본에서 유학하던 중 1959년 국회의사당 설계 공모전 당선으로 본격적인 건축가 인생을 걷게 됐다.

1960년대 그는 건축사무소 '공간'을 창립해 지금은 우리나라의 쟁쟁한 건축가로 활동하고 있는 많은 후배들과 함께 한국 현대건축을 일궈냈다. 그는 200여 개 이상 뛰어난 건축물을 국내외에 설계해 김중업과 함께 한국 현대건축에 가장 큰 족적을 남긴 건축가로 인정받고 있다.

김수근 전 대표는 경기중학교 재학시절부터 미술반과 사진반으로 과외활동을 했으며, 건축을 전공한 미군장교와의 만남을 통해 건축가의 꿈을 갖게 됐다. 서울대 공과대학 건축과에 진학한 직후 한국전쟁이라는 어려운 상황에 직면했지만 일본유학을 강행해 도쿄예술대학에서 본격적인 건축수업을 시작했다. 학부시절에 받은 정통 건축교육과 함께 도쿄대에서는 도시연구실에서 석박사과정을 이수하면서 건축과 도시계획을 섭렵해 건축가로 확고한 기본을 갖추게 됐다.

주변 사람들은 "그가 학부과정을 예술대학에서 이수한 것은 타고난 예술가적 재능과 조형성·예술성이 강조되는 건축적 성향과 '월간 공간', '소극장 공간사랑' 등을 통해 드러냈다"며 "특히 여러 예술분야의 통합운동을 예고하는 이상적인 시작이다"라고 입을 모았다.

그의 첫 데뷔작이었던 남산 국회의사당 설계는 5·16쿠데타로 중단됐지만 이후 워커힐, 자유센터 등 국가프로젝트에 참여하게 돼 30세의 젊은 나이에 자신의 역량을 맘껏 뽐냈다. 특히 서울 안국동에 위치한 김수근건축연구소 시절 5년간 그는 강한 조형성과 섬세한 디자인의 양면성을 보였다. 이 때문에 당시 기능주의적 경향이 강했던 국내건축계에서 그의 작품은 매우 큰 충격을 줬다.

1966년 김수근 전 대표는 한국종합기술개발공사 전무이사로 부임해 당시 사회적 요구를 반영, 설계의 대형화와 조직화를 시도했다. 종로3가 종합개발, 김포공항 종합개발, 여의도 종합개발 등 도시개발 프로젝트가 대표적인 그의 작품이다. 이 시기는 건축가라기보다는 정책가로 활동했다. 관리자로 많은 시간을 소비하며 한국전통문화를 이해하고 자신만의 건축관을 준비하는 시기였다는 평가다.

이후 김수근 전 대표는 기술공사를 떠나 인간환경계획연구소를 거쳐, 본격적으로 자신의 건축언어를 구축하게 된 원서동에 공간그룹을 만들게 됐다. 특히 김수근 건축의 원숙기라고 표현할 수 있는 원서동 시대는 1971년 '공간' 사옥에서 시작하는데 공간사옥은 김수근 건축 원리를 파악할 수 있는 대표적인 건축물로 꼽힌다.

김수근 전 대표의 작품은 건물에 사용된 재료에 따라 회벽돌, 붉은벽돌 시대 등으로 나뉘는데 공간사옥은 붉은벽돌을 사용한 대표적인 건물이다. 이런 벽돌재료의 사용은 1970년대 초 그가 만든 조어인 '자갈리즘'과 연결돼 있다. 잘게 쪼갠다는 의미의 우리말에서 생긴 이 의미는 벽돌을 사용함으로써 공간의 문제만이 아닌 공간을 둘러싸는 재료의 선택에서도 일관되게 적용한 것으로 이해할 수 있다.

그는 건축을 하면서 항상 사람의 눈높이(human scale), 반복된 긴장과 이완에 의한 공간의 연속성, 재료 자체의 질감을 그대로 노출시킴으로써 지나친 장식의 배제, 건물 내 명확한 층의 구분이 없는 공간배치, 한정적 공간구획을 떠난 솔리드월(solid wall)의 사용을 강조했는데 이는 '공간' 사옥에 그대로 반영돼 있다.

특히 모태공간·궁극공간이란 공간개념을 바탕으로 한국적 공간에 대한 확신을 갖고 활동하던 시기의 작품으로 어떤 공간도 직설적으로 표현하지 않고 암시와 뉘앙스를 통해 공간이 갖는 긴장과 이완의 효과를 추구하고 있다.

이런 효과는 다양한 계단 형식을 사용함으로서 더욱 강조되는데 신축한 신관의 수직동선을 연결시켜 주는 삼각계단은 꺾임의 각도가 45도로 저층적인 공산연설을 가능하게 하며 구관의 원형계단은 삼각계단과는 달리 폐쇄적이고 미로적인 성격에 의해 반복되는 평면의 단조로움을 깨고 공간의 분절을 유도하고 있다.

또 샘터파랑새 극장이 있는 샘터사옥, 문예예술회관 등 붉은벽돌 건물이 유난히 많은 대학로에는 그의 숨결이 곳곳에 묻어있다.

1977년 가을 한국과학기술연구원에서 열린 행정수도건설을 주제로 한 심포지엄에서 김수근 전 대표는 전통적인 한국 공간에서 다섯 가지 개념을 추출해야 한다며 자신의 도시관을 드러냈다. 즉 근원적 공간, 여유 공간, 변화 있는 공간, 자연과 조화하는 공간, 휴먼스케일에 입각한 공간이란 개념이 조화를 이뤄야 한다는 것이다.

김수근 전 대표는 항상 '건축은 빛과 벽돌이 짓는 시'라고 정의했다. "아무리 급해도 벽돌은 한꺼번에 쌓지 못하기 때문에 한장한장 단정히 쌓지 않으면 무너지거나 제대로 힘을 받지 못한다. 또한 벽돌이 지닌 조소성은 무한히 인간화되는 과정을 상징한다"며 벽돌 건축을 선호했다. 그리고 그의 건축은 형태나 조형의 관점이 아니라 공간론적 입장에서 시작해야 그 중심부에 도달할 수 있다는 것이 중론이다.

김종성 서울건축 대표는 "건축의 본질을 조형(Gestaltung)이라고 정의한 김수근 전 대표는 건축물 스케치 대부분을 붓으로 그렸던 것으로 유명하다"며 "그래서인지 그의 건축물들 대부분이 상당히 회화적 또는 조소적이란 느낌을 강하게 주고 있다"고 평가했다.

그가 설계한 서울 시내 건축물만 해도 자유센터(1963), 한국일보사(1965), 공간사옥(1971), 올림픽주경기장(1977), 문예진흥원 문예회관(1977), 경동교회(1980), 경복궁지하철역(1981) 등 70여 곳으로 김수근 전 대표의 숨결이 깃들어져 있다.

그의 활동은 건축에만 그치지 않고 서울 종로구 원서동에 위치한 공간사옥에 '공간사랑'이란 소극장을 마련해 문화분야에서의 지원도 아끼지 않았다. 지금은 세계적으로 유명해졌지만 당시에는 무명에 가까웠던 김덕수 사물놀이, 공옥진 병신춤, 이애주 살풀이 등을 후원했던

것도 유명하다. 또 1966년 우리나라 최초로 종합예술지인 월간 〈공간〉
을 창간해 건축과 도시, 예술을 통합해 지속적으로 한국문화를 기록하
고 외부에 알렸다.

이 같은 노력 덕분에 1980년 〈타임〉은 그를 '서울의 메디치 로렌조'
라고 평했으며, 1985년 일본 가지마출판사가 뽑은 '세계 101인의 건축
가'에 선정되기도 했다.

이에 대해 김수근 전 대표는 생전에 "난 철저한 에고이스트"라며
"공연예술의 부흥과 우리문화의 발전을 위해 공간사랑을 만든 것이 아
니다. 외국에서 훌륭한 건축물을 보았을 땐 감동을 별로 받지 않지만
좋은 음악이나 미술품을 보면 '이 느낌을 어떻게 건축으로 옮기나' 하
는 생각이 들고 영감이 떠오른다. 그러니까 공간사랑은 다른 누구를
위한 것이 아니라 나 자신을 위한 것"이라고 말했다.

그러나 재정압박으로 월간 〈공간〉의 폐간이 논의될 때 그는 "등사판
을 미는 한이 있더라도 〈공간〉의 발간을 중단할 수 없다"며 〈공간〉에
보였던 애착과 아파트 한 채 값에 해당하는 피아노까지 사들이며 소극
장 '공간사랑'을 운영했던 것을 보면 단순한 에고이스트의 행동만은
아니라는 것이 그를 기억하는 지인들의 말이다.

김수근 전 대표의 명성에 대한 에피소드 한 토막.

지난 1980년 신군부 국가보위비상대책위원회(국보위)가 건축사면허
도 없이 건축가 행세를 한다는 투서 때문에 건축가 김원을 조사했다.
군사정권 시절이라 검찰은 군에서 넘어온 사안이라 가볍게 처리할 수
없다는 이유로 50만 원 벌금형을 내렸다.

김원은 이에 불복해 정식재판을 청구했지만 괘씸죄로 인해 6개월 징

역형을 받았다. 다시 상고를 하자 2심 판사가 자기가 알고 있는 건축가 김중업, 김수근 이름을 대며 증인으로 불러올 수 있느냐고 했다. 김수근 전 대표는 기꺼이 후배의 부탁을 들어줘 재판에 참석했는데, 이 재판에서 재판장이 증인으로 나온 그에게 물었다.

"증인이 유명한 건축가 김수근입니까?" 이 말을 시작으로 "이 사건의 피고인 김원이 무죄라고 생각하는가요?"란 재판장의 마지막 질문까지 김수근 전 대표는 특유의 달변으로 후배의 무죄변론을 해 결국 무죄판결을 받게 됐다.

김쌍수

LG전자 부회장

△1945년 출생 △한양대 기계
공학과 졸업 △1988년 금성사
이사 △1995년 금성사 리빙웨
어SBU장 상무 △1999년 LG
전자 홈어플라이언스 사업본부
장 부사장 △2003년 LG전자
대표이사 부회장
〈주요 업적〉 국내 백색가전의
세계화

강한 회사·인재 강조한 아시아의 스타

김쌍수 LG전자 부회장은 에어컨, 냉장고 등 국내 백색 가전을 세계적인 수준으로 끌어올린 대표적인 엔지니어 출신 CEO다. 특히 부가가치가 높은 가전제품을 개발해 LG전자가 세계적인 글로벌 기업으로 도약하는 데 일익을 담당한 인물로 평가받고 있다.

김쌍수 부회장이 평소 주장했던 'LG전자를 GCGP(Great Company Great People)로 만드는 꿈'을 현실화한 것이다. GCGP는 회사와 구성원 모두가 최고의 역량을 가진 강한 조직, 그리고 이를 바탕으로 지속적인 성과를 창출하는 조직을 뜻한다.

강한 회사(Great Company)가 강한 인재(Great People)를 만들며 일에 대한 강한 열성과 높은 목표에 도전하는 강한 인재는 끊임없는 도전과 혁신을 통해 탁월한 성과를 창출하는 강한 회사를 만들어간다는 것이다.

김쌍수 부회장은 남다른 리더십과 강한 추진력을 바탕으로 경영혁신을 이끌어온 기업인이다. 35년간 '현장'에서 근무해 누구보다도 그 중요성을 잘 알기 때문에 현장 직원들과 격의 없이 솔직한 대화를 나누는 스타일이다. 또한 기본과 원칙을 중시하는 건전한 사고를 강조하며 어떠한 어려움도 극복할 수 있다는 강한 신념을 갖고 있다.

미국 경제주간지 〈비즈니스위크〉는 김쌍수 부회장을 '아시아의 스타(The Star of Asia)'로 선정하기도 했다. 〈비즈니스위크〉에 따르면 'LG전자는 아시아에서 가장 효율적인 생산시설을 운영하는 기업 중 하나로 김쌍수 부회장은 2010년까지 LG전자를 세계 '톱3' 전자업체로 육성하겠다는 목표를 가지고 있다'고 소개했다.

미국 유력 주간지인 〈타임〉도 LG전자를 '차세대 리더(Next Big Player)'로, 김쌍수 부회장을 혁신경영의 리더로 상세히 소개하며 LG전자의 글로벌 비즈니스 현황과 경영혁신 사례, 김쌍수 부회장의 경영 철학을 집중적으로 조명하기도 했다.

〈타임〉은 김쌍수 부회장을 '현장의 사나이(A Man of the People)'라고 소개한 뒤 LG전자가 최근 2~3년간 괄목할 만한 성장이 가능했던 것은 김쌍수 부회장의 현장경영과 최첨단 기술력 및 디자인, 글로벌 마케팅 전략 때문이라고 분석했다.

그는 실제로 위기를 기회로 만든 승부사였다.

김쌍수 부회장은 지난 1997년 금융위기 시절 백색가전 사업에 대한 외부의 회의적인 전망에도 불구하고 이를 제품경쟁력을 높이는 계기로 삼았으며, 프리미엄급 제품의 개발 및 시장공략을 통해 국내외에서 새로운 수익을 창출했다. 지난 2002년 미국, 유럽 등 선진시장에 인터넷 가전제품을 처음으로 선보이며 프리미엄 제품을 통해 현지 시장공략에 나섰고 세계 최대 가전시장인 미국 시장에서는 베스트바이 등 유통점을 통한 현지시장 공략으로 LG브랜드 육성에 심혈을 기울이고 있다.

이 같은 LG전자의 저력은 새로운 노경(勞經)의 문화에서 나온다.

지난 1980년대 말 극심한 노사분규의 홍역을 치른 LG전자는 대립적이고 수직적인 노사관계를 창원공장을 필두로 청산하기 시작했다. 김쌍수 부회장이 2003년 10월 LG전자 CEO로 취임한 후 첫 번째 시작한 공식업무가 바로 노조위원장과의 만남이었다.

김쌍수 부회장은 위기에 처한 기업을 구하는 지름길은 노경(勞經)의 화합과 안정이며 이는 투명한 경영과 상호신뢰의 바탕에서만 가능하다고 판단하고 상호신뢰 회복에 노력했다.

다시 말해, 대립과 갈등의 노사관계를 협력구도로 바꾸기 위해 자기혁신과 솔선수범의 리더십을 앞장서서 실천했던 것이다. 그는 지금도 지방 사업장을 방문할 경우 노동조합지부에 꼭 들려 조합원들과 대화를 나누고 현장 근로자들과 시간을 보낸다.

김쌍수 부회장의 경영능력은 뭐니뭐니해도 경영혁신에 있다.

그는 지난 1980년대 말 노경 문화조성과 함께 생존차원에서 혁신활동을 시작했다. 혁신활동의 초기에는 도요타 등 일본기업들의 합리화운동을 벤치마킹했지만 1990년대 중반 이후에는 이를 총체적인 경영혁신운동으로 새롭게 발전시켜왔다.

김쌍수 부회장은 불필요한 미사여구나 화려하게 꾸민 문서를 좋아하지 않는다. 필요 이상의 낭비라고 보기 때문이다. 커뮤니케이션을 할 때는 핵심적인 내용을 명확하게 전달하는 것이 중요하다고 말한다.

좀 더 자세한 내용이 필요할 때에는 해당 업무에 대해 가장 잘 알고 있는 담당자를 통해 보충 설명을 들으면 되지, 보고를 위해 많은 시간을 들여 보고서를 작성하는 것은 일의 효율성이 떨어진다는 것이 김쌍수 부회장의 생각이다.

권위주의는 배격하되 권위는 존중되어야 한다는 평소 지론이 반영된 것이다. 그는 '권위의식은 위에서부터 강요하는 것이고 권위는 아래에서 자발적으로 발생한다'는 생각을 갖고 있다. 리더의 권위는 첫째 말과 행동이 일치할 때, 둘째 정확하게 알고 명확하게 지시할 때 얻어질 수 있다고 강조한다.

이 같은 철학은 그의 경영 스타일 전반에 녹아 있다. 김쌍수 부회장은 몇 안 되는 정통 엔지니어 출신 경영자이지만 쉬지 않고 새로운 정보와 트렌드를 공부하고 있다. 최신 흐름을 익혀야만 경영현장에서 신속한 의사결정을 내릴 수 있고 치열한 시장 경쟁에서 이길 수도 있기 때문이다.

그는 'CEO의 자질은 예측력'이라고 공언한다. 그가 말하는 예측력은 단순한 예단이나 불충분한 자기판단에 의한 예측이 아닌 평소 준비하고 연구하는 자만이 발휘할 수 있는 예측력이다. 그는 이러한 준비를 통한 예측으로 항상 한 발 앞서 결정하고 실행해 나가고 있다.

김쌍수 부회장은 부하 직원은 물론 파트너들과의 관계에서도 신뢰가 가장 중요하다고 강조한다. 서로 신뢰하기 위해서는 우선 자기 자신이 정직하고 명확해야 하며 그래야만 비로소 마음에서부터 우러나오는 존경심과 신뢰를 얻을 수 있다고 생각한다.

또한 그는 한 번 신뢰한 사람은 끝까지 믿고 모든 것을 맡기는 스타일이다. 때로는 실패가 있더라도 실패를 거울삼을 수 있는 기회를 준다. 그가 신뢰하는 것은 '성공'이 아니라 '사람'이기 때문이다.

김쌍수 부회장은 한 번 하기로 결정한 일은 특별한 일이 없으면 반드시 실행하고야 만다. 아무리 힘든 난관이 있어도 피해가거나 뒤로 미루지 않고 밀어붙이는 강한 승부근성을 가지고 있다.

이러한 경영스타일은 그동안 추진해 온 LG전자의 혁신활동에서 잘 나타난다. 혁신활동을 추진하는 동안 대내외적으로 많은 시련이 있었지만 그는 과감히 도전했다. 그가 사양산업이라던 가전제품을 들고 세계시장을 개척한 과정도 그의 강한 실행력을 보여주는 대표적인 사례로 널리 알려져 있다.

김유선

강원탄광 전 사장

△1920년 출생 △1941년 경성광산전문학교 △1942년 경신중학교 교사 △1953년 석유개발공사 생산과장, 월암중석광업소 소장 △1955년 강원탄광 광무과장 △1961년 강원탄광 소장 △1977년 강원탄광 부사장 △1985년 강원탄광 상임고문
〈주요 업적〉 국내 최초 수직갱 도입, 석탄증산

아시아 첫 수직갱 만든 엔지니어

김유선 강원탄광 전 사장은 석탄 얘기만 나오면 할 말이 많다. 40년 가까이 강원탄광 현장을 지킨 엔지니어인 그에게 석탄은 상품 이상의 특별한 의미를 갖는다.

"석탄은 2억 년이 지나야 만들어지는 연료니까 저는 지난 40년간 2억 년의 시간을 캐온 셈이지요."

그는 석탄산업이 푸른 산림을 가꿀 수 있도록 하는데 기여한 점이 쉽게 잊혀지는 것을 아쉬워한다.

"1960년대 국내 석탄산업에 대해서는 수출기여나 경제발전 등에 대한 기여는 많이 알려져 있지만 의외로 산림녹화에 기여한 역군이라는 짐은 가벼이 여겨지고 있어요."

김유선 전 사장은 1953년 석유개발공사 생산과장과 월악중석 소장을 시작으로 1961년 강원탄광 소장, 대표이사에 이르기까지 40년 동안 매일같이 오후 1시부터 5시까지 지하 채탄장에 묻혀 지냈다.

특히 석탄산업의 대부로 불리는 고(故) 정인욱 당시 강원탄광 사장의 오른팔로 현장의 기술적 문제들을 총괄 지휘하면서 석탄 증산에 지대한 공헌을 했다.

"엔지니어이자 책임자였지만 현장에 있지 않으면 기술적 보완점 등을 느낄 수가 없습니다. 현장 경험을 중시하는 이유이지요. 일하고 먹어야지 서서 먹거나 입으로 먹고 사는 사람이 되지 않아야 한다는 결심이 있었습니다."

김유선 전 사장은 1941년 경성광산전문학교를 졸업하고 이듬해 경신중학교 수학교사로 자리를 잡았지만 전쟁으로 그만두고 석탄과 인연을 맺게 된다.

"고향이 금 최대 생산지인 평안북도 운산 북진입니다. 어릴 때부터 미국인이 개발한 금 광산을 보고 자랐지요. 본래 꿈은 의사가 되는 것이었어요. 하지만 평양에서 고등학교를 다니던 시절 금광 사업을 하던 집안이 망하면서 가세가 기울어 서울공고로 진학하게 됐지요."

그는 사갱 일색이던 당시 국내 탄광에 동양에서는 처음으로 지름 6m, 길이 600m의 수직갱(Shaft Sinking, 광산용 지하 엘리베이터)을 도입한 주인공이다. 수직갱은 사갱에 비해 석탄운반 속도를 월등히 높인 석탄 증산의 핵심기술로 꼽힌다. 광부나 채굴기계 및 기타 필요한 장비들이 이 수직갱을 통해 이동하며, 채굴된 석탄도 이 갱도를 통해 지상으로 운반된다.

1962년 국내 자본과 기술만으로 기존 지상에서 석탄을 캐는 채탄장까지 비스듬히 기울어진 사갱 대신 지표면에서 수직으로 채탄장까지 내려가는 게이지(엘리베이터 같은 구조물)를 만든 셈이다.

이를 통해 지름 4.5~6m의 출구로 깊이 1,030m의 채탄장까지 작업 게이지를 통해 인부들이 드나들 수 있도록 했다.

"사갱을 이용할 때는 작업하기 위해 채탄장을 드나드는 데만 4시간이 걸렸지요. 하지만 수직갱이 만들어지자 초당 6m 속도로 이동할 수 있어 드나드는 데 걸리는 시간이 획기적으로 단축됐습니다."

광부가 드나드는 시간과 수송에 걸리는 시간이 줄어들어 실제 작업 시간이 길어지는 것은 물론 사갱을 따라 이동하던 수레가 뒤집히는 사고도 크게 줄어 안전성도 높아졌다.

"요즘 엘리베이터는 2줄 지지대지만, 당시는 철제 로프 1줄의 구식 엘리베이터가 쓰이고 있었지요. 그런 상황에서 4~6줄 지지대를 이용한 수직갱 게이지를 개발한 것이죠."

로프 4가닥을 연결해 장력을 분산시켜 로프 두께를 줄이고 로프를 감는 드럼의 직경도 줄이는 등 기술적인 문제를 해결해 냈다.

지금이야 청정에너지 사용 증대로 그 수요가 급격히 줄어들었지만 1950년대 당시만 해도 석탄증산에 대한 수요는 대단했다. 특히 수직갱은 가까운 일본을 포함해 아시아에서는 시도된 적이 없는 일이어서 시행착오도 많았다.

늦겨울이시반 20노를 웃노는 지하 약 1,000m 채탄장에 다다르기 위한 수직갱을 설치하기 위해 40m가량 파내려갔을 때였다. 새벽 1시, 그는 갱도가 무너져 내렸다는 청천벽력같은 소리를 듣고 황급히 현장으로 달려갔다. 워낙 강철이 귀한 시절이라 무너지지 않도록 지지하는 스틸아치 대신 폐기된 기차레일을 사용한 것이 화근이었다. 김유선 전

사장은 당장 장비를 착용하고 갱도를 통해 사고 현장으로 내려갔다.

"그렇게 속상할 수가 없었어요. 그날 새벽부터 아침까지 현장을 수습하고 집으로 들어가지 않았어요. 사무실로 달려가 책상 앞에 앉았습니다. 파내려갈 때마다 깊이에 따라 달라지는 부피와 중량을 꼼꼼히 계산해 게이지를 지지하는 로프의 굵기가 몇 mm여야 하는지, 어느 부분에 매듭을 지어야 하는지 등을 모두 계산했지요. 잠이 올 리가 있나요."

수직갱의 위치, 지름과 콘크리트 두께, 지하로 보내는 압축공기 파이프의 굵기와 수량, 자재 운반량 등 하나하나가 면밀한 계산을 필요로 했다.

이 같은 계산뿐 아니라 현장작업도 김유선 전 사장이 직접 참여했다. 오로지 외국에서 발표된 논문과 기술잡지에 의존해 필요한 기계 부품을 강원탄광 엔지니어들이 직접 설계해 가며 작업을 진행했다. 그렇게 만들어진 수직갱은 그 당시로는 엄청난 혁신이었다.

특히 수직갱 분야에서 최고 수준이던 독일이 강원탄광의 수직갱 건설 검토 정보를 입수하고 무상 차관을 제안했지만 당시 정인욱 강원탄광 회장과 현장소장이었던 김유선 전 사장은 끝끝내 이를 거절하고 우리 기술과 우리 자본을 고집해 완성했다. 오직 강원탄광만이 100% 자기자본으로 준공했을 뿐 나머지 탄광들은 정부보조금 혹은 AID 차관으로 진행됐다. 수직갱이 있었기에 국내 채굴 효율이 일본을 앞지를 수 있게 된 것이다.

뿐만 아니라 채탄 방식에 있어서도 일본과 다른 독창적인 방식을 개발했다. 화약을 터뜨려 무너진 더미에서 석탄을 골라내는 일본 전통의 케이빙 방식 대신 김유선 전 사장이 독자적으로 고안한 레벨톱 슬라이싱 방식을 택해 수득률을 크게 높였다. 수득률이 30%에 불과한 케이빙 방식 대신 2m 간격으로 가마니를 깔아 쿠션으로 삼고 단계적으로 채굴해 나감으로써 수득률을 향상시킨 것이다.

"일본이 월 평균 25m 채굴해나갈 때 강원탄광은 최대 월 402m 채굴 기록을 세웠지요. 레벨톱 슬라이싱 방식의 단점이던 방대한 작업량은 체인 컨베이어를 이용해 굴진속도를 높임으로써 해결해 나갔습니다. 결과적으로 광산수명은 3배 가량 늘어나게 됐지요."

국내 유일한 부존 에너지 자원으로서 생활연료 공급과 기간산업의 중추적인 역할로 국가 경제발전에 크게 기여했던 석탄산업의 황금기를 이끈 셈이다.

이 같은 공로로 김유선 전 사장은 1963년 제4회 3.1 문화상 기술상을 수상했다. 당시 현목(玄木) 이상봉 선생과 함께 수상했다는 점에서 더욱 감격스러운 순간으로 기억하는 그는 예술에 대한 조예도 깊다.

그가 공대에 다닐 당시에도 틈틈이 음악공부를 했다. 1947년에는 의사이자 성악가인 이인선 선생이 명동에서 국내 최초의 오페라 공연을 할 때 엑스트라로 참여하기도 했을 정도다. 딸 김승희 숙명여대 교수를 12세 때 미국으로 유학을 보낸 것도 이 같은 예술에 대한 애정 때문이었다. 결국 김승희 교수는 줄리어드 음대에서 박사학위를 받고 최초 박사학위 피아노 교수로 숙대에 재직하게 되었다.

오랜 현장생활 때문일까. 여든이 훨씬 넘어서도 건강한 그는 매주 이틀은 음악강좌를 들으러 다닌다. 그는 요즘 문제되고 있는 이공계 기피현상에 대해서도 할 말이 많았다.

"러시아가 스푸트니크위성을 발사하던 해가 기억납니다. 곧장 케네디 미국 대통령이 우주개발을 위해 전폭적인 수학교육 장려정책을 폈지요. 과학교육에 대한 현 정부의 리더십을 기대할 뿐입니다. 21세기 문명은 기술이 뒷받침돼야 한다는 건 누구나 아는 사실 아닙니까."

김정식

대덕전자 회장

△1929년 출생 △1956년 서울대 통신공학과 △1958~1965년 대영전자공업 대표 △1965~1985년 대덕산업 대표 △1986년 히로세코리아 회장 △1986년 대덕산업 회장 △1989년 한국전자산업진흥회 부회장 △1999년 대덕전자 회장
〈주요 업적〉인쇄회로기판(PCB)기술 국산화

한국 전자부품산업 발전의 주역

김정식 회장은 대덕전자를 설립한 기업인으로 40여 년 전 일본에서 들여왔던 인쇄회로 기판(PCB)기술을 국산화해 한국의 전자부품산업 육성에 초석을 다졌다. 그는 대덕전자를 세계적인 기업으로 성장시켰으며 그 과정에서 국내 PCB 기술발전 및 전자부품산업 발달에 일익을 담당했다.

김정식 회장은 1972년 일본 합작회사인 한국우라하마전자(대덕전자 전신)를 설립해 양면 PCB 생산을 시작하면서 생산기술을 체득하게 됐고 1975년 국산화에 성공했다.

무엇보다 그는 지속적인 기술개발을 통해 플렉시블, 고밀도 PCB 등 부가가치가 높은 전자부품을 상용화했고 그 영역을 핸드폰, 디지털카메라, 캠코더, 자동차 등으로 확대해 한국의 전자부품산업을 꽃 피우는 일등공신이 됐다.

김정식 회장이 대덕산업에 이어 대덕전자를 설립한 1965년과 1972년에는 우리나라의 전자산업이 걸음마를 하려고 발버둥치던 시기였다. 전자산업은 그 규모도 작을 뿐만 아니라, 기술 수준도 열악해 부품의 대부분을 수입에 의존하고 있었다.

전자제품은 무수히 많은 부품들을 연결해야만 하나의 완성품을 만들 수 있는 것으로 부품과 부품을 연결해 주는 커넥터는 매우 중요한 핵심부품에 속한다. 이 같은 커넥터의 거의 전량을 일본으로부터 수입에 의존하고 있었으며, 그러한 수입에 의하여 한국의 전자산업은 발전하기 시작했다.

대덕전자를 설립한 후, PCB 사업이 안정화 단계에 접어들자 핵심적 전자부품인 커넥터에 관심을 갖게 된 김정식 회장은 초기에 일본 히로세전기와 대리점 계약을 맺어 커넥터를 수입해 판매했다. 그러다가 대일 의존적인 생산체제를 과감히 탈피하지 않으면 자립경제를 달성할 수 없고, 장기적으로는 기업도 존립할 수 없다는 판단 하에, 기술개발에 총력을 기울임과 동시에 새로운 기술을 도입하기 위해 1985년 9월 일본의 히로세전기주식회사와 합작하여 히로세코리아를 설립했다.

히로세코리아는 대덕산업(현 대덕GDS)과 일본 히로세전기가 각각 50%의 지분율로 출자한 합작회사이다. 일본 히로세전기가 보유하고 있던 커넥터 관련 첨단기술을 100% 이전함으로써 지금까지 전량을 일본에서 수입하던 커넥터 관련 제품을 내수와 수출용으로 국산화하는 데 성공한 대표적인 전자부품기업으로 발전했다.

김정식 회장은 일본과의 기술협력 관계에서 선구자로 평가받고 있다. 일본의 유명 전자부품기업인 타이요전자, 히타치케미칼, 마쯔시다전기, 파나소닉, 유니온툴, 에바라전기, MEC, 멜텍스, 니꼬소재, 후지

케미칼, 아사히덴자이, 히타치비아메카닉 등 무수히 많은 기업들과 상호교류 협력을 통해 기술을 도입함으로써 일본의 폐쇄적인 첨단기술 시장을 개방하는 데 크게 기여했다.

김정식 회장은 1965년에 대덕산업을 필두로 대덕전자, 히로세코리아 등 계열 기업을 창립하고 중국과 필리핀에 대규모 해외 생산거점을 마련하면서 해외시장을 지속적으로 확대해왔다. 그는 대한전자공학회와 한국전자산업진흥회 부회장을 역임하고 1991년에는 해동전자기술진흥재단을 설립하여 우리나라 전자산업의 기술혁신에 진력하고 있는 모범적이고 혁신적인 기업가라고 할 수 있다.

슘페터에 의하면, 기업가의 정신은 이윤을 창출하기 위해 부단히 노력하는 혁신(innovation)에 있다고 말한 바 있다. 이 혁신을 실현하기 위해서는 신제품 도입, 신생산 방법의 도입, 신시장 개척, 원료나 중간생산물의 새로운 공급원 확보, 새로운 산업조직의 결성 등이 필요하며 이러한 요소들을 잘 결합하는 것이 진정한 기업가의 역할이라고 설파했다.

이런 점에서 김정식 회장은 새로운 기술의 도입과 응용, 그리고 확산 과정을 통해 자체적인 기술 개발력을 축적했고 이렇게 하여 축적된 기술을 바탕으로 새로운 제품을 개발하여 오늘날 한국의 각종 첨단전자 제품의 눈부신 발전을 가능하게 했다.

김정식 회장이 설립한 대덕전자에서는 BUM, 패키지, 모듈 다층기판, 휴대전화기 기판, 네트워킹 시스템 기판 등을 생산하고, 대덕 GDS(주)에서는 디지털 가전용 다층기판 등을 생산하고 있다.

또 히로세코리아에서는 전자기기에 사용되는 첨단 커넥터를 생산함으로써 우리나라의 전자기기 생산에 없어서는 안 될 핵심적인 전자부품을 공급하여 전자기기산업의 기술혁신에 주도적 역할을 담당하고 있다.

특히 김정식 회장은 1982년 정보통신기기의 핵심부품인 다층PCB를 개발함으로써 한국 PCB 산업이 세계 5위의 생산 및 기술대국으로 진입하게 하는 결정적 계기를 마련함과 동시에 대덕전자가 세계 10위권의 PCB 전문업체로 군림하는 데 결정적인 역할을 했다.

더구나 그는 많은 대학에 산학협력기금을 출연하여 신기술 개발과 인재양성에 심혈을 기울였고, 해외 생산거점의 확보와 다이나믹한 신흥시장을 개척함으로써 슘페터가 말하는 혁신적 기업가의 역할을 충실히 수행해왔다.

김정식 회장은 독실한 가톨릭 신자로서 모범적인 삶을 영위하면서 사회봉사, 특히 장애인에 대하여 남다른 애정을 가지고 있다. 그는 마지막 왕비였던 이방자 여사가 1967년 설립한 장애인 생활시설인 '명휘원(明輝院)'을 지속적으로 지원해왔으며 1996년 10월에는 명휘원의 장애인 근로시설인 해동일터를 건립하여 기증했다.

1998년 12월에는 대덕어린이집을 건립하여 안산시에 기증하였고, 1999년 1월에는 상록수문화 사랑회를 설립하여 초대 회장을 맡기도 했다. 2000년 6월에는 안산시 소재 25개 초등학교에 도서와 컴퓨터를 기증하였고 정기적으로 가평 꽃동네와 평화의 집을 후원하고 있을 뿐만 아니라 사원들의 봉사활동도 독려하고 있다.

또한 일본의 협력회사 간부들에게 명휘원을 소개하여 방한할 때 장애인 시설을 찾도록 주선함으로써 일본인들이 이러한 시설에 지속적으로 지원하는 체제를 만들었다. 특히 해동일터에서 장애인들이 만들어낸 작업복을 일본의 협력회사 사원유니폼으로 수출할 수 있도록 주선했다. 이와 함께 2002년 7월에는 대덕복지재단을 설립하여 장애인 시설에 대한 지원 사업을 대폭적으로 확대하고 있다.

이 때문에 김정식 회장은 소외되고 신체적 장애로 고통받는 이들을 위로하고 그들의 자활을 돕는 데 크게 공헌하고 있는 우리 사회에서 보기 드문 모범 사업가로 평가받고 있다.

그는 지역사회에도 관심이 많다. 2006년 9월에 안산시 성포동에 청소년들에게 과학탐구의 꿈을 심어줄 '대덕과학탐구학습관'을 세웠다. 김정식 회장이 7억 7,000만 원을 지원하고 안산시가 7,000만 원을 보태 건립했으며 지상 2층 연면적 126평 규모로 지어진 이 건물은 김정식 회장이 시에 기부채납한 것이다.

1929년에 태어난 김정식 회장은 바쁘게 사는 것을 최고 덕목으로 생각하며 건강관리에도 열심이다. 그는 집에서 저녁식사를 마치면 소화도 시킬 겸 서울 강남구 청담동 자택 주변을 1시간가량 걷는다. 밤 7시 이전에 저녁식사를 마치고 그 이후에는 부담이 가는 음식물을 절대로 입에 대지 않는다. 또한 금연, 금주는 기본이다.

김중업

김중업건축설계사무소 전 대표이사

△1922년 출생 △1941년 일본 요코하마고등공업학교 건축과 △1956년 홍익대 건축미술과 교수, 합동건축 연구소장 △1963년 프랑스 국가공로훈장 △1971년 프랑스 문화부 고문 건축가 △1972년 파리건축대학 대학원 △1976년 미국 로드 아일랜드 미술대학 교수 △1983년 대한민국 산업훈장 △1988년 별세

〈주요 설계 건축물〉주한 프랑스 대사관, 경남 문화예술회관, 예술의 전당 현상설계안, 올림픽 기념문, 명보극장, 부산대 본관과 정문, 건국대 본관, 조흥은행 본관, 삼일로 빌딩, 제주대 본관한국교육개발원, 국제방송센터

한국건축의 새지평 열어

건축가 고(故) 김중업 김중업건축설계사무소 전 대표 이사는 한국현대건축사에서 김수근과 함께 가장 독보적인 위치를 점하고 있는 건축가로 평가받고 있다.

그의 작품은 현대건축에서 한국의 전통을 재현하려는 시도를 자주 보이며 형태는 대담하지만 세부적인 부분으로 들어가면 섬세한 면모를 보이는 특징이 있다. 작품 자체에서 굵게 움직이는 선, 작은 원이 서로 병치되면서 하나의 전체를 구성하는 모습, 예각으로 된 삼각형의 선 등 세 가지 요소가 자칫 단조로워질 수 있는 콘크리트 건물에 깊이와 미묘함을 느끼게 한다.

그는 국내에서보나 해외에서 넌서 알려져 1969년에는 프랑스 정부가 영화 '건축가 김중업'을 만들어 시사회를 열고 프랑스 정부에서 국가공로훈장과 슈발리에(귀족으로서 기사) 호칭을 받았을 정도이다. 르코르뷔지에 재단이사, 프랑스 몽펠리에 국립건축대학, 미국 포트아일랜드 예술대학, 미국 하버드대 부설 디자인학교 교수를 지냈으며, 미국 프로비던스에 김중업건축설계사무소 미국지소를 열었다.

김중업 전 대표는 1939년 평양고등보통학교를 졸업하고 그해 12월 일본 요코하마 관립고등공업학교 건축과에 들어가 프랑스 에콜데보자르 출신 건축가 나카무라 준페이에게 배웠다. 1942년부터 도쿄 마쓰다 히라다 건축설계사무소에서 근무하다 1944년에 귀국해 조선주택영단 기사로 일했다.

1947년 서울대 공대와 한양대 공대에서 건축과 도시계획을 강의하기 시작해 그 후 홍익대, 이화여대, 숙명여대, 부산공업대에서 교편을 잡았다. 이 시기를 김중업의 건축 초기로 보며 '모방과 변용' 의 시기라고 부르고 있다.

1952년 이탈리아 베네치아에서 개최한 유네스코 주최 제1회 국제예술가회의에 한국대표로 참석했다가 같은 해 10월 프랑스 파리의 유명한 건축연구소인 '르 코르뷔지에 건축도시계획연구소' 에 들어가 3년 6개월 동안 건축과 도시계획을 공부했다. 그가 1956년 귀국을 결정했을 때 르 꼬르뷔지에는 '김중업이 활동하기에 한국은 너무 좁다' 라는 평가를 내릴 정도였다. 그래서였는지 그의 초기 건축에는 르 꼬르뷔지에의 영향을 많이 받은 모습을 볼 수 있다.

당시 미술평론가 이경성은 〈조선일보〉에 두 번에 걸쳐 김중업 전 대표의 작품을 특집으로 연재하며 '김중업 건축은 근대건축 이후 오늘에 이르기까지 건축이 당면하고 있는 온갖 근본적 문제를 정확하게 파악하고 그것에 선택과 해석을 가하여 자기대로의 방향을 설정하고 그것을 실천에 옮기고 있다' 는 평가를 했다. 이는 '오늘날의 사람들이 무엇을 원하느냐가 문제가 아니라 내일의 세계에서 살 사람들을 위하여 정신공간을 제시해 주는 이가 바로 건축가'라는 김중업 전 대표의 평소 지론을 그대로 반영한 것이다.

그는 귀국한 뒤 김중업건축연구소를 열고 명보극장과 부산대 본관과 정문, 건국대 본관을 설계했다. 그리고 기능성을 강조한 합리주의 풍의 조흥은행 본관과 삼일로 빌딩을 꾸몄으며, 낙천적인 낭만주의 경향을 보이는 제주대 본관을 설계하기도 했다.

김중업 전 대표가 설계한 주한 프랑스대사관에 대해 많은 사람들이 한국현대 건축의 원점이라고 평가하고 있고, 건축가 자신도 "나의 작품세계에 하나의 길잡이가 됐고, 이것으로부터 비로소 건축가 김중업으로 첫 발을 굳건히 내딛게 됐다"고 자평하기도 했다. 프랑스대사관 증축에 오랫동안 관여해 온 건축가 정기용은 보면 볼수록 싫증나지 않고 오히려 그 심원함에 더욱 깊이 빠져들게 하는 이 건물이야말로 현대 건축사에서 유일한 건축물이라고 말하기도 했다.

이 같은 경향을 한국교육개발원, 국제방송센터에서는 기하학적 추상조형으로 표현하기도 했다. 그의 대표작으로 꼽히는 주한 프랑스대사관 그리고 경남 문화예술회관, 예술의 전당 현상설계안은 역사에 대한 관조와 깊이가 드러나는 작품이다. 이 시기는 '시적 울림의 미학'의 시기로 불리며 살아 움직이는 선을 중심으로 한 조형성이 강하게 드러나는 때였다.

그는 "건축가는 항시 시대의 지도자로 뚜렷한 역할을 담당해 온 만큼 권력이나 재력의 시녀로서 타락한 건축가는 참된 건축가라고 할 수 없다"며 "어디까지나 시대를 앞질러서 구상할 수 있는 역량이 있고, 자신의 조형언어로서 힘차게 이야기할 수 있는 인간만이 건축가"라는 발언으로 박정희 정부의 기피인물로 찍힐 정도로 현실참여적이었다. 그리고 그의 그런 생각은 건축에 그대로 나타났다.

결국 1971년 강제출국돼 아프리카 니제르 도자기 공장, 나이지리아 나고스시의 에분올루와 스포츠 호텔 등 해외건축에 간여하면서도 성공회제1회관, 설악파크호텔 등 국내 건축에도 간접적으로 참여했다.

1979년 귀국해 육군박물관, 광주 문화방송국을 지었으며, 민족대성전, 바다호텔 설계안을 작성하기는 했지만 실현되지 못했다. 국내 활동의 공백은 있었지만 건축가로 영향력이 컸기 때문에 국전으로 불리는 대한민국미술전람회 심사위원, 한국건축가협회 부회장, 독립기념관 건립위원회 기획위원 등의 공직을 지냈다.

1979~1988년까지 후기 건축은 풍부함과 세련미를 갖고 있다는 평가를 받고 있는데, 주택건축에 있어서도 '존재와 세계의 경계'를 보여주고 있다. 그래서 그는 자신의 건축을 '달팽이 껍질'이라고 인용하기를 즐겨했는데 이는 내부의 연약한 본체를 보호하는 작은 집의 이미지로 인간의 존재와 세계를 구분하는 최초의 경계로 생각했다는 의미이다.

그는 집을 지을 때 항상 '향'과 '살아야 할 당사상', '배열'이란 3가지 요소를 생각했다. 남향을 중심으로, 살아야 할 사람을 생각해 그 가족과 장본인의 취미가 무엇인지를 고려해 적정한 넓이를 뽑아 배열을 쓸모 있게 꾸민 것이다. 즉, 집과 건축은 그 안에 있는 사람의 자화상이라는 생각으로 항상 "집은 노래를 불러야 한다. 쓸모가 있으나 아름답지 못한 집보다는 쓸모는 적으나 아름다운 집이 더욱 가치 있다"고 주장했던 것이다.

이때부터는 그의 건축물에서 계속 따라다니던 르 꼬르뷔지에의 영향이 완전히 사라지고 김중업 특유의 건축언어들이 속속들이 나타났다. 특히 사무실 시설들도 1960년대는 철근 콘크리트의 박스형 건물이 주류를 이루었던 반면 1980년대부터는 날카로운 예각으로 형성된 유리건물들이 주를 이룸으로써 현대의 세련된 감각을 부여한 것이다.

1988년 서울올림픽은 수많은 경기장들과 부대시설이 새롭게 세워졌고, 도시미화와 문화시설의 확충이란 차원에서 많은 양의 건물들이 신축됐다. 올림픽 관련 건축물 대부분은 한국현대건축의 양대산맥인 김수근, 김중업의 혼이 깃든 것이라고 해도 과언이 아니다.

그러나 경기장 설계의 대부분은 김수근의 공간그룹이 주도적으로 담당했고 김중업 전 대표는 1970년대 말에 귀국했기 때문에 경기장 설계보다는 기념조형물 설계에 참여했다. 그가 서울올림픽과 관련해 높은 건축적 성과를 획득한 것은 서울 방이동 올림픽공원 내에 설치된 '평화의 문' 이다.

그는 올림픽 기념문을 설계하면서 오랜 역사의 고통에서 벗어나 새롭게 비상하려던 국민적 이상과 역동적인 시대 상황이 고스란히 담겨져 있어 우리시대를 상징할 수 있는 한편 올림픽정신을 표현하고 그 개최의 역사적 사실을 기념하는 데 설계의 초점을 맞췄다. 평화의 문에는 그의 후기건축에 나타나는 '살아 움직이는 선' 과 '날카로운 예각' 의 대비라는 조형적 특징이 그대로 나타나있다.

당초 김중업은 24m 높이로 설계했지만 결과가 발표난 뒤 정부에서는 기념성이 약하다고 해 높이만 90m로 엄청나게 확대시켰다. 하지만 예산낭비라는 지적과 함께 오류마크가 로켓포처럼 보인다는 비난 때문에 다시 수정돼 45m로 축소된 안이 통과되는 일이 있었다.

지인들은 평화의 문이 김중업 전 대표 자신의 마지막 작품이라고 생각했기 때문에 당시 매우 쇠약한 상태였음에도 불구하고 자신의 안을 지키기 위해 이리저리 뛰어다니다가 결국 병세가 악화됐다고 입을 모았다.

평생 건축만을 생각하고 건축과 사랑을 나눴던 그는 입버릇처럼 "헤아릴 수 없이 구축한 무질서 속에서도 고고히 자신을 지키고 있는 귀한 존재만을 건축이라고 부른다"며 "그렇기 때문에 건축이란 1만분의 하나 정도의 확률 밖에 없고 이를 맞추는 건축가란 시간과 공간 속에서 자신을 송두리째 불사르는 이들"이라고 건축관을 드러냈다.

김형벽

현대중공업 전 회장

△1935년 출생 △1961년 서울대 기계공학과 졸업 △1962년 조선공사 △1967년 현대건설 △1973년 현대중공업 전무이사 △1978년 현대엔진 사장 △1989년 현대중장비산업 사장 △1998년 현대중공업 대표이사 △1999년 현대중공업 회장 〈주요 업적〉 국내 최초 대형선박용 디젤엔진 개발

한국 중공업 역사 새로 쓴 조선인(造船人)

한국의 중공업 역사에서 김형벽 현대중공업 전 회장을 빼놓을 수는 없다.

김형벽 전 회장은 1961년 서울대 기계과를 졸업하고 대한조선공사를 거쳐 1967년 현대건설에 입사했다. 이후 현대엔진공업 전무, 사장, 현대중장비산업 사장 등을 거쳐 현대중공업 대표이사 사장, 회장을 역임했다.

1998년에는 한국의 건설기계, 중공업 분야 업계 목소리를 대변하는 한국건설기계공업협회 2대 회장으로 활동하며 국내 중공업 발전을 위해 앞장서기도 했다.

김형벽 전 회장은 국내 최초의 내연선박용 디젤엔진 사업을 수도하며 기계공업 발전과 조선공업의 경쟁력 강화에 크게 기여했다. 이전 세대까지 전량 수입에 의존하던 대형 선박용 디젤엔진의 국산화를 위해 공장을 건설하고 엔진 생산과 판매의 활로를 개척했다. 또 주요 기능부품을 협력업체와 함께 국산화해 국내 공학기술발전과 단기간 내에 100만 마력, 1,000만 마력, 2,000만 마력 등의 생산을 달성해 전 세계시장 수요의 25%를 공급함으로써 한국이 선박용 디젤엔진 분야에서 핵심강국으로 떠오르는 데 주도적 역할을 했다.

또한 조선분야의 생산기술 향상에도 기여했다. 현대조선소의 초대 총괄생산부장으로서 초대형 원유운반선 건조 임무를 성공적으로 완수하는 등 초대형 선박의 생산기술을 확보하는 업적을 쌓았다. 뿐만 아니라 중장비, 공작기계 및 산업용 로봇 사업의 추진을 통해 한국의 기계기술 자립화에도 혁혁한 공을 세웠다.

김형벽 전 회장은 피아노 밀러, 2,000톤급 트랜스퍼 프레스, 호리즌탈 보링·밀링머신, 고중량 6축 다관절 로봇 등 기술을 확보하지 못해 국내에서 제조하지 못하고 전량 수입해야 했던 중장비, 산업용 로봇의 국산화에 성공했다. 여기에 굴삭기, 휠로다 등 일반 중장비와 특수 중장비 개발에 성공해 이를 역으로 해외에 수출하기까지 했다.

김형벽 전 회장은 국가의 산업화 초기에 한국 기술의 경쟁력을 확보하는 데 공헌했다. 경인·경부고속도로 건설에 투입됐던 아스팔트 플랜트와 스크린 바이브레이터 등의 주요 건설장비를 국산화하는 데 성공했으며 이를 통해 성공적인 공사 수행에 이바지했다. 이와 함께 소양강 다목적댐 건설에 필수장비인 배처 플랜트와 남강댐 수문의 제작·설치에 참여했으며 거제대교 제작, 알라스카 허리케인교의 제작과 설치에 참여했다.

김형벽 전 회장이 재직하는 동안 현대중공업은 국내 대표기업으로서의 입지를 단단히 구축했다. 그는 VLCC(초대형 원유 운반선)의 건조

기간을 10% 이상 단축시켰으며 벌크선, 컨테이너선, 원유운반선(COT)
의 건조도 15% 가량 단축하는 등 각종 대형 선박의 제조기간을 성공적
으로 단축시켰다.

김형벽 전 회장은 중국 해양석유총공사로부터 수주한 1억 달러 규모
의 해상 원유가스 생산설비 플랫폼 공사를 진두지휘했다. 이 설비는
중국 상하이 남동쪽 해상에 위치한 동중국해 필후필드에 건설한 것으
로 하루 2만 배럴의 원유, 액화천연가스를 생산할 수 있는 생산·주거
복합 해상시스템이다.

당시 현대중공업은 제작에 12개월, 설치에 2개월을 소요해 예정돼
있던 공기를 1개월 이상 앞당겼다. 해상 원유가스 생산설비는 바다위
에서 가스를 채집해 가공하는 종합설비로 제조하기가 까다로워 공기
를 맞추기가 여간 어려운 작업이 아니었다.

그러나 당시 현대중공업은 끊임없는 기술개발을 바탕으로 기간 단
축에 성공할 수 있었다. 이를 포함해 현대중공업은 중국을 비롯한 중
동 등지에 수십 개의 해상 플랫폼을 건설해 이 분야에서 세계 최고의
경쟁력을 갖춘 기업으로 입지를 굳히게 됐다.

김형벽 전 회장은 IT(정보기술)에 대해서도 남다른 관심을 기울였다.
중공업과 IT는 언뜻 보기에는 공통된 부분이 적어 보이지만 김형벽 전
회장은 IT가 모든 산업의 인프라가 될거라는 사실을 절감하고 있었다.

그는 인터넷과 VAN(부가가치통신망)을 통한 전자상거래 시스템을 업
계로서는 이례적으로 도입해 성공리에 정착시켰다. 현대중공업은 연
간 5만여 품목 4조 6,000억 원에 달하는 자재구매의 전 과정을 전자시

스템화하는 데 성공했다. 이러한 그의 노력으로 현대중공업은 연매출이 70억 달러에 달하는 초우량 기업으로 거듭났다.

시스템 도입으로 업체선정, 내부결재 등 유통 전 과정에서 투명성을 확보함은 물론이다. 품의서를 담당자가 작성하는 게 아니라 업체에서 입력한 견적서에 의해 자동 생성돼 참여한 모든 업체의 제시가격, 실적, 거래평가 등이 평행비교되기 때문이다. 현대중공업은 이 시스템을 구축하는 데 2년여를 소요했다.

김형벽 전 회장은 현대중공업 수장으로서 뿐만 아니라 한국건설기계공업협회장으로서도 탁월한 업적을 남겼다. 그가 회장 재임 당시 열렸던 '한국건설기계전' 은 한국의 중공업기술을 세계에 알리고 해당분야의 업계나 기술정보를 공유함으로써 한국이 중공업분야 강국으로 도약하는 데 힘을 더했다는 후문이다.

그는 성장을 '양보다는 질적 측면' 에서 찾아야 한다고 주장했다. 그는 과거 현대중공업에 재직하던 1990년대 중반 각종 언론매체를 통해 한국은 양적인 수준(무역량, 총투자율 등)에서는 괄목할 만한 성장을 했지만 주택보급률, 국민 1인당 교사, 의사 수, 상수도 보급률, 도로포장률 등 질적 측면에서는 후진국 수준을 면치 못하고 있다며 국가 차원에서의 분발을 강조했다.

김형벽 전 회장은 종종 "미국, 영국, 일본 등 세계 각 선진국에서 자본주의를 성숙시키는 데 100년 이상이 소요됐다. 이에 반해 한국은 단 몇십 년 만에 성장했다. 세계 역사 상 최단기 내에 국민소득 1만 달러를 달성한 국가"라며 "그러나 한국 삶의 질 수준은 이에 훨씬 미치지 못하고 있다"고 말했다.

그는 이에 대한 실례로 "1만 달러 달성시점의 주택보급률은 미국이 113.3%, 독일 108%, 프랑스 112%, 일본 109.6%인데 비해 한국은 84.2%에 머물러 있다"며 온 국민이 질적 측면에서의 국가발전에도 힘을 기울여야 한다고 주장했다.

김형벽 전 회장은 또 현실에 안주하지 않고 미래를 향한 구상으로 늘 고민하곤 했다. 그는 현대그룹 내에서도 임원회의나 직원과의 대화 시 "한국이 수출 1,000억 달러 시대에 접어든 후에는 새로운 수출상품 개발에 노력해야 한다. 그렇지 않으면 규모를 늘리기가 어렵다"고 말하곤 했다.

즉, 반도체, 자동차 등의 제품에 이어 수출전선의 효자노릇을 할 차세대 전략 수출상품 발굴이 필요하며 이를 위해 그룹뿐 아니라 국가 전체가 머리를 싸매고 고민해야 한다는 말이다. 그는 특히 부가가치가 높은 제품 중심으로 우리의 강점을 키워야 한다고 주장했다. 이는 다분히 당시부터 경쟁력을 서서히 키워나가고 있던 중국을 겨냥한 말이었다.

당시만 해도 한국은 선진국에 비해 싼 가격에 질 좋은 상품을 공급해 세계시장에서 주목받고 있었다. 그러나 거대한 중국이 세계시장 공략에 본격적으로 나서면 저렴한 가격은 더 이상 한국의 경쟁력이 될 수 없다는 설명이었다. 10여 년 후 김형벽 전 회장의 예상은 정확히 들어맞았다.

그러나 그는 세계 산업성장의 축이 일본에서 한국으로 건너왔다며 이를 토대로 중장비산업 등 사회 인프라가 되는 산업을 발전시키면 이 같은 성장세를 지속해 나갈 수 있다고 설명했다. 그는 또한 다자간 자유무역체제의 열렬한 신봉자이기도 하다.

김형벽 전 회장은 종종 "다양한 분야에서의 무역자유화에 대한 검토를 꾸준히 해야 한다"며 "정부 당국과 업계가 협조하여 지속적으로 정보 수집, 전문가 양성, 현지 업계와의 협력관계 유지, 공정가격유지, 현지공장의 부품 현지화 등 국제경쟁력 확보에 노력해야 한다"고 말하기도 했다.

김형주

삼안코퍼레이션 회장

△1924년 출생 △1950년 서울대 토목공학과 졸업 △1962년 건설부 국립건설연구소 시험과장 △1967년 삼안건설기술공사 사장 △1983년 한국수문학회 회장 △1984년 한국기술용역협회 회장 △1984년 삼한건설기술공사 회장 △1997년~ 삼안코퍼레이션 회장 △2002년 과학기술훈장 웅비장
〈주요 업적〉 국내 댐 설계 및 시공기술의 대부

댐 설계·시공기술의 대부

김형주 삼안코퍼레이션 회장은 50여 년 이상 '토목기술인'으로 살아온 정통 토목기술자로 국내 댐 설계·시공기술의 대부로 알려져 있다. 그의 업적은 2006년 초 서울대 총동창회에서 수여한 '제8회 관악대상'에 나온 아래 내용을 보면 한 눈에 알 수 있다.

"국책사업인 다목적댐과 수력발전소 건설, 지방·도시개발 계획의 설계·공사·감리를 통해 국가균형발전에 기여, '송산 김형주 장학회', '전북 무안 송산 효마을' 건립 등의 사회봉사, 서울대에 '송산건설 환경종합연구소' 건립 약정을 통해 재산을 공익사업에 희사해 사회의 귀감이 됨."

서울대 토목공학과를 졸업한 뒤 1950년대 옛 건설부 공무원으로 토목업에 처음 몸을 담은 김형주 회장은 건설부 재직 당시에는 미국에서 직접 배우고 익힌 건설기술들을 국내에 처음 도입하는 등 우리나라 건설기술 발전에 앞장섰다.

김형주 회장은 기술직에 대한 고등고시 제도가 없었던 탓에 말단으로 공무원 생활을 시작했었다. 비록 말단 공무원이었지만 그의 재능을 알아본 선배들이 서로 자기네 부서로 데려가려 했다는 것은 당시 같이 근무했던 사람들에게는 널리 알려진 이야기다.

그는 "공무원 생활을 계속 하려면 상급직으로 가서 행정과 기술을 전반적으로 습득해야겠다는 생각을 하고 있었는데 때마침 1956년 제1회 기술고시제도가 생겨 몰래 시험을 봤는데 덜컥 붙었다"며 멋쩍은 웃음을 짓기도 했다.

김형주 회장은 "당시는 한국전쟁 직후라서 도로나 항만 등 무엇 하나 제대로 갖춰진 것이 없어 토목기술자에게는 전국이 일터였다"며 "새로운 나라를 만드는 데 토목분야만큼 보람되는 일은 없었다"고 회상했다.

그러다가 건설현장에서 직접 몸으로 부대끼고 발로 뛰고 싶었던 그는 공직생활 10년만인 1967년 삼안건설기술공사라는 회사를 차려 건설기업인으로 변신했다. 그는 이후 충주댐, 합천댐, 주암댐 등 다목적 댐과 산청발전소, 양양발전소 등의 양수발전소, 제주도 도시개발사업 등 굵직굵직한 건설사업에 참여해 이름을 날렸다.

충주댐 설계는 김형주 회장이 삼안을 창립한 후 첫 프로젝트였는데 당시 수자원개발공사 사장이 직접 수의계약을 맡길 정도로 능력을 인정받고 있었다. 비록 외국 저명회사와 공동으로 하는 사업이어야 한다는 조건이었음에도 그는 굴하지 않고 세계적으로 가장 큰 댐건설회사인 미국의 벡텔코퍼레이션과 접촉해 하청업체로 끌어들이는 과감성과 추진력을 발휘했다.

당시 같이 일했던 영국 출신 기술자 헤이스는 이후 "충주댐 건설에 대한 흥미는 갖고 있었지만 조그만 한국회사의 하청을 받는 것에 대해서는 우습다는 생각이 들었다. 그렇지만 김형주 회장과 충주지역 일대를 돌아다니며 현장조사를 벌이고 기본계획을 마무리할 때까지 같이 생활해 보면서 그와 함께 일하게 된 것이 대단히 기뻤다"고 회상하기도 했다.

다음으로 맡은 사업은 낙동강유역 종합개발계획 일환으로 낙동강 지류인 황강에 설치되는 합천 다목적댐 사업으로 높이가 96m, 길이 472m, 총 저수량 7억 9,000만m³, 유역면적만 925Km²로 최대 규모였다. 이 때문에 수많은 회사들이 설계사 공모에 참여했지만 김형주 회장이 이끄는 삼안은 72점을 받은 차점자와 19점이나 차이가 나는 91점이라는 월등한 점수로 용역을 따게 됐다.

"댐 건설사업에 참여했을 때만 해도 우리나라는 풍부한 수자원을 보유하고 있다고 생각했습니다. 그렇지만 제가 보기에는 도시화와 산업화로 인해 인구가 늘어나고 생활수준이 높아지면서 물 사용이 증가할 것으로 예상했죠. 물 부족을 대비하기 위해서라도 댐 건설은 필수라고 생각했습니다."

그는 한강·섬진강종합개발계획, 금강종합농업개발계획, 88올림픽 고속화도로계획, 무주스포츠리조트 개발계획 설계 등 굵직한 일들을 해냈다. 해외로도 진출해 영국회사가 중도 하차한 인도네시아 페마리(PEMALI)지역 용수조절계획 설계, 케냐 손두-미루 수력발전소 설계 등을 해냈다. 그리고 일본에 있는 댐도 일본공영의 하청을 받아 우리 기술로 설계하는 쾌거를 거두기도 했으며 아프리카, 네팔 등 국제적 설계 용역사업을 통해 삼안을 성장시켰다.

이런 과정을 통해 그는 직원 수 1,000명 규모로 회사를 키웠고, 10여 년 동안 국내 실적 1위의 거대회사로 발전시켰다.

현재 삼안건설기술공사는 프라임그룹에 매각한 상태지만 김형주 회장은 명예회장으로도 다양한 사업진출에 대한 어드바이스를 하는 등 활발한 활동을 펼치고 있다. 최근 삼안의 베트남 진출도 풍부한 메콩 강의 수자원을 알아차린 김형주 회장의 아이디어였다.

김형주 회장은 건설기술인의 지위향상에도 앞장서 엔지니어링진흥협회를 창립해 초대회장을 지내며, 당시 재무부와 경제기획원 등과 협의해 국제 수준의 45%에 불과하던 용역대가를 100%까지 끌어올리기도 했다. 또 건설기술공제조합도 창설해 저리융자나 보증, 기술요율, 운영자금 등과 관련한 사항에도 힘을 쏟아 기술기반 조성에 크게 공헌했다는 것이 주변의 평가다.

주변 사람들은 "김형주 회장은 노블레스 오블리주 선두주자"라고 입을 모은다. 국민들을 대상으로 돈을 벌었기 때문에 그 돈을 다시 국민들에게 되돌려줘야 한다는 것이 그의 오랜 지론이다. 이 때문에 그는 다양한 사회사업을 펼치고 있어 '삼안 대표이사로서의 김형주'가 아닌 '사회사업가 김형주'로 알고 있는 이들도 많다.

그렇기 때문에 그는 자식들에게 재산을 물려줘서는 안 된다고 주장한다. 그는 "회사를 잘되게 하기 위해서는 전문경영인에게 맡겨놓는 것이 낫다"며 "지분을 정리해 생긴 돈으로 기부활동에 나서니 하나 있는 딸이 더 기뻐했다"고 말했다.

그는 "기업과 개인의 사회적 책임은 전적으로 달라야 한다"며 "기업은 이윤을 향해 달려야 하기 때문에 기업이 가진 인프라와 서비스를 활용한 환원이 바람직할 것"이라고 충고했다.

경제나 법학, 정보통신 등으로 관심과 지원이 쏠려 건설기술분야가 상대적으로 소외돼서는 안되겠다는 생각에 지난 2001년부터는 자신의 호 '송산(松山)'을 딴 상을 만들어 토목분야에서 업적을 쌓은 관련 기술인 4명을 선정해 매년 9월 시상하고 있다.

김형주 회장의 지인은 "그는 1960~1970년대 건설흥국 기초를 마련한 토목인들이 점점 관심에서 벗어나고 있는 것을 안타깝게 생각했다"며 "그렇기 때문에 기술상뿐만 아니라 국제상, 문화상 등으로 부문을 나눠 수여토록 하게 했을 것"이라고 말했다.

김형주 회장은 "건설기술인이 아직도 일부에서 '노가다'로 불리며 저평가받고 있는 것은 토목·건축분야를 단순한 육체노동쯤으로 생각하는 분위기 때문"이라며 "존경받는 건설기술인이 되기 위해서는 예술적 가치를 중시하며 자신만의 분야를 적극 개척해야 한다"고 충고를 아끼지 않았다.

대한토목학회 원로회원으로 활동하고 있는 그는 기업들을 위해서도 쓴 소리를 했다.

"지금 기업들이 어렵기는 하지만 장기적으로 보고 후진양성을 위해 좀 더 힘을 써야 합니다. 그렇지 않다면 그동안 쌓아놓은 기반마저 무너져버릴 것입니다."

팔순이 넘은 나이에도 활발한 사회활동을 하고 있는 김형주 회장은 "앞으로 남은 일이 있다면 지금까지 이뤄놓은 것들을 사회에 환원하는 것이기 때문에 건강이 허락할 때까지 사회를 위해 봉사할 것”이라며 후덕한 미소를 지었다.

최근 동북공정 등 한반도 고대역사에 대해 중국과의 갈등이 빚어지고 있는데 김형주 회장은 이를 이미 간파한 듯 몇 해 전부터 한국과 중국 간 관계증진에 힘을 쏟고 있다. 이를 위해 사재를 털어 중국 칭화대학 내에 ‘송산 김형주 루’라는 연구소를 개설하기도 했다. 그는 연구소에 저명한 역사학자인 이태형 교수를 초빙해 현지 역사학자들과 공동으로 토론을 벌이는 등 고구려사가 한국사임을 정당하게 평가받을 수 있도록 지원을 아끼지 않고 있다.

그는 “중국은 일본과는 달리 우리나라 경제의 사활이 걸린 시장이란 인식이 필요하다”며 “중국에서 여러 가지 활동을 하면 결국 한국기업에도 큰 도움이 될 것”이라고 강조했다.

남기동

대한요업총협회 명예회장

△1919년 출생 △1943년 경성대 이공학부 △1946년 공업연구소 요업과장 △1960년 한양대 공대 교수 △1962년 쌍용양회 기술담당 상무 △1974년 전 엔지니어링 부사장 △1980년 동양시멘트 사장 △1983년 동양종합산업 회장, 동양시멘트 부회장 △1989년 대한요업총협회 명예회장

〈주요 업적〉 국내 시멘트 기술, 공장설립 주도

거북이처럼 근면성실한 시멘트 박사

'성실과 신의, 봉사, 겸손, 사랑'을 좌우명으로 살아온 남기동 대한요업총협회 명예회장은 시멘트와 세라믹 등 국내 요업업계 선구자다.

1946년 중앙공업연구소에 입사한 남기동 명예회장은 요업원료의 조사와 분석에 착수하고 그 이용에 관한 연구를 시작했다. 그리고 도자기 제조공장을 건설해 운영하는 등 연구시설의 확충에 힘쓰면서 국내 요업계의 기술지도는 물론 요업원료와 제품 분석기사 교육 및 양성에 나섰으며 서울대, 한양대, 고려대 등에서 강의하는 등 건국 초기 흥분과 혼란 속에서도 연구와 기술지도에 나섰다.

1950년 부산으로 피난 갔을 때에도 요업인으로서의 활동을 멈추지 않았다. 부산 영도에 있는 대한도기의 실험실 일부를 할애받고 시설 일부를 차용해 어려운 여건 하에서도 연구와 분석업무를 계속했다. 1953년 서울 수복과 함께 중앙공업연구소도 정비 복구되고 연구실건물이 신축돼 최신 기자재가 도입됐다. 당시 요업과장이었던 남기동 명예회장은 연구원과 함께 과의 재건과 요업연구업무의 기틀을 마련하는 데 진력을 다했다.

1956년 상공부 공업국으로 자리를 옮긴 그는 전후의 국가 기간산업 건설에 동분서주하며 문경시멘트 공장, 인천판유리공장, 충주비료공장 등 외국자본으로 지어진 건설업무의 책임자 역할을 했다. 시멘트 공장 건설에는 더욱 많은 노력을 기울였다. 전후 부흥사업의 수요에 따라 시멘트의 소비가 크게 늘었으며 시멘트산업의 건설이 시급하다는 판단 아래 1954년 6월 상공부와 유엔한국재건단(UNKRA)은 시멘트 공장 신설에 따른 장소와 자금계획 등에 합의를 보고 상공부와 재무부, 기획처, UNKRA에서 대표를 선출해 건설위원회를 구성했다.

남기동 명예회장은 당시 구성된 건설위원회의 일원으로 시멘트 공업기술연구를 위해 1965년 덴마크의 슈미트(F.L.Smidth)에 파견됐고 유럽의 여러 선진 시멘트 시설을 순방한 후 문경시멘트공장의 건설에 몰입했다.

1960년에는 우리나라 대학으로서는 처음으로 한양대 공과대학에 요업공학과가 설립돼 1964년 38명의 첫 요업전문 공학사가 배출됐다. 남기동 명예회장은 요업공학과를 낳은 초대 주임교수로 취임해 요업공학도의 새싹들을 길러냈다. 또 최신 연구 실습시설을 갖추고 산업계현장의 기술지도와 연구활동도 지원했다.

남기동 명예회장은 1962년 국가 기반산업 발전에 이바지하고자 제3시멘트 사업 주체로 선정된 쌍용양회에 참여했다.

당시 3억 원의 자본금으로 설립된 쌍용양회는 독일의 훔볼트(Humboldt)와 연산 40만 톤 규모의 시멘트 공장 기계시설 및 장비공급

계약을 체결하고, 강원도 영월군 서면 쌍용리에 공장지대 6만 5,000평과 광산 13광구를 확보해 1962년 9월 기공식을 가짐으로써 공장건설이 시작됐다.

당시 남기동 명예회장은 건설과 기획, 기술관련 업무를 관장하면서 '뭉치자 강철같이, 건설하자 하루속히' 라는 캐치프레이즈를 내걸고 건설공사에 매진해 현대식 시멘트 공장을 건설하는 데 주도적 역할을 담당했다.

1964년 3월 시험가동을 위한 화입이 있었고 4월부터 본격적인 가동이 시작됐으니 건설기간이 20개월에 불과해 세계 시멘트공장 건설사상 그 유례를 찾아볼 수 없는 최단 공사기간을 기록하기도 했다. 남기동 명예회장은 당시 공장 조기건설과 품질향상에 대한 노력과 기술발전에 선구적인 공로가 높게 평가돼 1964년 5월 정부로부터 은탑산업훈장을 수상했다.

남기동 명예회장은 시멘트의 해외시장 개척에도 기여했다.

품질규격이 까다로운 해외시장에 우리 제품의 수출이 가능했던 것은 일찌기 초기 품질관리 업무를 담당하면서 품질향상에 남다른 노력을 기울인 그의 노고에 힘입은 바 컸다. 그리고 그의 이러한 노력은 한국 시멘트 역사에서 국제화 시대를 가져온 초석이 됐다.

1978년 10월 발생한 제2차 오일쇼크는 1973년의 제1차 오일쇼크 이후 약세를 못 벗어나고 있는 세계경제에 또 다른 큰 충격을 가했으며 원유의 전량을 수입에 의존하고 있는 우리나라는 극심한 타격을 받았다. 특히 시멘트산업은 에너지 다소비형 업종으로 시멘트 제조에 소요되는 에너지는 제조원가의 70%를 점유하는 높은 비중을 차지하고 있었다. 이에 가격이 싸고 새로운 에너지원의 사용을 확대함으로써 생산원가를 절감하고 에너지의 탈석유화에 기여하는 연료대체사업은 필수적으로 추진해야 할 사업으로 대두됐다.

당시 동양시멘트로 자리를 옮겨 삼척공장의 기술전반에 걸쳐 책임을 맡고 있던 남기동 명예회장은 삼척공장 활성로 5기의 연료를 100% 벙커C유에서 유연탄 80%, 벙커유 20%로 혼합사용하는 연료대체를 성공시킴으로써 연간 약 120억 원의 연료비를 절감했다.

유가가 하루가 다르게 인상되고 있던 당시 투자비를 절약하고 공기를 단축하고자 석탄밀을 외국에서 구입하는 대신 그간 증설을 통해 여유가 있던 기존의 원료밀을 석탄밀로 개조하기도 했다. 석탄은 발화, 폭발 등 안전재해발생의 위험을 내포하고 있어 기존의 원료분쇄기인 더블 로테이터 밀(Double Rotator Mill)을 에어 스웹 밀(Air Swept Mill)로 개조하는 방식을 택했다.

1978년 석탄 저장건조시설과 석암분쇄시설, 미분탄 연료시설에 외자 120만 달러, 내자 20억 원을 투자해 1980년 6월에 완공, 연간 20여만 kl 의 벙커C유를 절약 원가의 50%를 점하는 연료비를 절감하게 됐다.

이 공사는 다른 선진국에서도 유례를 찾아볼 수 없는 시멘트 산업사상 최초의 시도로 다른 공사와 달리 자료의 수집에서부터 프로젝트 엔지니어링, 문제점의 해결에 이르기까지 모두 자체적으로 추진해야 했으며 투자비를 절약하고 공기를 단축한 세계적인 역사였다고 할 수 있다. 연료대체사업에 성공함으로써 남기동 명예회장은 1981년 3월 1일문화상 기술상을 수상하기도 했다.

석탄대체사업에 이어 시멘트 제조공정상 일차적으로 해결해야 할 주원료인 석탄석의 균일한 공급에 있어 새로운 방식인 석탄석 예비혼합기를 도입해 생산성 향상, 품질균일 등 획기적인 품질관리를 기할 수 있게 됐다.

시멘트 경기는 1982년 하반기부터 회복하기 시작해 1983년 완전히 침체의 늪에서 빠져 나오게 되어 이를 계기로 국내외 시멘트 시장의 급격한 변화에 대처하기 위해 품질 면에서나 원가 면에서 경쟁력이 낮은 킬른(Lepol Kiln)을 재검토할 필요가 생겼다.

이러한 배경에서 1983년 8월 독일의 폴리시우스와 기자재공급 계약을 체결해 22개월 만에 시운전을 실시하여 성공적으로 준공식을 거행했다. 이 같은 노력은 시멘트 수요 증대와 시장 상황 변화에의 대응이라는 두 가지 주된 배경 하에 적기에 진행된 성공적인 사업으로 평가됐다. 이는 남기동 명예회장의 미래를 전망하는 정확한 판단력과 경쟁력 제고를 위한 전략이 반영돼 이루어낸 개가로 평가된다.

1973년 4월은 우리나라 시멘트공업 발전의 발판을 굳히는 또 하나의 전환점이 됐다. 시멘트 생산 1,000만 톤을 내다보면서 대학 · 연구소 · 시멘트 공장의 학자 · 연구원 · 기술자가 한 자리에 모여 '시멘트 심포지엄'을 개최한 것이다. 이는 우리나라에서 시멘트 생산이 시작된 지 반세기만의 일로 시멘트인들의 시멘트 생산대국으로의 양적발전뿐 아니라 질적인 발전을 위한 도약이라 할 수 있다.

시멘트 심포지엄은 한국요업학회와 한국양탄회공업협회가 공동으로 개최하는 것이며 남기동 명예회장은 한국요업학회 시멘트 부회장일 당시 이 모임을 주도적으로 이끌었다.

"경영은 인간이 하는 것이며 인간이 서로 모여서 인간의 행복을 위해 활동하는 것이라 할 수 있다. 그리고 인간의 능력이나 경영력은 사람에 따라 차이가 있고 신과 같이 전지전능하지 못하고 일정한 한계가 있다. 따라서 각자가 자기 힘을 다하고 모두가 협력, 합심함으로써 기업은 성장하고 업적은 신장될 것이다. 경영이란 무리하지 않고 한 걸음 한 걸음씩 앞으로 걸어나감으로써 깡충깡충 뛰는 토끼를 이겨낸 거북이와 같이 그 목표를 달성할 수 있게 되는 것이다."(1986년 7월 10일 동양사보 '경영자 칼럼'에서)

마경석

호마기술 회장

△1921년 출생 △1945년 일본동생공업전문학교 응용화학과 졸업 △1950년 서울대 화학공학과 석사 △1950년 삼공화학공장 △1952년 럭키화학 부산공장 기사장 △1965년 충주비료 공장장 △1968년 울산제일석유화학 건설본부장 △1973년 여수석유화학 부사장 △1977년 삼성엔지니어링 사장 △1980년 뉴텍인터내셔널 부사장 △1995년~호마기술 회장
〈주요 업적〉 울산석유화학단지 건설

박정희 대통령이 신뢰한
석유화학의 개척자

마경석 호마기술 회장은 국내 석유화학산업의 첫 단추를 끼운 주인공이다.

1968년 울산석유화학단지 건설본부장을 맡아 허허벌판이던 울산에 최초로 화학산업단지를 완성함으로써 국내에 플라스틱과 합성섬유의 시대를 여는 데 앞장섰다. 이로 인해 석유화학산업은 석유나 천연가스를 원료로 합성수지, 합성고무, 합성섬유원료, 기타 화학제품을 만들어내는 '산업의 쌀' 이라 일컬어지며 1970년대 수출 효자산업으로 황금기를 맞게 된다.

마경석 회장은 1960년대 당시 최대의 화학공상으로 고급 화공 엔지니어의 집결지였던 충주비료의 공장장으로 재직한 경험을 토대로 울산석유화학단지를 비롯, 전국 각지에 화학공장과 비료공장을 건설하는 데 중추적 역할을 했다.

당시 우리나라에서 화학산업이란 비료공장이 전부였다. 마경석 회장이 1970년 100만 평 규모로 연간 에틸렌 10만 톤을 생산하는 것으로 출발한 울산석유화학단지의 눈부신 발전에 놀라움을 감추지 못하는 것도 이 때문이다.

"50여 명의 충주비료 엔지니어들이 화학공장 건설을 위해 내려갔을 때 울산은 그야말로 벽촌이었죠. 농부들도 공장이 들어서는 것을 환영해 땅을 거저 내주다시피 했지요. 지금과는 많이 달랐습니다. 허허벌판이던 울산 부곡동 일대 100여만 평 대지 위에 에틸렌 공장이 완공되고 시운전을 거쳐 가동에 들어갔을 때의 감격은 잊을 수가 없어요."

당시 석유화학산업은 지금의 전자산업과 같은 기간산업이었다. 정부가 일본 등의 의존으로부터 독립하기 위해 원료 국산화를 목표로 종합제철과 함께 석유화학산업을 집중 육성했기 때문이다.

"석유화학산업의 황금기였던 1970년대 초기 울산 석유화학단지에는 대한석유공사를 비롯해 한양화학, 대한유화, 동서석유화학, 한국카프로락탐, 한국합성고무, 이수화학, 삼경화성 등이 입주하면서 석유화학산업의 토대를 닦았지요. 나일론, 비료, 농약, 페인트, 펄프, 장난감, 의약품, 합성세제, 타이어 등 일상생활과 밀접한 관련이 있는 각종 제품들이 국내 원료를 재료로 탄생할 수 있게 된 것입니다."

특히 마경석 회장은 이 과정에서 고(故) 박정희 전 대통령의 엔지니어에 대한 신뢰를 회고했다.

"박정희 전 대통령은 엔지니어의 이야기를 믿고선 그대로 맡겼습니다. 때문에 잘한 것도 못한 것도 모두 엔지니어로서 건설을 지휘한 제 책임이었지요. 어깨가 무거워 잠을 못 이룬 밤도 많았습니다. 하지만 원유 한 방울 나지 않는 나라에서 고부가가치의 석유화학산업의 기반을 마련한다는 생각에 쉴 생각을 못했지요."

울산에 국내 최초 석유화학공업 보고가 완성되고 원료에서 제품에 이르기까지 전 과정을 모두 국산화함으로써 경공업 분야에서 일본 등의 의존에서 벗어나겠다는 꿈이 이뤄진 것이다. 이는 1965년 오원철 당시 공업 1국장에 의해 석유화학공업의 육성에 대한 필요성이 처음 제기된 지 5년만의 성과였다.

"국내에서도 에틸렌, 프로필렌 등 기초원자재에서부터 저밀도 폴리에틸렌(LDPE), 폴리프로필렌(PP), 아크릴로니트릴(AN) 등 최종제품에 이르는 일관된 생산체제를 갖는 석유화학시설 보유국이 된 순간이지요."

함경북도 경성, 가난한 농부의 9남매 가운데 막내아들이었던 마경석 회장은 기술자를 '쟁이'라며 낮춰 부르던 1945년, 법학이나 정치학을 공부하라는 집안의 반대를 무릅쓰고 경성제국대(서울대학교 전신) 이공학부 2회로 화학공학과를 졸업하고, 1950년 서울대에서 화학공학 석사학위를 받았다.

"일본동생공업전문학교에 재학하던 고교시절 응용화학을 공부했습니다. 홍남비료 공장의 공장장이 되는 것이 소원이었지요. 집안의 반대를 무릅쓰고 경성제국대에 진학했습니다. 합성나일론 비날론을 개발한 고(故) 이승기 박사의 제자로 공부한 것이 더없는 행운이었습니다."

이승기 박사는 1936년 미국에서 나일론이 만들어진 지 3년 만에 일본에서 합성나일론 비날론을 개발해 크게 주목을 받았던 원로 엔지니어다.

졸업 후 1950년 대구 삼공화학 공장장을 시작으로 럭키화학 부산공장 기사장, 여수석유화학 부사장, 1965년 충주비료 공장 공장장 등의 현장경험은 그가 울산석유화학단지의 산파 역할을 하는 데 큰 도움이 됐다.

1967년 정부 주도로 건설입지와 실수요자 선정에 착수해 정유공장이 들어선 울산 지역을 석유화학공단 입지로 선정하고, 1968년에 공단을 착공하면서 활약한 이들 가운데는 충주비료 출신이 많았다. 충주비료는 연간 요소비료 8만 5,000여 톤을 생산하는 최대 화학공장으로 200여 명의 고급 엔지니어들이 모여 있었기 때문이다.

하지만 산업화에 필요한 기초적인 인프라스트럭처라곤 찾아볼 수도 없었던 당시, 대규모 설비투자가 소요되는 자본 및 기술집약적인 장치산업인 석유화학공정을 탄생시키기 위해서 그는 개척자가 될 수밖에 없었다.

그 스스로도 무식하니까 도전할 수 있었다면서 당시를 떠올리는 것도 이 때문이다. 특히 고온·고압이어서 설계와 건설은 물론 공정의 시운전조차 기술 없이는 선뜻 나서기 힘든 공정의 특성상 그는 마음고생도 많았다.

일본과 국교정상화가 이뤄지기도 전인 1959년 560만 달러의 'soda ash' 공장을 차관을 들여 국내에서는 처음으로 일본으로부터 가져와 인천에 동양화학을 세운 것 역시 마경석 회장의 대범한 면모를 잘 보여준다.

뿐만 아니라 부식성이 강한 데다 고압에서 반응이 이뤄지는 비료공장의 특성상 폭발사고가 잦았는데 전국 어디서든 폭발사고가 나면 충주비료 공장장들을 이끌고 찾아가 복구에 참여했다.

마경석 회장의 독창성은 엔지니어로서뿐만 아니라 리더로서도 빛을 발휘한다. 여수석유화학의 부사장으로 재직하던 1974년 한국엔지니어클럽(KEC)을 설립하고 국내 엔지니어의 위상을 높인 것이다.

"당시 엔지니어가 오를 수 있는 최고지위는 공장장이었지요. 엔지니어의 지위 향상은 물론 서로 간 교류를 통해 산업발전에 기여하자는 취지의 국내 첫 순수 엔지니어 친목단체였습니다."

그가 젊은 엔지니어들에게 글을 쓰고 발표하기를 주문하는 것도 이 같은 그의 사회참여에 대한 견해 때문이다.

1980년부터 15년간 원자력기술업체인 미국 누테크(Nutech) 한국지사장으로 일해온 그는 1995년에 귀국, 국내 원자력관련 업체에 외국의 원자력기술 도입을 주선하는 호마기술을 창업해 활동하고 있다. 40년 가까이 기름 냄새 나는 현장을 지킨 것이 여든이 훌쩍 넘어서도 사무실에서 활동하는 마경석 회장의 건강 비결이다.

1970년대 한국산업의 주된 과제였던 원료국산화는 중공업에서는 박태준 전 회장의 포항종합제철(포스코의 옛 이름) 육성과 함께 경공업에서는 울산석유화학단지 건설을 통해 이뤄졌다는 평가를 받고 있다. 이 같은 공로로 그는 2006년 군마대학 90주년 기념 자랑스런 동문인 11인에 선정되기도 했다. 1947년 럭키의 동동구리무에서 시작된 국내 화학산업을 고부가가치 석유화학 및 정밀산업으로 이끈 주인공이라는 평가다.

박기선

LG필립스LCD 사장

△1948년 출생 △1972년 부산대 졸업 △1973년 LG전자 입사 △1995년 LG전자 인도네시아 법인장 △1999년 LG LCD 사업본부장 △2000년 LG필립스LCD 전무 △2004년 12월 LG필립스LCD 사장
〈주요 업적〉 한국 LCD산업 경쟁력 확보에 기여

어려울 때 역전의 드라마 쓰는 인물

박기선 LG필립스LCD 사장은 엔지니어 출신 전문경영인이다.

박기선 사장은 일찍이 LCD산업의 무한한 가능성을 예견하고 회사가 과감한 적기투자를 하는 데 결정적인 역할을 했다. 이를 통해 LG필립스LCD가 선발업체라 할 수 있는 일본기업들을 추월하고 세계 정상의 LCD개발업체로 발돋움하는 데 기여했다.

박기선 사장은 부산대학교 화학공학과를 졸업하고 1973년 LG전자에 입사했다. 이후 LG전자 생산부문 상무와 인도네시아 법인장을 거쳤으며, 1999년에는 당시 막 항해를 위한 돛을 단 LG LCD로 자리를 옮겨 사업본부장으로 LCD 분야에 본격적으로 뛰어들었다.

그는 그곳에서 뛰어난 수완을 인정받아 2000년 9월에는 부사장으로 승진해 LG필립스LCD의 전체 생산을 총괄하는 최고운영책임자(COO, Chief Operating Officer)로서 LG필립스LCD 성장의 큰 축을 담당해왔다. 이윽고 그는 2004년 12월 사장으로 승진했다.

박기선 사장은 LG필립스LCD의 여러 성장지향적인 사업을 주도했다. 가장 대표적인 업적으로는 세계에서 처음으로 5세대(1000㎡ × 1200㎡) LCD 라인을 가동한 것이다. 이후 LG필립스LCD는 90%대에 이르는 이른바 '골든 수율'을 달성하며 TFT-LCD 분야 1위 자리에 등극하게 됐다.

이뿐만 아니다. 박기선 사장은 5세대 성공에서 안주하지 않았다. 6세대(1500㎡ × 850㎡) 생산라인도 세계에서 처음으로 가동해 세계 1위의 생산능력을 확보했다.

경기도 파주지역 LCD클러스터는 LG필립스LCD가 설립한 아시아 최대 규모의 LCD산업 클러스터로 꼽힌다. TFT-LCD 라인과 LCD 부품, 장비업체 등의 생산시설이 집약된 LCD산업 인프라 시설로 자리매김했다.

LCD업계에서 가장 큰 시장 중 하나로 꼽히는 TV용 LCD 시장에서도 선두입지를 구축했다. 박기선 사장은 LG필립스LCD가 경쟁사보다 먼저 7세대 생산라인을 마련하도록 지휘해 42인치와 47인치 LCD TV 대중화 시대의 초석을 마련했다. 이와 동시에 32, 37, 42, 47인치에 이르는 전 사이즈의 LCD 제품을 생산·공급할 수 있게 됨으로써 경쟁사와의 싸움에서 우위를 차지할 수 있도록 여건을 조성했다.

박기선 사장은 앞으로 파주 LCD 클러스터를 세계 최대 디스플레이 연구개발 중심지로 육성해 나간다는 방침이다. 그는 "2010년 LCD TV 1억 대 시대를 주도해 나갈 것이다. 이를 위해 최선의 노력을 기울일 것"이라고 밝혔다.

박기선 사장은 기업 경쟁력의 핵심은 기술력이라 보고 있다. 단지 기업에만 국한하는 것이 아닌 국가로까지 넓힌 개념이다. 그는 '핵심 기술 확보가 회사뿐만 아니라 국가 경쟁력 향상의 근원'이라는 말을 입버릇처럼 달고 다닌다. LG필립스LCD가 매년 연구개발(R&D) 투자를 지속적으로 확대해 TFT-LCD의 기술을 확보하고 세계적인 LCD업체로 성장하는 데는 박기선 사장의 이 같은 소신이 한몫 했다.

LG필립스LCD의 성장을 견인해온 액정적하방식 기술, 구리배선, 마스크 절감 등 첨단 기술들도 박기선 사장이 관여한 것들이다.

박기선 사장은 특히, 위기를 기회로 보고 '역전의 드라마'를 쓴 인물이다. 기술적인 한계로 대형 LCD 개발은 불가능하다는 비관론이 LCD 업계를 뒤덮고 있던 시절, 세계에서는 처음으로 100인치 크기의 대형 LCD 개발에 성공해 세계를 깜짝 놀라게 했다.

이를 포함해 박기선 사장은 LG필립스LCD의 기술 수준을 진일보시키고 시장을 확대하는 데 크게 공헌했다. 이 같은 노력은 비단 회사뿐 아니라 대한민국 LCD 분야의 국제경쟁력 향상이라는 소중한 결과를 가져왔다.

그는 국가 인프라 확충에도 힘을 쏟았다. 경기도 파주에 대규모 투자를 난행해 반도체산업의 메카로 만든 것은 기술 확보뿐만 아니라 새로운 일자리를 대거 창출했다는 점에서 대한민국이 성장을 이어가기 위한 귀중한 자산으로 평가받고 있다.

그러나 무작정 기술 확보에만 신경을 쓰는 것은 아니다. 그는 애써 기술을 개발했으면 이를 지적재산으로 만들어 제2, 제3의 가치를 창출할 수 있도록 해야 한다고 주장한다.

박기선 사장은 회사 전체 구성원이 올바른 특허 마인드를 가져 이를 회사의 전통으로 굳히기 위한 노력을 꾸준히 해왔다.

연구원들의 연구개발 의욕을 높여 발명실적을 증가시키기 위해 출원 보상, 등록 보상, 실시 보상, 처분 보상, 정보제공 보상 등 다양한 직무발명 보상 제도를 사내 규정으로 제도화했다. 또 특허의 질적 향상을 목적으로 매년 사내 발명왕이라는 포상을 실시하고 있으며 매해 최다 특허출원을 기록한 발명자와 부서를 대상으로 포상을 실시해 발명을 장려하고 있다. 이와 함께 특허담당 조직을 전문화하고 특허업무를 수행하는 전문시스템 구축 등 지식재산권 확보를 위한 기반환경도 조성했다.

이러한 박기선 사장의 노력 덕분으로 LG필립스LCD는 2001년부터 최근 5년간 LCD관련 특허 출원 측면에서 세계 1위를 달성했다. 박기선 사장은 2006년 '제41회 발명의 날' 기념식에서 금탑 산업훈장을 받았다.

박기선 사장은 고객의 가치를 유난히 강조하는 경영자로 꼽힌다. 그는 공식회의 자리에서나 사석에서도 늘 고객가치에 대해 강조하고 또 강조한다. 박기선 사장은 아직 부족한 점이 많다고 운을 떼면서도 "세계 LCD 산업을 선도하기 위해서는 무엇보다 고객가치가 기본입니다. 고객가치 실현을 통해 다른 경쟁사를 압도할 수 있는 품질로 고객들로부터 신뢰를 받아야 세계 LCD 산업을 이끄는 기업이라고 말할 수 있다"며 고객가치실현의 중요성을 언급했다.

박기선 사장은 이어 "회사 내부가치와 고객가치가 충돌할 때는 과감히 고객 편에 서야 한다. 모든 사원들은 고객 입장에서 고객이 원하는 바를 명확히 파악하고 있는 고객지향주의 마인드를 가져야 한다"고 말했다.

박기선 사장은 인재중심경영을 실천하는 경영자로도 알려져 있다. 박기선 사장은 '기업 경쟁력의 근본은 사람'이라며 '최고의 인재가 최고의 기업을 만든다'는 것이 그가 갖고 있는 기업경영 노하우이다. 때문에 박기선 사장은 뛰어난 인재가 최고의 환경에서 자신의 역량을 최대한 발휘할 수 있도록 해주는 데 관심이 많다. 이에 따른 지원도 상당하다. 사원들의 자기계발에 비용을 아끼지 않는다. 말단 사원에서부터 간부에 이르기까지 자기계발에 대한 제한은 없다.

이러한 특징으로 박기선 사장은 사원들 사이에 꽤 인기가 많다. 무엇보다 사원 개개인의 마음을 이해하려고 노력하고 그들의 발전을 위해 물심양면으로 노력하는 점이 사원들을 감동시킨 것이다.

평소 무뚝뚝하고 말이 없는 박기선 사장의 모습도 사원들에게는 믿음직스러운 큰 형으로 비춰진다. 그가 진지한 대화를 나누기를 즐겨해 사원들과 얘기하는 시간이 많다는 것도 큰 장점이다.

"조직에서 무엇보다 중요한 것은 커뮤니케이션이다. 대화를 통해 조직의 장점을 최대한 살릴 수 있고 조직의 문제점을 쉽게 해결할 수 있다."

이 같은 평소 지론을 실천에 옮기기 위해 박기선 사장은 온갖 노력을 마다하지 않는다. 최근에는 사원과 대리급 직원들의 모임인 '프레시

보드’에 직접 참여하기도 하며 대폭적인 지원을 아끼지 않고 있다.

직원들과의 대화 시 주제는 회사운영에서부터 업계 얘기, 선후배 얘기까지 매우 다양하다. 이런 모습 때문에 사원들은 박기선 사장의 장점을 ‘인간적인 매력’이라고 꼽는 데 주저하지 않는다.

박태준

포스코 전 회장

△1927년 출생 △1947년 일본 와세다대 기계공학과 △1948년 육군사관학교(6기) △1961년 국가재건최고회의 의장비서실장 △1964년 대한중석광업 사장 △1968년 포항종합제철 사장 △1975년 한국철강협회 회장 △1981년 포항종합제철 회장 △1992년 포항종합제철 명예회장 △1997년 자유민주연합 총재 △2000년 제32대 국무총리 △2002년 포스코 명예회장

〈주요 업적〉 국내 제철 산업의 세계화

모래바닥에 포스코 일군 철강왕

박태준 포스코 전 회장이 신일본제철 이나야마 회장을 방문했을 때 일이다.

포항제철(포스코의 옛 이름)의 승승장구를 진심으로 축하해 준 이나야마 회장은 미소를 지으며 이렇게 말했다.

"박 사장님, 중국에 납치되지 않도록 조심하세요."

"무슨 말씀이십니까?"

"지난 8월에 중국의 덩샤오핑이 우리 제철소를 방문했습니다. 자본주의 경제제도에 관심이 많은 것을 보니 중국의 장막에도 조금씩 문이 열리는 것 같았습니다. 그런데 덩샤오핑은 일본의 제철소에 대한 관심이 유난히 깊더군요. 기미츠 제철소를 둘러보자 뜻밖에도 포철 이야기를 꺼냈습니다. 결론은 우리에게 포철 같은 제철소를 중국에 지어 달라는 것이었어요. 진심어린 부탁이었는데 가능할 것 같지 않다고 공손히 답했습니다. 덩샤오핑은 조바심 내는 것 같더니, 그게 그렇게 불가능한 요청이냐고 정중히 되물었습니다. 제철소는 돈으로 짓는 것이 아니라 사람이 짓는데 중국에는 박태준이 없지 않느냐고, 박태준 같은 인물이 없으면 포철 같은 제철소는 지을 수 없다고 명백히 말해줬습니다. '포철은 기적' 이라는 말과 함께요. 덩샤오핑은 생각에 잠기더니 그러면 박태준을 수입하면 되겠다고 합디다. 박 사장님, 중국이 당신을 납치할지도 모릅니다."

이나야마와 박태준은 크게 웃었다.

세계 최고의 철강인 박태준 전 포스코 회장. 포항 앞 바다에 놓인 모래사장에 세계 최고의 철강기업을 일궈 놓은 그에게 세계 최고의 철강국가의 1등 제철기업이었던 신일본제철의 회장이 이 같은 경외감을 표시했다는 일화는 유명하다.

박태준 전 회장은 박정희 전 대통령과 육군사관학교 선후배 사이다. 그는 육사 시절 탄도학을 가르치던 박정희 전 대통령을 처음 만났고, 5월 16일 당시 군사 혁명에 참여했다. 당시 박정희가 박태준에게 "실패할 경우 자신의 가족을 돌봐 달라"는 부탁을 할 정도로 끈끈한 보스와 참모 관계였다.

박정희 전 대통령은 1967년 그를 불러 다음과 같이 말했다.

"나는 임자를 잘 알아. 이건 아무나 할 수 있는 일이 아니야. 어떤 고통을 당해도 국가와 민족을 위해 자기 한 몸 희생할 수 있는 인물만이 이 일을 할 수 있어. 아무 소리 말고 맡아."

박정희 전 대통령은 1965년 미국 피츠버그 공업단지를 시찰한 후 공업화의 근간이 될 제철소를 구상해 이 프로젝트를 박태준 전 회장에게 맡겼다.

당시 한국에는 제철소를 건립할 만한 자본도 기술도 없었다. 미국과 독일, 영국, 이탈리아로 구성된 국제 제철 차관단(KISA, Korea International Steel Associates)이 자금을 제공하기로 했으나 한국에서의 성공을 의심한 이들은 끝내 차관을 제공하지 않았다.

KISA는 처음부터 굴욕적인 협상을 강요, 다른 개발도상국에 먼저 세워진 제철소를 시찰하고 기술자들은 모두 자신들이 주도하는 프로그램에 의해 교육받아야 한다는 등 식민주의식 기술 이전을 주장했다. 이런 까다로운 조건들을 잔뜩 내걸고 돈을 빌려줄 것처럼 하다가 국제부흥개발은행(IBRD)이 한국 제철소가 경제성이 없을 것이라는 보고서를 내자 전면 철회한 것이다.

이제 기댈 곳은 일본뿐이었다. 당시 포항제철 공사비는 김종필 씨가 '대일 청구권' 자금으로 식민지 지배 보상비를 사용하기로 결정했다.

이에 자금에 대한 중압감을 느낀 박태준 전 회장은 보상금으로 공사를 시작하면서 "이 돈은 우리 조상님들의 피의 대가입니다. 실패하면 조상에게 죄를 짓는 것이니 목숨 걸고 일해야 합니다. 실패란 있을 수 없습니다. 실패하면 우리 모두 우향우해서 영일만 바다에 빠져죽어야 합니다. 기필코 제철소를 성공시켜 나라와 조상의 은혜에 보답합시다"라고 직원들에게 말하기도 했다.

1969년 일본 정부의 통산상은 제철소 건설 자금과 기술을 마련하기 위해 찾아온 박태준 전 회장을 야박하게 대했다. 당장 굶주림에서조차 벗어나지 못하는 국가에서 쌀 생산이나 하지 웬 철이냐며 핀잔을 들은 것으로 알려졌다.

당시 박태준 전 회장은 상당한 굴욕감을 느꼈지만 그대로 표출하지는 않았다. 그가 필요로 했던 것은 자존심이 아니라 돈과 기술이었기 때문이었다.

1969년 착공에 들어간 포항제철은 3년 반만인 1973년 제철소 1기에서 첫 번째 쇳물이 터졌고 이후 기적 같은 성장을 거듭했다. 이렇게 만들어진 것이 바로 지금의 포스코다.

포스코는 30년 만에 무(無)에서 유(有)를 창조하며 세계에서 가장 경쟁력 있는 철강회사가 됐다. 철은 바로 '산업의 쌀'이 되어 한국 경제의 혈액이 되었고, 이제는 세계에 자랑할 수 있는 한국의 대표기업이 된 것이다. 점차 일본 제철업계가 포철을 두려워하기 시작했고 이제는 협력하고 배우려고까지 하고 있다.

박태준 전 회장은 결국 당시로서는 모든 사람들과 전문가들이 입을 모아 '불가능'이라고 했던 포항제철을 만들어냈으며, 나아가 세계 최고의 제철소로 일구어내는 데 성공했다.

포항 제철소를 지을 때 박태준 전 회장은 당시 한일은행(현재 우리은행)으로부터 20억 원을 빌렸다. 그는 그 돈으로 영일만 모래바람을 막아 줄 아늑한 직원 주택단지를 조성했다. 이렇게 조성된 주택단지는 한때 '지상 낙원'이라고 불리었다.

소련이 해체되던 1991년 모스크바대학 총장은 포항제철소와 주택단지를 둘러보고 감격해 했다. 무너진 사회주의의 '지상 낙원(유토피아)'을 포항 주택단지에서 발견했기 때문이다. 그는 눈에 눈물이 맺힌 채로 박태준 전 회장에게 이렇게 말했다.

“마르크스와 레닌 동지가 꿈꾸고 추구한 이상향을 포항에서 보았습니다. 우리의 꿈은 바로 이런 것이었습니다.”

박태준 전 회장을 통합의 인간이라고 표현하기도 한다. 완벽주의자에 가까운 냉엄한 인상으로 ‘철의 얼굴’을 하고 있지만 실제로는 반대다.

박태준 전 회장의 경영철학은 ‘직원에게 질 좋은 의식주와 근무 환경부터 공급한 뒤 일 시키기’로 해석된다. 군인 출신인 그가 전쟁을 할 때 군수품 보급을 가장 먼저 고려해야 한다는 사고방식에서 유추된 것이다. 이 같은 그의 철학은 자신이 속한 공동체를 통합과 소통의 조직으로 바꿔놓고 그 결과를 극대화할 수 있는 시스템을 만들었다.

그에 대한 한 예로 사단 참모장으로 부임했을 때. 그가 제일 먼저 한 일은 장병의 식탁에 오른 가짜 고춧가루를 척결하는 것이었다고 한다.

박태준 전 회장은 한 언론에 연재된 기사에서 네 가지 좌우명을 밝혔다. 그의 좌우명은 ‘무엇이든 세계 최고가 되자’, ‘절대적 절망은 없다’, ‘짧은 인생을 영원 조국에’, ‘10년 후의 자기 모습을 설계하라’이다.

박태준 전 회장은 이 네 가지 화두를 삽고 ‘식민지와의 전쟁, 포스코 건설, 정치판을 헤쳐나왔다’라고 소개했다. 그는 또 이런 말도 했다.

“요즘 경제가 어렵다고 아우성이다. 정치적, 사회적 분열까지 겹쳤다. 그러나 원인이 보이면 해법도 보인다. 국민과 기업, 정부가 힘을 합치면 이까짓 난관은 능히 극복할 수 있다. 서로 힘을 합치면 분위기가 바뀌고, 자신감을 회복하면 미래가 보장된다."

"절대적 절망은 없다. 깜깜한 어둠을 헤쳐 온 우리나라다. 맨주먹으로 오늘을 건설한 우리 국민이 아닌가. 역사는 굴러가는 것이 아니라 만들어 나가는 자의 몫이란 사실을 기억하자."

변대규

휴맥스 대표

△1960년 출생 △서울대 제어
계측공학과 학·석·박사 △1989
년 건인시스템 사장 △1994년
건인 대표이사 사장 △1998년
건인, 휴맥스로 명칭 변경, 휴맥
스 대표이사 사장 △2000년 벤
처기업협회 부회장
〈주요 업적〉 벤처기업 1세대로
벤처산업 활성화에 기여

근면과 도덕성 갖춘 벤처 1세대

변대규 휴맥스 대표는 벤처기업 1세대로 건실하고 도덕성이 높은 기업인으로, 특히 위성셋톱 박스 등에서 세계적으로 기술력을 인정받고 있다.

평범한 대학생에서 기업인 변대규로 변신하게 된 계기는 1989년으로 거슬러 올라간다. 휴맥스의 전신인 건인시스템이라는 회사는 이른바 '포장마차 결의'로 인해 탄생했다.

1989년 어느 날 밤. 신림동 289번 버스 종점 근처 인심 좋은 할머니가 하던 포장마차에 변대규 대표를 비롯한 서울대 공대생 7명이 여느 때처럼 소주잔을 기울이며 장래에 대해 얘기를 하고 있었다.

이날 변대규 대표와 6인의 휴맥스 창업멤버는 실리콘밸리를 다녀온 후 벤처정신을 강조한 권욱현 교수의 가르침을 화제로 얘기를 나누다 창업을 결심하게 된다.

"그래, 우리도 사업을 해보자."

그들은 아무런 사업계획 없이 맨땅에 헤딩하듯 '건인' 이라는 회사를 만든다. 건인은 그들이 있던 제어계측연구소(Control Information Systems Lab)의 control의 'con' 을 따와 '세울 건(建)' 자로, information에서 'in' 을 따와 '사람 인(人)' 자로 회사 이름을 지었다. 사람을 세우는 기업이란 뜻이었다. 현재의 기업 이름인 휴맥스 역시 '휴먼(Human)' 을 '맥시마이즈(Maximize, 극대화)한다' 는 의미이다.

변대규 대표는 그렇게 사업을 시작했다.

초기에 대박을 터뜨린 '가요반주기' 역시 우연처럼 굴러들어온 히트작이었다. 이것저것 제품개발을 시도한 끝에 내놓은 제품 하나가 'PC용 영상처리보드' 였다. 이 제품을 개발한 뒤 광고를 통해 여러 가지 활용 방법을 나열했다. 그 맨 마지막 문구가 '영상 위에 자막을 넣을 수 있다' 는 것이었다.

기술자 입장에서는 이 기능이 별로 중요하지 않다고 생각했지만 고객의 반응은 전혀 뜻밖이었다. 문의전화는 마지막 문구에 집중됐다. 그는 '시장의 변화가 있을 때 기회는 있다' 는 중요한 교훈을 깨닫게 된다.

이후 그에게도 시련의 시기가 찾아왔다.

외환위기의 어두운 그림자가 드리워지던 1997년 여름, 변대규 대표는 영국행 비행기에 몸을 실었다.

한국의 다른 기업들과 마찬가지로 휴맥스 역시 가시밭길을 걷고 있었다. 봉천동 낙성대 입구에 손바닥 만한 사무실을 얻어 시작한 기업이 8년 만에 풍전등화의 상태가 된 것이다. 이때는 코스닥에 상장한 지

불과 반년도 되지 않은 시점이었다.

문제가 발생한 제품은 공을 들여 아시아 최초로 개발한 디지털 위성 셋톱박스였다. 이탈리아와 남아프리카공화국에서 비보가 날아왔다. 수출제품의 기능과 품질에서 심각한 하자가 생겼다는 것이었다.

연구원을 현지로 급파했고, 일부는 리콜을 했지만 역부족이었다. 수출 물품의 절반이 불량이었던 것이다. 그토록 자신했던 기술이 세계무대에서 처참하게 망가지는 순간이었다. 결국 그가 영국 벨파스트로 떠나기 전까지 단 한 개의 제품도 수출하지 못했다.

변대규 대표는 당시를 돌아보면서 "국내 시장에서 많은 중소기업들이 세계적인 기술을 갖고 있다고 자부합니다. 그러나 그들은 자기가 무슨 소리하고 있는지도 모를 것입니다. 실제 기술이 있다고 생각하다가 세계 시장에 나가보면 정작 기술이 없는 게 태반입니다"라며 후배들에게 조언을 아끼지 않는다.

그가 영국에서 한국으로 돌아왔을 때 그를 기다린 건 그보다 더 큰 고통이었다. 거래업체인 해태전자가 부도가 난 것이다. 24억 원이나 되는 돈을 날렸고 담보는 하나도 없었다. 한국 경제는 IMF 외환위기 체제에 돌입했고 벤처신화가 벤처거품으로 바뀌고 있었다. 그러나 100여 명 남짓한 휴맥스 직원들은 하나로 뭉쳐 1차 위기를 넘길 수 있었다.

두 번째 위기는 내부에서 찾아왔다. 벤처기업에서 대기업으로 진화하기 위한 성장통이었다.

"2002년께 회사가 망가지기 시작했던 것이죠. 기업문화가 나빠지기 시작했습니다. 그동안 직원들이 정말 똘똘 뭉쳐서 성장을 일궈냈는데 기업이 성장하면서 이런 문화가 통하지 않게 되었습니다. 사람들이 새로 들어오기 시작했는데 그들이 계속 겉돌면서 기존에 열심히 하던 사람까지 일을 하지 않게 됐습니다. 그러면서 회사 효율이 급격하게 떨어지고 문화도 망가졌습니다. 어느 날 휴맥스를 바라보니 도전정신은 쏙 빠지고 변화를 두려워하는 낡은 회사가 되어 있었습니다."

그래서 변대규 대표는 조직개편을 단행한다. 뼈를 깎는 고통으로 창업공신을 내모는 작업이 시작됐다.

"창업 공신들의 기득권을 존중하면 회사는 나락으로 떨어질 게 뻔했습니다. 지금까지 회사를 성공적으로 이끈 공이 있다고 좋은 자리를 줄 수는 없었습니다. 지금 일을 잘할 수 있는 사람에게 좋은 자리를 줘야 회사는 살아납니다."

그는 정든 직원들에게 이렇게 말했다.

"당신이 회사를 나갈 수밖에 없다. 밖에서 더 잘할 수 있는 일을 해라. 만약 안 되면 내가 도와주겠다."

직원들은 변대규 대표의 진심을 읽고 기꺼이 회사를 떠났다.

변대규 대표는 이제 새로운 도전을 생각하고 있다.

하나는 1970년대 이후 중소기업이 대기업이 된 경우가 전무한데 휴맥스가 그걸 하겠다는 것이다. 중소기업은 미래의 대기업이다. 한국은 불행하게도 이런 기업 육성의 토양이 마련되지 않았다. 휴맥스가 그 꿈을 한 번 이루어보려고 한다.

두 번째는 더 이상 한국에서는 제조업이 안 된다는 관념을 깨부수겠다는 것이다. 휴맥스 직원은 현재 610명. 국내 근무인원은 약 500명이다. 변대규 대표는 최소한 1년에 한 번은 전 직원을 만난다. 1주일에 10명씩 만나면 1년이면 모두 볼 수 있다. 그러면서 철저하게 현장의 목소리를 듣고 근본적인 문제까지 파고 든다.

변대규 대표는 서울대 제어계측학과에서 학·석·박사를 모두 마쳤다. 그는 대학교 연구실에서 오래 생활한 경험 탓에 '학구파' 기질이 강하다.

"취미도 주종이 책읽기입니다. 철학이나 경제, 역사 같은 인문사회과학 서적을 열심히 읽죠. 아내와 함께 주말에 미술관에서 그림을 감상하는 것도 좋아합니다."

운동은 상대적으로 많이 즐기는 편은 아니다. 체력 유지를 위해 헬스클럽을 다니고 단전호흡과 기체조를 하기도 했다. 그는 한국벤처기업협회 부회장과 벤처리더스클럽 회장, SK텔레콤 사외이사 등 대외 활동을 활발하게 하는 편이다.

창업 17년차인 변대규 대표는 터보테크의 장흥순 대표, 메디슨의 이민화 사장 등과 함께 벤처 시대를 연 첫 기업인이다. 같은 세대 동료들이 모두 현업에서 물러난 지금 그는 이제 '외로운 벤처 1세대' 라는 별칭까지 얻었다.

변일균

한국유리공업 전 명예부회장

△1926년 출생 △1950년 서울대 화학공학과 졸업 △1957년 한국유리공업 입사 △1977년 한국유리공업 부사장 △1982년 한국유리공업 부회장 △1983년 한국전기초자 사장 △1987년 대원안전유리 이사 △1989년 한국특수유리 회장 △1995년 한국전기초자 회장 △1998년 별세

〈주요 업적〉 일반 및 산업용 유리 제조기술 개발

세계 10대 유리업체 일궈낸 승부사

"근로자들이 열심히 일을 하기는 하는 것 같습니다. 그런데 일하는 모습이 이상하게 무신경한 것처럼 보이네요."

1970년대 초, 일본의 한 회사 사장이 한국유리공업을 견학한 뒤 고(故) 변일균 한국유리공업 전 명예부회장에게 이렇게 소감을 털어놨다고 한다.

그때 변일균 부회장은 심한 모욕감을 느꼈다고 한다. 당시 우리나라는 잘 살아보자는 기치 아래 경제건설에 박차를 가하고 있을 때였고, 변일균 부회장 자신도 근로자들의 열성에 자부심을 느끼고 있었기 때문이다.

이후 변일균 부회장은 그 일본인의 말을 한시도 잊은 적이 없다고 했다. 그는 "그 일본인의 말은 근로자들이 일을 하고 있기는 하지만 좋은 제품을 만들겠다는 의식이나 사명감이 없이 단순한 육체노동을 하고 있다는 뜻이었다"고 해석하면서 "그래서 나는 우리 그룹 내 사원들에게 '무신경을 추방하자' 라는 표어를 내걸고 기회가 있을 때마다 '최선을 다한다는 의식으로 생산에 임해 달라’ 며 당부했다”고 말했다. 그래서 변일균 부회장은 늘 ‘일류 제품을 만들어야 한다’ 는 생각에서 벗어나지 못했다고 한다.

변일균 부회장은 서울에서 태어나 경기고등학교를 졸업하고, 서울대 화학공학과와 미국 MIT 대학원에서 공부했다. 한양대 공과대학 강사와 국방부 과학연구소 연구관을 거쳐 한국유리공업에 입사, 한국전기초자 회장과 과총 부회장, 한국특수유리 회장 등을 역임했다. 변일균 부회장은 지난 1998년 72세를 일기로 타계했다.

변일균 부회장은 판유리와 TV브라운관 유리, 복층유리, 자동차 안전유리, 건축용 판유리, 유리장섬유 생산 등 일반적 유리에서 산업용 유리까지 제조기술을 개발한 주인공으로 우리나라 유리공업 발전에 공헌한 바가 가장 크다는 평가를 받고 있다.

그는 한국유리공업에 1990년대부터 토탈생산관리(TPM, Total Productive Maintenance)를 도입했다. TPM은 생산과 관리 체제의 혁신을 통해 생산성을 높이는 운동이다. 그렇다고 해서 근로자의 의식화만이 제품의 생산성과 품질을 좌우하는 것은 아니다. 경영자의 마인드도 근로자의 의식화 못지않게 중요하다는 것이 변일균 부회장의 지론이다.

1990년대 초, 자동차 왕국으로 불리던 미국의 일제 자동차 점유율은 한때 20% 이상까지 치솟았다. 당시 일본차가 미국차보다 가격이 10% 이상 비싼데도 불구하고 미국인들이 일본차를 선택하면서 광풍이 불었다.

변일균 부회장은 당시 미국을 여행하면서 한 친구로부터 "미국은 여러 민족이 혼합된 나라여서 단결심이 약하지만 일본은 단일 민족인 동시에 단결심이 강해 미국보다 우수한 자동차를 만들 수 있다"는 말을 들었다. 변일균 부회장은 그럼에도 불구하고 미국 현지 공장에서 생산되는 일본 브랜드의 자동차 품질이 일본 국내 공장 제품과 차이가 없다는 말도 들었다.

그는 "근로자가 다민족으로 구성돼 결속감이 떨어지더라도 경영과 관리에 따라 얼마든지 생산성을 높일 수 있다는 반증이라고 생각했다"고 전했다.

변일균 부회장은 우리나라가 유리 생산 기술을 확보하는 데 일등 공신이다.

1950년 발발한 한국 전쟁으로 인해 초토화됐던 우리나라는 당시 원조자금이 국내 공업을 일으킨 불씨가 됐다. 물론 일부 잘못도 있었다. 당시 국제연합한국재건단(UNKRA)의 원조자금을 받은 충주비료와 문경시멘트 등이 부실화된 대표적인 사례인데 이는 원조자금의 속성에 따른 것이라기보다는 경영자의 관리능력 부재에서 비롯된 것이다.

우리나라 정부는 1953년 본격 추진된 재건 사업의 일환으로 UNKRA가 건설하던 인천 판유리공장을 불하하기로 결정하고 1956년 공개 경쟁입찰을 실시했다. 당시 인천 판유리 공장에 입찰한 기업은 화신상사와 대한유리(1957년 3월 '한국유리'로 상호 변경) 등 모두 4개 기업이었다. 정부의 사정보증액기준에 미달한다는 이유로 두 차례 유찰된 끝에 1956년 12월 실시된 3차 입찰에서 최고가를 응찰한 대한유리가 낙찰자로 결정됐다.

유리는 당시 전쟁으로 폐허가 된 건물을 복구하기 위해서는 가장 필요한 건축 자재 중 하나였다. 그러나 인천판유리를 인수하게 된 한국유리는 실제 제품 생산에 들어가기까지 쉽지 않은 과정을 겪었다. 당시 국내에 판유리 제조기술자는 단 1명도 없었던 데다 제조공정을 구경한 사람조차도 없었다.

UNKRA는 미국과 벨기에, 페루, 레바논 등에서 13명의 기술자들을 초청해 유리생산기술을 지도했다. 공장장에서 말단 사원까지 진흙과 기름투성이가 돼 매달렸다. 기술자로 파견된 외국인들은 우리나라 근로자는 물론 자신들끼리도 의사소통이 잘 되지 않아 손짓 발짓으로 의사전달을 할 수밖에 없어 해프닝이 적지 않았다.

이런 가운데 1957년 7월 변일균 부회장이 기술요원으로 한국유리에 입사했다. 입사하자마자 10월 시제품 생산에 성공했고 첫 생산된 제품은 당시 이승만 대통령에게 증정됐다. 변일균 부회장이 입사하면서 유리 개발에 탄력을 받게 된 것이다.

한국유리는 현재 세계 10대 유리업체의 반열에 올라 있다. 변일균 부회장은 유리기술발전에 기여한 공로로 1994년 국제유리인상을 수상했다.

서민석

동일방직 회장

△1943년 출생 △1966년 서울대 섬유공학과 졸업 △1968년 미국 미시간대학원 졸업 △1978년 동일방직 대표이사 사장 △1989년 한국섬유기술연구소 이사장 △1991년~ 동일방직 회장 △1995년 대한방직협회 회장 △2002년 대한방직협회 회장 △2005년~무역협회 부회장
〈주요 업적〉 섬유산업 세계화

30년 외길 걸어온 섬유전문경영인

서민석 동일방직 회장은 서울대 섬유공학과를 졸업하고 동일방직 과장으로 입사해 CEO에 이르기까지 30년 넘게 정통 섬유인의 길을 걸어 온 섬유전문경영인이다.

미국 미시간대에서 공부를 마치고 1970년 9월 동일방직 입사한 뒤, 1972년 중앙염색가공 이사와 1973년 동일방직 및 동양섬유 이사를 거치면서 본격적인 경영수련을 받았다. 이어 전무이사, 부사장을 거쳐 1978년 2월 동일방직 대표이사 사장에 취임해 테크노 CEO로서 역량과 리더십을 발휘하기 시작했다.

특히 서민석 회장은 대한방직협회 회장을 역임하며 국내 섬유산업을 돌보며 섬유산업이 결코 사양산업이 아니라는 신념으로 R&D투자에 대한 왕성한 의욕을 보이고 있다. 이러한 서민석 회장의 연구개발투자 확대는 섬유종합연구소 설립이라는 결과로 나타나 그에게 고부가가치 섬유제품 상품화의 리더 지위를 안겨줬다. 다변화되는 국내 섬유산업의 경쟁력 강화를 위해 1996년 11월 면방업계에서는 처음으로 섬유종합연구소를 세운 것이다.

섬유종합연구소는 원료 방적에서 의류 완제품까지 일괄 생산·판매하는 그룹의 특성을 살린 토탈엔지니어링을 통해 하드웨어적 구조조정과 그룹 각사 간의 기술과 노하우를 접목, 통합하는 소프트웨어적 구조조정의 필요성으로 설립됐다.

특히, 국내섬유산업이 봉제산업의 공동화를 시작으로 국제 경쟁력을 상실해 가는 어려운 국면에서 이를 극복하기 위한 구조조정 등 경쟁력 제고를 위해 각사의 유기적 접목 매체로서 코디네이터 역할을 수행케 하도록 한 것이다. 신기술 차별화 제품, 첨단기능성 제품을 끊임없이 개발해 특화된 고부가가치 제품을 상품화함으로써 고객 만족 경영을 추구할 수 있게 됐다.

특히, 서민석 회장의 기술 제일주의는 각종 발명특허 출원으로 이어지면서 널리 알려졌다. 흡습, 발열, 쾌적 등의 기능 섬유인 '웜후레쉬(WarmFresh)'가 가장 대표적인 사례다. 땀을 흡수해 섬유자체에서 열을 발생시키고 피부와 의복 사이의 습도를 알맞게 유지시키는 것이 특징인 웜후레쉬는 약산성 땀과 노폐물을 흡수해 중화시키고 유해세균에서 신체를 보호하도록 고안됐다.

이는 산업자원부 프로젝트로 지난 2년간 동일방직이 개발해 상업화에 성공하였다. 발열, 항균, 소취, pH 조절 등 다양한 기능을 담은 신소재로 속옷이나 셔츠, 바지, 자켓, 양말, 모자 침장류 등 다양한 상품에 적용할 수 있어 주목받고 있다.

이외에도 마의 촉감과 형태유지가 양호한 강연 TZ사와 원단 CoolSil

은 산업자원부 프로젝트로 출발해 상업화에 성공한 사례다. 또 중공률 20%인 면 중공사 및 다공사를 개발해 타올, 스웨터, 속옷용 의류로 상업화했다.

또 마라톤 재봉사와 접착심지(Interlining)를 자체 기술로 개발, 수입품을 국산화로 대체함으로써 무역수지 개선에 크게 기여했다. 최근에는 친환경 소재개발에 주력해 대나무를 소재로 한 '밤브실(BambooSil)', 해초를 소재로 한 '시셀(SeaCell)' 등을 개발하고 니트, 양말, 직물원단에 상용화하는 것을 시도하고 있다.

그의 이 같은 연구개발 의지는 의류소재로 섬유의 한계를 뛰어넘었다는 평가다. 그 가운데서도 교량용 산업자재에 쓰이는 '맥스(MAX)'를 개발한 것은 소재산업으로서의 섬유산업의 중요성을 다시 한번 인식하게 한 일이었다.

1996년 그가 산업용 복합재료 보강재 MAX 사업부문으로 진출을 단행한 것은 일대 혁신을 일으켰다. 선진국에서 복합소재의 수요가 폭발적으로 증가하고 있는 점과 복합재료 다량 소비국인 국내 복합재료 시장에서 점차 첨단 소재 적용에 대한 욕구가 커지고 있다는 점에 주목해 복합소재보강재 산업을 개척한 것이다.

특히 서민석 회장은 1990년대 말 IMF 극복을 위해 설비를 자동화설비로 대체하고, 방적사 가공부문의 사업분할로 업종을 전문화하고 반월, 시화의 가공 계열사를 합병하는 등 경영수완 면에서도 인정받고 있다. 이 같은 기업구조조정은 원자재, 부자재, 가공, 어패럴까지의 토탈텍스타일 체계를 구축함으로써 그룹경쟁력 제고에 크게 기여한 것으로 나타났기 때문이다.

뿐만 아니라 서민석 회장은 1998년 국제섬유제품제조업자연합회(ITMF) 회장으로 당선돼 세계 섬유업체와의 기술교류, 정보교환, 수급조절 협의 등에까지 영향력을 미치고 있다. 그래서인지 그는 면방산업에 대한 애착이 누구보다도 크다. 하지만 기업의 수익과 경쟁력을 감안해 면방사업은 차츰 줄여나가더라도 특수사나 차별화 원사에 대한 투자는 계속 돼야 한다는 생각이다. 수익성이 높고 경쟁력이 있는 고부가 면방사업은 앞으로도 계속 투자가 이루어져야 하기 때문이다.

서민석 회장의 엔지니어 감각은 섬유 자체에만 머무르지 않는다. 그는 고부가가치 섬유제품 개발과 함께 끊임없는 설비 재정비, 정보화 추진을 시도하고 있다. 공장에 사용되는 기존 전등설비를 고효율 전자식 안정기로 교체하고 화석연료 대신 LNG를 사용함으로써 지속적으로 생산성 향상에 주력하고 있다. 장항공장이 업계 1위의 생산성을 자랑함과 동시에 품질 면에서도 세계 수준인 USTER 기준 상위 5%에 포함되는 것도 이 같은 노력의 산물이다.

특히 동일그룹은 연령이 높은 임원들을 많이 기용하고 있는 기업으로 알려져 있다. 이는 서민석 회장이 나이가 많고 적음이 기준이 아니라 능력이 인사의 기준이라는 원칙 때문이다. 능력이 있는데도 나이가 많다는 이유로 회사를 떠나라고 하는 것은 잘못된 것이라는 것. 젊은 패기 못지않게 경륜도 기업 경영에는 소중한 자원이라는 것이다.

이 같은 동일방직 서민석 회장의 리더십은 해외시장 개척으로 이어졌다. 고급원면 생산국인 이집트에는 53,000추 규모의 현지법인을 설립해 중동과 EU의 마켓팅 기지로 활용한 것이다. 중국 청도에도 자수사 생산을 담당할 현지법인을 설립했다. 또 인도네시아에 재봉사 생산 설비를 이전하고 포르투갈, 레바논, 시리아 등 섬유산업 낙후지역까지 수출을 확대했다. 그리고 인도에 에어콘용 열교환기 생산을 위한 현지법인을 설립해 해외시장 다변화를 모색했다.

2003년에는 이 같은 공로를 인정받아 동일방직의 컴팩트 클린실이 한국업체에서는 처음으로 텍스타일 디자이너 어워드 국제부분에서 수상했다. 이어 2005년에는 면과 나일론 혼방사로 만든 겨울용 소프트 Pola Fleece 원단으로 렌징 파이버 무브먼트 아시아 패브릭 대회에서 최고상을 수상하기도 했다.

서민석 회장은 소비자의 수요에 앞서가는 섬유개발로 국내 섬유산업을 이끄는 것 외에도 각종 장학사업을 통해 섬유인재를 양성하는 데도 큰 역할을 했다.

동일방직 창업주인 정헌 서정익 선생은 생전에 '기업은 사람, 사람만이 희망' 이란 기업철학으로 교육에 대해 남다른 관심을 보였던 기업인이었다. 전쟁의 폐허 위에 기업을 세우고 열악한 환경에서 기업 활동을 펼치며 뼈저리게 느낀 것은 낙후된 산업기술이었고, 훌륭한 인재를 키우는 것이야말로 이를 극복할 수 있는 최선의 길이란 믿음 때문이었다.

서민석 회장은 이를 상기하고 1979년 6월 25일, 서정익 선생의 유지를 받들어 재단법인 정헌산업장학재단을 설립했다. 기업의 운영은 성실과 인화에 기초를 두어야 하며, 인재를 육성하는 길이 곧 기업을 육성하는 길이자 사회에 환원하는 길이라는 뜻을 이어가기 위해서다.

이집트 현지법인을 통해서는 가정환경이 어려운 이집트 공대, 법대 학생들에 장학금을 지급해 한국 기업 이미지 향상에 기여하고 있다. 또 1987년부터 2002년까지 주 서울 BELIZE 명예총영사를 맡아 외교 활동에도 기여해왔다.

1998년부터는 한국메세나협의회와 인연을 맺어 현재 한국메세나협의회 부회장이기도 한 서민석 회장은 프랑스 등 유럽에서 미술창작 활동을 하고 있는 작가를 후원하기 위해 2003년 '정헌메세나'를 프랑스 파리에 세울 정도로 기업과 문화예술의 유대관계를 중요시하고 있다.

성낙정

한국전력 전 사장

△1927년 출생 △1948년 서울대 전기공학과 졸업 △1954년 국방과학연구소 연구관 △1957년 조선전업 △1971년 한국전력 기획관리부장 △1973년 한국전력 이사 △1982년 한국전력 사장 △1983년 엔지니어클럽 회장, 한국중공업 사장 △1988년 경인에너지 사장 △1992년 한화에너지 회장 △1993년 한화그룹 총괄 부회장 △1993년 과총 회장

〈주요 업적〉 국내 전력계통 확립, 공학기술단체 육성

전력에너지 기초 닦은 전력 1세대

성낙정 한국전력 전 사장은 1950년대부터 1960년대 우리나라 전력의 토대가 마련될 당시 송전의 새 장을 열었다는 평가를 받으며 전력에너지 분야의 기술발전과 산업발전에 크게 기여한 전력 1세대로 꼽힌다.

전기는 우리 생활에 없어서는 안 될 중요한 에너지다. 발전소에서 만들어진 전기를 고전압으로 변전소에 보내는 일을 송전이라고 하는데 이 과정은 극도의 안전성이 보장돼야 한다. 만약 전선이 땅에 떨어지는 등 사고가 발생하면 엄청난 피해가 발생할 수도 있기 때문이다. 그래서 사고가 나면 사고 부분이 전력 계통에서 즉시 분리될 수 있도록 안전장치를 설치한다.

성낙정 전 사장은 이러한 안전장치로 우리나라 실정에 맞는 중성점 직접접지 방식을 채택하는 등 우리나라 전기의 기초를 닦는 데 큰 기여를 한 일등 공신으로 평가받고 있다.

우리나라는 해방 후에도 한동안 일제시대에 주로 쓰던 소호선륜(消弧線輪) 방식의 접지를 채택했었다. 이 방식은 접지사고가 났을 때 사고전류를 자동적으로 없애주는 일종의 보호장치이다. 하지만 전력계통이 커지고 복잡해지면 본연의 역할을 하기 어려워 전력계통 운전을 불안하게 만든다. 이로 인한 경제적 손실도 적지 않다.

성낙정 전 사장은 한국전력공사에서 전력계통을 분석하고 계획하는 일선 책임자로 재직할 때 소호선륜 방식의 문제점을 깨닫고 중성점 직접접지 방식을 검토하기 시작했다.

중성점 접지방식은 전력계통에서 발전기나 변압기의 전기적 중성점을 접지시키는 방식이다. 전기회로에는 단상교류와 3상교류가 있으며 전력계통에서는 큰 전력을 다루기 때문에 경제적으로 유리한 3상교류를 쓰고 있다. 3상교류란 원리적으로 단상교류 2개를 조합한 것이므로 3가닥의 전선으로 접속하도록 구상돼 있다.

중성점을 접지하는 방식은 직접접지 방식과 저항접지 방식 등이 있다. 직접접지 방식은 중성점을 직접금속접지하므로 이상 전압의 발생을 확실히 방지할 수 있어 전력기기의 절연을 현저하게 감소시킬 수 있다. 또한 지락(地絡) 사고가 나면 전류가 크기 때문에 보호계전기에 의한 사고검출이 용이하다는 장점을 갖고 있다. 그러나 통신선에 대한 전자기 유도 장애 등이 발생하므로 주의할 필요가 있다.

충청남도 예산 출신의 성낙정 전 사장은 서울대 공대 전기공학과를 졸업한 후 국방과학연구원 연구관으로 사회 생활을 시작해 한국전력 사장과 엔지니어클럽 회장, 한국중공업 사장, 한화그룹 총괄 부회장,

한국과학기술단체 총연합회 회장, 한국전력전우회 회장 등을 역임했다. 현역 은퇴 이후에도 공학기술단체 육성에 전력을 기울이고 있다.

한국전력공사는 1982년 1월 1일 공사체제로 새 출발하는 역사적인 대 전환점을 맞이한다. 성낙정 회장은 공사체제로 출발한 한국전력공사의 초대 사장이자 한전 직원 출신이 관리직과 부사장을 거쳐 최고경영자에 발탁된 첫 사례로 남아있다.

성낙정 전 사장은 일보다 경영의 내실을 다지는 데 전력을 다하겠다는 포부로 봉사 수준의 향상과 경영체질의 강화, 재무구조의 건전화와 공직자의 의식 개혁을 내걸고 경영개혁을 강력히 추진했으며 이는 일반 사기업으로 나와서도 마찬가지였다.

성낙정 전 사장은 신입사원으로 입사해 최고경영자에 이른 입지전적인 인물이자 바르고 곧은 경영을 한 것으로도 유명하다. 그는 대학을 졸업하고 군복무를 마친 뒤 한국전력공사에 입사해 열심히 일하면서 과장까지 순탄하게 승진했다. 그러나 차장 승진이 늦어져 과장자리에만 7여 년간을 머물렀다. 동기생들은 물론 입사가 늦은 후배들까지도 먼저 차장 승진을 했다.

그러나 성낙정 전 사장은 맡은 일에 최선을 다하다 보면 끝이 있지 않겠느냐는 생각으로 업무에만 열중했다. 남들보다 늦기는 했지만 과장 7년만에 차장으로 승진했고, 그 이후로는 부장과 이사, 부사장으로 제때 승진, 마침내 한국전력공사 사상 처음으로 평사원이 사장으로 취임하는 역사를 만들어냈다.

한국전력공사 사장은 당시 정부 장관을 지냈거나 군 장성 출신이 맡는 것이 당연시되었기 때문에 그가 사장이 된 것은 극히 예외적인 일로 받아들여졌다. 그러나 성낙정 전 사장은 1년에 불과한 임기동안 경영 의지를 제대로 펼쳐보지도 못하고 1983년 한국중공업 사장으로 자리를 옮겼다. 한화그룹에 재직할 때에도 성실하면서도 절제된 생활은 남에게 모범이 될 만했다고 전해진다.

성낙정 전 사장은 1987년 한화그룹 고문으로 영입돼 그룹의 대외 창구 노릇을 자임하는 등 어려운 시기에 회장을 보필해 그룹을 이끈 바 있다. 1994년 김승연 한화 회장이 외화 도피 등의 혐의로 경영일 선에서 잠시 물러났을 때에 성낙정 전 사장이 그룹회장 대행을 맡기도 했다.

성 재 갑

LG석유화학 전 회장

△1938년 출생 △1963년 부산대 화학공학과 졸업 △1963년 락희화학공업사 입사 △1978년 럭키 이사 △1989년 럭키석유화학 사장 △1994년 LG화학 대표이사 사장 △1996년 LG화학 대표이사 부회장 △1999년 LG석유화학 회장 겸 LG화학 부회장 △2001년 LG석유화학 회장 겸 LGCI 부회장 △2003년 LG석유화학 회장 △2005년 LG석유화학 고문
〈주요 업적〉 고부가가치 국내 화학산업 주도

화학으로 세상 움직인 'Mr. 화학'

성재갑 LG그룹 고문은 '화학이 강한 나라가 미래 강국이 될 수 있다'는 신념으로 2005년 은퇴하기까지 42년간 화학산업 현장을 지켰다. '미스터 화학'으로 불리는 성재갑 고문은 1970년대 가공업 중심이던 한국의 화학산업을 석유화학, 생명과학, 정보전자소재 산업으로 끌어올리는 데 결정적인 공헌을 했다는 평가를 받고 있다.

미래에 대한 예지력을 발휘해 과감한 기업 구조조정을 단행, 외환위기에도 어려움 없이 재도약하도록 이끈 성재갑 고문의 '북경선언'은 그의 테크노 CEO로서의 리더십을 보여주는 대표적인 사례다.

1996년 당시 LG화학 대표로 재직하던 성재갑 고문은 9월 초 북경에서 서울 본사에 전화를 걸었다. 그해 8월 독일 휼스 사를 방문하고 서울로 돌아오는 길에 북경에 들렀던 그는 결단을 내렸다. 경기에 따라 부침이 심한 석유화학사를 사업과 비용 면에서 효율적으로 꾸려나가는 휼스 사를 벤치마킹하기 위해 서울로 오기 전 전격적으로 선언한 것이다.

곧장 서울로 돌아온 성재갑 고문은 임원들의 저항에 굴하지 않고 한 명 한 명 설득하면서 구조조정 작업을 진두지휘했다. 이처럼 향후 외환 위기가 닥칠 것이라는 것을 미리 예감이나 한 것처럼 단기간에 사업 구조를 혁신하는 TA(Turn Around) 활동을 강력하게 추진, 실적이 경기에 따라 요동치는 천수답 사업구조를 벗어나도록 함은 물론, LG화학이 외환 위기를 극복하고 세계 시장을 향해 뛸 수 있는 경쟁력을 갖추게 한 주인공이었다.

또 2001년 4월 주주가치 극대화와 경영 투명성 제고를 위해 기존의 LG화학을 3개사로 분할한데 이어, 2002년 8월 생명과학 사업도 성공적으로 분할함으로써 다시 한번 LG의 재도약을 주도한 것으로 평가받고 있다.

성재갑 고문은 1963년 부산대 화학공학과를 졸업한 뒤 락희화학공업사(현 LG화학)에 입사했다. 이후 럭키석유화학 사장, LG화학 대표이사, LGCI 대표이사, LG석유화학 회장 등 오로지 석유화학이라는 한 우물만을 판 국내 화학산업의 살아있는 역사다.

특히 1989년부터 16년간 화학분야 CEO를 맡는 동안 화학공학을 전공한 엔지니어로서 남보다 한발 앞서 미래 상황을 내다보고 대처하는 수완을 발휘했다. 이 같은 그의 선견지명은 LG화학이 외환위기를 극복하고 세계 시장으로 뛸 수 있는 경쟁력의 토대가 됐다.

성재갑은 한 번도 자신을 단순한 월급쟁이라고 생각해 본 적이 없다고 한다. 이는 미국 암스트롱 사에서 바닥재 제조기술을 들여오려다 거절당하자 1980년 건물용 바닥장식재 럭스트롱을 독자적으로 개발해 적자 사업부를 흑자로 탈바꿈시킨 일화에서 잘 드러난다. 2년간의 가시밭길 연구 끝에 럭스트롱을 탄생시키는 데 성공해 효자상품으로 만든 것이다.

25세 때 화공학도로 락희화학공업사에 입사했을 때나 1989년 럭키석유화학 사장에 취임한 이후 16년간 CEO를 역임할 때나 자신이 회사의 주인이라는 생각은 한결 같았다.

성재갑 고문이 부산대 화학공학과를 졸업하고 처음 입사한 곳은 부산의 치약공장. 일본에서 치약원료를 수입해 가공하던 당시 20대의 화공학도가 대표적인 테크노 CEO로 우뚝 선 것이다.

1989년 신설된 럭키석유화학(현 LG석유화학) 사장을 맡을 당시 45만 톤 규모의 나프타분해공장(NCC)을 여수에 최대한 빠른 시간 내에 완공하라는 임무를 받았다.

당시 절반은 바다, 절반은 개펄이던 전라남도 여수 용성단지를 매립하는 일부터 할 일이 태산이었다. 성재갑 고문은 바닷가 현장에 캠프를 마련해 인부들과 숙식을 함께 하며 건설을 직접 지휘했다. 이러한 특유의 집념과 열정으로 당초 3년 예정이던 건설기간을 절반인 1년 6개월로 단축해 완공하는 진기록을 세웠다.

최초 가동 시 연산 38만 톤에 불과하던 나프타분해공장의 생산능력은 지속적인 공정 개선을 통해 76만 톤으로 확장, 기술을 제공한 미국의 루모스 사로부터 기적이라는 찬사를 받았다. 이 같은 최단기 공사기록은 10년이 넘은 지금까지 깨지지 않고 있다. 이로 인한 원가절감을 통해 가격경쟁력을 갖춘 제품이 생산될 수 있었던 것이다.

1994년 다시 LG화학에 복귀한 성재갑 고문은 화장품부터 생명공학 제품까지 수많은 사업군을 거느린 회사에서 서류더미에 묻혀 지냈다. 당시 그는 결심한 것이 하나 있었다. 다음 사람에게는 이런 서류더미 속에서 시간을 보내게 하지 않겠다는 것.

결국 성재갑 고문은 사업군을 53개로 나누고 2년 후 투자수익률 15% 미만의 사업군을 정리하겠다고 발표했다. 그로부터 정확히 2년 후 20여 개 사업군이 정리되고 신규사업 2개를 합쳐 총 32개의 사업군이 LG 화학의 핵심사업으로 자리 잡게 됐다.

그는 화학이 움직여야 세상이 움직인다고 굳게 믿는다. 총 매출액의 3%를 기술개발에 투자하고 있지만 이조차도 듀폰이나 스미토모와 같은 선진국 화학회사의 연구개발비에 비하면 20배 정도 차이가 난다며 항상 채찍질을 한다.

1983년 생명과학과 정보전자소재 사업을 석유화학산업의 미래라고 내다보고 LG화학 생명과학연구소를 설립한 것도 성재갑 고문이다. 당시 개념조차 생소하던 생명과학 분야에 지속적인 투자를 거듭해 2003년 국내 최초의 미국 FDA 승인의 '팩티브' 를 개발한 것도 거듭되는 실패에도 굴하지 않고 미래 성장역량을 길러야 한다는 그의 확고한 경영철학이 있었기에 가능한 일이었다.

매일 아침 5시 30분에 기상해 누구보다 먼저 회사에 나오던 성재갑 고문의 일에 대한 열정과 자기관리는 늘 주변사람을 놀라게 했다. 해외출장을 다녀온 다음날도 마찬가지였다. 시차적응에 어려움을 겪으면서도 단 한 번도 출근시간이 오전 8시를 넘긴 적이 없을 정도로 재계에서 소문이 자자하다.

또한 그는 전국 사업장과 해외지사 등을 수시로 방문해 현장의 목소리를 듣는 데 누구보다 열심이었다. 사원들의 말 못할 고충과 현장의 개선사항을 직접 듣고 일일이 챙기는 그는 늘 현장감각을 유지하는 게 중요하다고 강조했다. 이는 기업경영이 최고경영자의 눈높이를 넘을 수 없다는 그의 눈높이 경영 철학 때문이다.

그는 1년에 10차례 이상 해외출장 길에 올라 선진국 산업현장에서 업계의 동향을 꼼꼼히 체크한다. 업계세미나도 참석해 과학기술 변화와 트렌드를 연구한다. 자신들의 눈높이만 맞추다보면 국내 수준에 머무를 수밖에 없기 때문이다. 또 한 가지 그를 얘기할 때 빼놓을 수 없는 것은 뛰어난 기억력이다. 특히 숫자에 대해서는 컴퓨터처럼 정확하다는 평이다.

과거나 현재나 삶의 편의를 위해 세상에 나오는 모든 첨단도구는 신소재에서 출발하는 만큼 신소재 개발에 기업의 역량을 집중해왔다.

한국 석유화학공업협회 회장, 한국 산업기술진흥협회 부회장, 한국 상공회의소 부회장직을 수행했을 뿐 아니라 현재 한국화학산업연합회 초대회장을 맡으며 화학산업의 미래 비전 제시에 앞장서고 있다.

평소 가장 존경하는 경영인인 잭 웰치 전 GE 회장과 같은 집념과 결단으로 화학산업의 위상 제고와 미래 핵심산업으로서 화학산업의 비전을 제시하기 위해 최선을 다해왔던 성재갑 고문은 퇴임 후에도 그동안 쌓아온 풍부한 지식과 경험을 통해 국내 화학산업의 조언자로서의 역할을 다하고 있다.

손욱

삼성SDI 상담역

△1945년 출생 △1967년 서울대 기계공학과 졸업 △1967년 한국비료공업 △1973년 제2종합제철 △1975년 삼성전자공업 냉기과 △1983년 삼성전자 기획조정실 실장 △1985년 삼성전자 마케팅실장 △1986년 삼성전기 연구소장 △1994년 삼성전자 전략기획실장 △1997년 대표이사 사장 △1999년 삼성종합기술원 원장 △2005년 삼성SDI 상담역

〈주요 업적〉 6시그마 품질혁신 정착

혁신 주도한 6시그마의 대부

"연구를 왜 하나?" 손욱 삼성SDI 상담역(사장급)은 최근 수년 전 최악의 평가를 받던 삼성 연구원들에게 이 같은 질문을 던진 바 있다. 목적을 명확히 알고 성공을 위한 혁신을 추진해야 한다는 신념에서다.

손욱 상담역이 1999년 삼성종합기술원장으로 취임했을 때 기술원의 존폐여부까지 논의될 정도로 최악의 평가를 받고 있던 상황이었다. 그는 기술원을 하루 빨리 혁신해야겠다고 마음을 먹고 연구원들에게 던진 첫 질문이 바로 '왜 연구를 하나' 였다. 수많은 첨단기술을 종합해 어떻게 하면 소비자가 원하는 상품을 만들 것인지 연구원들이 생각하도록 하는 게 기술경영자의 의무라고 생각했기 때문이다.

손욱 상담역은 "취임 후 1987년부터 1997년까지 10년간 진행된 기술원의 연구결과를 분석해보니 과제 실용화율이 겨우 18%에 그쳤다"면서 "이 비율을 80%까지 끌어올리겠다는 목표를 세우고 혁신 운동에 들어갔다"고 말했다.

한국의 대표적인 기술최고책임자(CTO)이자 '6시그마의 대부' 로 불리는 손욱 상담역은 1975년 삼성에 입사해 1980년대 중반 삼성기술연구소장을 거쳐 삼성의 혁신통, 기획통으로 정평이 나 있다.

손욱 상담역은 경남 밀양 출신으로 경기고와 서울대 기계공학과를 졸업했다. 1967년 한국비료공업에서 사회생활을 시작해 삼성전자 전략기획실장, 삼성전기 생산기술본부장, 삼성 회장비서실 전무, 삼성전관 부사장, 삼성종합기술원장 등을 역임했다.

'세계 최초', '국내 최초' 라는 수식어가 들어가는 삼성전자의 수많은 히트작이 그의 손을 거쳐 탄생됐다. 예컨대 전원이 들어오자마자 화면이 나오는 브라운관, 전자파 차단 신 브라운관 등이 바로 그의 연구결과물이다.

"한국 최고가 되려면 2,000시간의 투자가 필요하고, 세계 최고가 되려면 1만 시간의 노력이 요구된다. 하루 3시간씩 2년만 꾸준히 투자하라. 의외로 전문가층의 벽은 얇을 수 있다. 나 역시 기술경영 6시그마를 이렇게 학습 지도했고 효과를 봤다. 꼭 최고가 안 되더라도 적어도 자기가 무엇에 도전해야 적성에 맞는지는 확실히 깨달을 수 있지 않겠나. 삶에서 초일류 목표를 설정하는 게 성공의 시작이다."

그의 대학시절 에피소드.

기계공학과 회장, 기숙사 자치위원장을 지낸 그는 선거만 끝나고 나면 영 자취가 남지 않는 게 안타깝다고 했다. 그래서 '이름을 남기자' 는 목표로 추진한 것이 식당에 음향스피커 설비를 마련하는 것이었다.

그는 주중에 간식, 주말에 통닭별식 마련 등의 두 번은 작게, 한 번은 거하게라는 '조삼모사' 전략을 세웠다.

또 연중 최고 경비소요품목인 김장비용을 절약하기 위해 청량리에서 산지 배추를 '차떼기' 해 구입하고 방앗간에서 고춧가루를 직접 빻았다고 한다. 연말에 음향장비를 마련할 수 있었음은 물론이다. 돌이켜보니 그 안에 경영합리화와 생산성 제고, 품질관리 3요소의 혁신경영이 다 녹아 있었단다.

삼성종합기술원장을 지내면서 삼성의 기술력을 세계적인 수준으로 키워낸 손욱 상담역은 삼성의 혁신은 내부 구성원들의 확실한 사명 인식과 공감대 형성이라고 주장한다. 그는 "기술원에서 특화된 5개 분야에만 집중하기로 하고 로드맵을 마련하기로 했다"면서 "연구소장 등 경영진들과 무려 16번에 걸친 회의 끝에 비로소 완성할 수 있었다"고 설명했다.

로드맵 작성은 어려운 과정이었지만 회의를 거치면서 혁신의 공감대가 자연스럽게 형성되고, 역할 분담도 나눠졌다. 결국 기술원보다 규모가 더 큰 삼성전자의 중앙연구소까지 합병할 정도로 저력을 발휘했다. 그 만한 역량이 있었기 때문에 가능한 일이었다. 이에 대해 손욱 상담역은 "조직 내부에서 변해야겠다는 노력이 없었다면 불가능했을 것"이라고 역설했다.

손욱 상담역은 서울대 공대 최고산업전략과정의 주임교수로도 임용됐다. 외부 전문가로서 서울대 최고경영자 과정 주임교수로 임용된 첫 번째다.

김도연 서울공대 학장은 "손 사장은 삼성인력개발원 원장을 역임하는 등 교육 분야에도 조예가 깊어 산업과 학문 이론을 접목시키는 데 가장 적합한 분이라고 판단했다"고 말했다. 그는 특히 삼성SDI 사장 시절 프로세스와 품질 혁신을 위해 국내 최초로 '6시그마' 기법을 도입해 위기를 극복한 것으로 널리 알려져 있다.

손욱 상담역은 "지금은 변화를 남보다 먼저 인식하고 더 빠르게 대응하는 조직만이 생존한다. 변화와 혁신은 우리에게 선택이 아닌 숙명이다"라고 강조한다. 그는 혁신의 성공에도 80대 20의 법칙이 작용한다고 말했다. 혁신을 추진하는 100개 조직 가운데 끝까지 밀고 나가는 것은 20개 정도이며, 따라서 끝까지 추진한 100개 조직 중 진정한 성공을 달성하는 것은 20개에 불과하다는 것이다.

그는 이렇듯 혁신이 어려운 이유를 '변화를 통해서만 이루어지기 때문'이라고 설명한다. 변화는 조직원의 생각, 사고방식, 조직문화가 뿌리째 바뀌는 것을 뜻한다. 혁신을 위해 새로운 방법론을 도입하면서 조직원의 생각을 철저히 바꾸지 않으면 성공할 수 없다는 의미이다.

삼성SDI의 혁신추진과정을 통해 터득한 것은 '먼저 조직원의 마음을 바꿔라'였다. 수많은 혁신 실패사례를 통해 조직원의 마음, 조직문화를 바꾸지 않고는 어떠한 혁신도 성공할 수 없음을 배웠다고 한다.

그리고 '빅뱅' 방식으로 혁신을 추진했다. 다시 말해서 프로세스 혁신, 전사적자원관리(ERP), 6시그마를 한꺼번에 추진하는 Y자 형태였으며, 조직의 중간 간부를 변화의 중심에 내세웠다.

손욱 상담역은 삼성 SDI의 성공은 "진정한 변화 관리 중심형으로 추진하고자 몰입했던 3년간의 엄청난 노력과 시행착오를 통해 얻어낸 결실"이라고 역설했다.

또 "혁신의 성패는 변화관리의 성공 여부에 달려있다. 변화관리는 조직 특성에 따라 천차만별이다. 성공스토리를 교류하면 혁신이 가속화되고 성공 확률이 높아진다"고 강조했다.

경영혁신이 성공하기 위해서는 기업 경쟁력의 핵심인 사람(People)과 프로젝트(project), 프로세스(process) 등 3P를 높여야 한다고 손욱 상담역은 설명한다.

"6시그마는 프로세스의 수준을 100만 개 가운데 3~4개의 불량률을 보일 정도로 높이는 것이다. 이와 함께 사고 프로세스의 6시그마화도 중요하다. '모든 것이 마음먹기에 달렸다'는 말도 있듯이 사고도 프로세스이므로 사고하는 데 노력을 기울여야 한다. 암중모색에서 탐구 사색의 단계, 즉 과학적 이성적 체계적 논리적으로 사고하는 단계로 나아가야 한다. 이를 위해서는 과학적 방법론과 입체적 사고능력을 갖춘 전사가 필요하다."

손욱 상담역은 또 진정한 '톱-다운'을 강조한다.

"수익이나 실적은 현장에서 발생하고 고객만족은 고객과의 접촉을 통해서 나온다. 따라서 진정한 챔피언은 끊임없이 현장을 방문해야 한다. 15세기 최고의 챔피언은 세종대왕이라고 할 수 있는데 그는 백성의 행복한 삶을 목표로 설정하고 농업부강(농사직설), 농민건강(향약집성방), 공정한 조세(세법 개정), 국가안보(화포 화차) 등 과학기술 초일류 국가를 건설하는 데 주력했다. 세종대왕은 조세체계의 개편을 위해 14년 동안 일반농민을 포함한 20만 명에게 찬반을 묻는 등 고객만족을 우선시했다."

또 6시그마 경영혁신은 경영성과로 가시화해야 한다고 강조한다.

"100번 듣는 게 1번 보는 것과 같지 않고(百聞不如一見), 100번 보는 게 1번 행하는 것과 같지 않으며(百見不如一行), 100번 행하는 게 1번 얻는 것만 못하기(百行不如一得) 때문이다. 예컨대 삼성SDI의 경우 '재무성과 산출전문가(FEA) 제도'를 별도로 둬서 성공을 거뒀다."

손욱 상담역이 1980년 삼성전자 기획실에 처음 갔을 때 기획실에 있던 사람들과 함께 삼성전자의 10년 계획, 비전 계획을 만들어 보자는 생각을 했다고 한다.

"그때는 마쓰시타가 세계 최고였다. 그래서 마쓰시타와 관련된 책을 전부 사 모으니 무려 150권에 달했고 당연히 전부 일본책이었다. 이후 6개월을 작업하고 났더니 전자업계에서 세계 최고가 되려면 어떻게 하고 어떤 변화를 해야 하는지를 전부 다 알 수 있게 됐다. 조선공업에서 1, 2, 3등 업체가 한국에 있고 철강 1등 업체가 한국에 있고 반도체, 무선통신 1등 업체가 한국에 있다. 한국적 방법으로 세계를 제패한 기업이 있는데 이것을 우리 기업들이 배울 수만 있다면 중국도 일본도 두렵지 않다."

안봉익

대한중석 전 사장

△1912년 출생 △1934년 경성 고등공업학교 광산학과 졸업 △일제 시 고모리광업 기획부장 △1952~1957년 대한중석 사장 △1951~1954년 한미중석협정체결 △1957년 별세
〈주요 업적〉 한미중석협정 체결

전쟁 폐허에서 중석산업 일궈내

작고한 안봉익 대한중석 전 사장은 한국전쟁 후 제조산업이 거의 없던 1950년대 유일한 외화획득원이던 중석(텅스텐)산업을 일으킨 주인공이다.

그는 일제 때 소립 중석광업의 기획부장을 역임한 엔지니어로 1952년 폐허된 광산의 개발을 맡아 당시 수출의 50% 이상을 차지하는 전략광물인 중석광산 개발에 성공한 것이다. 특히 안봉익 전 사장은 현대적 착암기를 도입해 채광을 기계화함으로써 1950년대 당시 황금 알을 낳는 거위였던 중석의 생산량을 크게 높였다.

강원도 중석 채굴을 위해 1916년 설립된 대한중석은 안봉익 전 사장이 재직할 1950년대만 해도 워낙 업황이 좋아 '대한중석 직원이라면 첩으로라도 딸을 준다' 고 했을 정도다. 심지어 상동광업소의 중석생산을 보호한다는 목적으로 1953년 강원도 영월군 상동읍 칠량리골 어귀에는 미군 부대가 주둔할 정도였다.

특히 국내 산업의 전부이자 국내 제일의 직장으로 고급인재들이 집결한 대한중석은 향후 포항제철 설립 시 고급 엔지니어 공급처 역할을 톡톡히 해냈다.

안봉익 전 사장이 경성고공 광산학과 출신의 엔지니어로서 빛을 발한 것은 대한중석 사장을 맡아 한미중석협정 체결을 이끌었을 때였다. 중석은 전구의 필라멘트에서부터 우주로켓에 이르기까지 그 쓰임이 다양했는데 국내에서 채굴된 중석은 전량 미국으로 수출됐다. 1951년 이후 중석에 대한 선진국의 수요가 증가하고 그 가격이 10배 가까이 상승함으로써 전쟁기간임에도 수출이 증대하는 주요 요인이 되었다.

그 가운데 안봉익 전 사장은 톤당 4,000달러로 1만 5,000톤의 중석을 미국에 공급하는 한미중석협정 체결이라는 결실을 맺었다. 이 공로로 1952년부터 5년간 중석수출의 황금기를 이끌었다.

이후 중석협정이 종결된 1954년 중석의 국제시세가 하락하자 도미 타개책으로 미국 유타 회사와 기술협정을 맺고 중석을 화학처리를 할 수 있는 공장 건설에 들어간다.

1955년 착공해 안봉익 전 사장이 작고한 뒤인 1959년 준공된 이 공장은 하루 80톤 규모의 당시로서는 세계적 규모의 화학처리시설이었으며 저품질의 중석을 화학처리해 고품질로 만들기 위한 시설이었다.

한평생 숨겨진 자원을 찾아낸 산업의 동력으로 공급하는 광업에 매진한 안봉익 전 사장. 반도체나 자동차산업처럼 화려하지 않지만 광업은 기초산업의 원료에서부터 비행기, 선박, 자동차, 반도체 등 최첨단 소재 제품의 원료에까지 그 이용범위가 매우 넓다.

우리가 주로 타고 다니는 자동차만 해도 수십 가지의 광물자원을 요

구하기 때문이다. 철, 알루미늄, 아연, 구리, 흑연 등은 자동차 제조에
반드시 필요한 원료자원이다. 비행기, 선박 등도 마찬가지이다.

산업이 전무한 1950년대 국내 자원개발에 매진, 기간산업을 일군 안
봉익 전 사장의 선견지명은 50년을 훌쩍 넘어 지금까지 영향을 주고
있다.

오춘식

하이닉스반도체 부사장

△1957년 출생 △전남대 계측공학과 졸업 △한국과학기술원 전자공학 박사 △1986년 IBM연구소 연구원 △1996년 현대전자산업 이사대우 △1999년 현대전자산업 생산기술센터 담당이사 △2001년 하이닉스반도체 메모리연구소 기술총괄 상무이사 △2001년 하이닉스반도체 메모리연구소 부소장
〈주요 업적〉 블루칩 프로젝트 성공적 주도

반도체분야 전문가 중의 전문가

오춘식 하이닉스반도체 부사장은 대한민국을 대표하는 업종인 반도체분야의 '전문가 중에서도 전문가' 로 통한다. 그는 하이닉스반도체가 독자적으로 반도체 기술을 확보해 '기술독립' 에 성공하는 데 기여한 핵심인물이었다. 256K램, 1메가 DRAM 등 당시 현대전자의 주력 제품들은 모두 오춘식 부사장의 땀이 스민 작품이다.

1957년생인 오춘식 부사장은 광주고를 졸업하고 전남대에서 계측공학과를 졸업한 후 KAIST에서 전자공학 석·박사학위를 받았다. 그 후 IBM에서 연구원으로 일하다가 현대전자에 의해 스카우트 돼 현대그룹 핵심인사로 반도체 연구를 주도하기 시작했다. 당시 고(故) 정몽헌 사장이 미국 IBM에 직접 찾아와 "한국 반도체 산업발전을 위해서 함께 일해 봅시다" 라고 제안했다고 한다.

당시 현대전자의 위상은 후지쯔나 텍사스인스트루먼트 등 다국적기업을 위한 위탁생산 공장에 불과했다. 현대전자는 독자적인 기술을 확보하고자 많은 투자와 노력을 기울였고 오춘식 부사장은 생산 현장에서 제품 수율과 신뢰성을 개선하는 제조기술 부문의 핵심역량을 강화하는 데 힘을 쏟았다. 그는 개발과 생산 조직 간 상호 협조체제를 구축해 독자적인 제조 기술을 확립하는 데 성공했다.

이러한 기술독립의 성과를 바탕으로 4M, 16M DRAM의 양산 시에는 세계 최고 수준의 생산성을 달성했으며 현대전자 창사 이래 최대의 흑자와 매출을 달성했다.

엔지니어로서뿐만 아니라 경영자로서도 그의 활약은 눈부셨다. LG반도체 인수 합병 추진과정에서는 인수추진팀의 기술부분 전략 수립을 담당해 성공적인 인수합병을 주도했다.

1999년 통합 하이닉스 출범 당시 주요 과제는 '조속한 기술 통합을 통한 시너지 극대화 및 장비투자의 혁신' 이었다. 이러한 과제를 수행하기 위해 회사 내에 생산기술센터가 신설 조직됐다. 오춘식 부사장은 초대 센터장으로 취임했다. 취임 후 그는 '신속한 기술 통합과 장비 투자의 효율화' 과제를 성공적으로 완수해 주위를 놀라게 했다. 이러한 성과는 2000년 당시 하이닉스가 전체 국가 수출액의 4%를 담당할 정도로 놀라운 결과를 내는 데 밑거름이 됐다.

하이닉스 성공 신화로 알려진 '블루칩 프로젝트' 라는 기술개발도 오춘식 부사장이 주도했다. 블루칩 프로젝트는 0.18μm(마이크로미터)급 반도체 생산장비를 이용해 이보다 더 세밀한 제품인 0.15μm, 0.13μm, 90nm(나노미터)급의 극미세 DRAM 제품을 생산하는 기술이다.

당시 재정적인 어려움으로 신형장비 구입에 어려움이 있었던 하이닉스로서는 블루칩 프로젝트는 막대한 자금으로 무장한 외국업체에 대비해 경쟁력을 잃지 않기 위한 어쩔 수 없는 선택이었다.

오춘식 부사장이 이끈 연구팀은 블루칩 프로젝트 기술개발에 성공한다. 이를 통해 회사는 천문학적인 비용을 감축하게 됐으며 대형 투자만이 수익성을 보장한다는 기존 반도체산업의 고정관념을 깨뜨리고 새로운 패러다임을 제시했다. 이 기술을 탐낸 마이크론이 하이닉스 인수를 시도하기도 했다.

이 같은 기술적 우위는 하이닉스가 재정적 어려움을 극복하고 업계 최초로 80nm급 반도체를 개발하고 양산 능력을 확보하는 데 기반이 됐다. 또 탄생 초기 경쟁사와 대비해 1년 이상 뒤처져 있던 하이닉스가 이제는 오히려 경쟁사보다 앞서기 시작했다.

하이닉스의 원가경쟁력의 근원은 오춘식 부사장이 도입한 경영기법인 TPM(Total Productive Maintenance)이 한몫 했다. TPM은 처음엔 일본에서 시작했지만 기법의 우수함을 간파한 오춘식 부사장이 개발과 생산부문에 철저히 적용시킴으로써 업무 혁신, 나아가서는 생산성 혁신을 가져오는 원동력이 됐다.

그는 당시 생산현장에서만 적용되었던 TPM을, 설계를 포함한 전 공정에 성공적으로 적용시켰다. 오춘식 부사장은 이후 기반을 확장해 일반 기획관리와 마케팅 조직에까지 확대·적용함으로써 전 업무 영역의 효율화를 시도했다.

이러한 생산성 혁신을 통해 달성한 수익력을 바탕으로 현재는 해외 경쟁사들보다도 우수한 투자여력을 확보했다. 오춘식 부사장은 "그 동안 뒤처져왔던 12인치 투자를 적극 추진할 수 있게 됐다. 명실공히 안정적인 미래 성장성을 확보하게 된 상황"이라고 종종 얘기했다.

사실 하이닉스가 세계 3위의 낸드플래시 회사로 도약할 것이라고는 그 누구도 예상치 못했다. 여기에는 오춘식 부사장의 역할이 컸다. 그는 2002년에 ST마이크로와 차세대 반도체 제품인 낸드플래시 공동개발 프로젝트를 주도적으로 추진해 하이닉스의 부활을 이끌어냈다.

당시 하이닉스는 노어플래시를 개발·생산하고 있었으나 인텔, AMD·후지쯔, ST마이크로에 밀려서 고전을 면치 못하고 있었다. 반면 낸드플래시는 DRAM 기술을 기반으로 당시 신규 사업으로 주목받고 있었다.

오춘식 부사장은 기존의 제품을 고수할 것인지, 새로운 제품 개발에 뛰어들 것인지에 대해 고민했다. 그리고 새로운 시대에 성공하기 위해서는 새로운 제품이 필요하다는 결론을 내렸다.

당시 기술과 규모 면에서 하이닉스와 상호 윈-윈 효과를 이끌어 낼 수 있는 업체를 살펴봤다. 그 결과 ST마이크로가 적임파트너로 떠올랐다. ST마이크로 측도 하이닉스가 가지고 있는 DRAM 기반의 기술경쟁력을 긍정적으로 평가해 파트너십이 이뤄졌다.

이후 오춘식 부사장은 플래시 사업본부장을 맡으며 청주사업장을 중심으로 낸드플래시 생산공장을 가동했다. 하이닉스는 2003년 120nm, 2004년 90nm, 2005년 70nm, 그리고 2006년 60nm 제품에 이르기까지 차례로 나노급 반도체를 개발했다. 이를 통해 낸드플래시 시장 3위, 세계 메모리업체 2위로 떠올랐다.

그러나 그는 여기서 멈추지 않았다. 지난 2003년 중국 우시정부와 합의한 반도체 공장건설 프로젝트는 하이닉스의 중장기 생존능력을 확보한 획기적인 성과다.

상계관세로 가로막혀 있던 미국과 유럽 수출시장의 물량을 미국 유진 공장에만 의존하기에는 벅찬 것이 사실이었다. 그를 비롯한 경영진은 하이닉스가 시장점유율 1위를 달성하고 있는 중국대륙에 눈을 돌렸다.

중국 공장 건설과정은 세계가 놀랄 만큼 빠른 속도로 진행됐다. 오춘식 부사장과 하이닉스 경영진은 반도체라인 건설기간을 업계 평균의 3분의 1로 축소시켰다. 그러면서도 첫 시험생산부터 90% 이상의 완제품이 나오는 등 높은 생산능력을 보였다. 또한 지난 10월에는 하이닉스-ST반도체 유한공사의 준공식을 가짐으로써 하이닉스는 상계관세 장벽을 극복할 수 있는 새로운 기반을 확보하게 됐다.

이제 오춘식 부사장은 DRAM과 낸드플래시 성공에 이은 새로운 사업분야 개척에 눈을 돌리고 있다. 유력한 신규 사업분야로 지속적으로 성장하고 있는 모바일 사업분야를 획득하기 위해 그는 자신이 거느리고 있던 기존의 플래시 사업본부를 모바일&플래시 사업본부로 확대 개편해 새로운 도약을 위한 준비를 완료했다.

신규사업개척에 상당한 시간이 걸리는 모바일 사업 특성을 감안하더라도 2007년 초부터는 상당한 성과를 거둘 것으로 예상되고 있다. 그는 모바일 사업을 규모 있는 사업으로 성장시키는 것과 동시에 하이닉스를 종합적인 메모리 솔루션을 제공하는 반도체 회사로 거듭날 수 있도록 개발과 생산 부문에서 진두지휘하고 있다.

하이닉스는 조만간 60nm급의 DRAM 제품인 'Tiva' 기술개발이 완료되고 45nm 낸드플래시 개발을 완료할 예정이다. 그가 그토록 바라던 '세계에서 가장 기술력이 높은 회사, 세계에서 가장 다니고 싶은 회사'로 한 단계 도약하기 위한 발판을 마련하는 셈이다.

오춘식 부사장을 한마디로 표현하면 '결단력을 지닌 지휘자'다. 특히 복잡한 문제가 얽혀 있는 상황에서도 놀라운 판단력과 집중력으로 문제의 원인과 방향을 핵심적으로 짚어내는 것으로 유명하다. 그동안 현저히 취약한 자금력과 기술 인력에도 불구하고 하이닉스가 이루어낸 주요 프로젝트 성과는 그의 '선택'과 '집중'으로 이룬 것들이 많은 것으로 알려져 있다.

이러한 특징을 발판으로 오춘식 부사장은 '블루칩 기술개발', '낸드플래시 개발', '공조체제 확립' 등 회사 주요사안들을 성공적으로 이끌어냈다.

윤종용

삼성전자 대표이사 부회장

△1944년 출생 △1966년 서울대 전자공학과 △1977년 삼성전자공업 도쿄지점장 △1984년 삼성전자 상무 △1988년 삼성전자 전자부문 부사장 △1992년 삼성전자 가전부문 대표이사 사장 △1992년 12월 삼성전기 대표이사 사장 △1994년 1월 삼성전관 대표이사 사장 △2000년 삼성전자 대표이사 부회장

〈주요 업적〉 삼성전자를 반도체, 휴대폰, LCD 등 삼각축으로 알찬 사업구조 재편

초일류기업 이끈 위기경영의 전도사

윤종용 삼성전자 대표이사 부회장은 '위기경영의 전도사'로 통한다. 자칫 무시무시한 이미지를 줄 수도 있지만 삼성전자가 지금과 같은 초일류기업으로 성장한 데에는 윤종용 부회장의 '위기의식'을 중심으로 한 경영철학이 든든한 밑바탕이 되었기 때문이다.

"나는 혼란제조기(Chaos-maker)이다. 나는 위기의식을 새로운 도약을 위한 동력으로 삼고자 노력했고 어느 날 우리가 파산할 수 있다는 위기의식을 늘 지니고 일했다"고 그는 회고한다.

윤종용 부회장은 평소 "지금 잘 되는 사업도 5년, 10년 후에는 없어질 수 있기 때문에 새로운 성장엔진을 지속적으로 발굴·육성해야만 한다"고 강조한다.

주변에서는 삼성전자를 두고 반도체, 휴대폰, LCD를 삼각 축으로 알찬 사업구조를 구축했다고 자부한다. 하지만 윤종용 부회장은 초일류로 도약하기 위해서는 고부가 사업을 중심으로 미래형 사업포트폴리오 재편이 불가피하다는 지론을 펼친다.

이를 위해 중장기적으로 제품, 기술, 마케팅, 글로벌 운영, 프로세스, 조직문화 등 6대 분야에 대한 지속적인 혁신을 추진하고 있다. 직원들에게도 "초일류기업으로 도약하기 위해 기존과는 다른 사고방식이 요구되고 무엇보다 초일류인자(因子)의 체질화가 필요하다"고 말한다. 그가 제시하는 초일류인자는 꿈과 비전, 목표의 공유, 통찰력과 분별력, 위기감, 창의적이고 도전적인 자세, 스피드와 속도, 신뢰와 믿음 등이다.

윤종용 부회장은 1966년 삼성그룹 공채로 입사한 뒤 주로 삼성전자 가전분야에서 청춘을 보냈다.

국내 제조업체 사상 첫 200억 달러 수출을 달성했고 반도체, 정보통신, 디지털 가전의 황금분할 체제를 구축했으며, 인텔 등 세계 유수 IT 기업들과의 전략적 제휴를 주도했다. 1990년대 초 김광호 부회장 등 반도체 전문가들에게 밀려 삼성전관 사장, 일본 본사 사장 등으로 떠돌았으나 1996년 삼성전자 사장으로 권토중래(捲土重來)했다.

윤종용 부회장은 이전에 몸담았던 회사 CEO 경력까지 포함하면 16년째 최고경영자로 활동하고 있다. 그는 1996년 삼성전자 총괄 사장으로 자리를 옮긴 뒤 2000년 부회장에 취임하면서 삼성전자에서만 10년째 CEO로 활동하고 있다.

1990년 삼성전자 가전부문 대표를 맡았던 윤종용 부회장은 1992년과 1993년에는 각각 삼성전기와 삼성전관 대표를 역임한 바 있다. 그가 1996년 삼성전자 총괄 사장에 임명됐을 때 구조조정이 발등에 떨어진 삼성전자에 가장 적합한 리더는 아니었다는 평가를 받았었다. 서열

에 따라 승진한 삼성의 고참인물, 현 상황을 지속시키려는 인물로 예상
되기도 했다.

그러나 일반인들의 예상과 달리 윤종용 부회장은 매서운 개혁의 기
치를 들어 인력의 1/3을 감축하고 손실을 기록하는 사업부문을 매각했
으며 비용 절감과 함께 경직된 경영구조를 쇄신했다.

윤종용 부회장은 일반적인 한국기업 리더들과는 달리 조직원들의
의견에 귀를 기울이는 경영 스타일로 존경받아왔다. 그는 섣불리 삼성
전자의 성공에 대해 자랑하거나 삼성전자의 거창한 미래에 대해 전망
하지도 않는다.

언론들은 삼성전자가 소니를 위협하거나 추월할 것이라고 보도하지
만 윤종용 부회장은 세계 시장을 장악하겠다는 욕심에 사로잡히지 않
는다. 그는 2003년 3월 〈파이낸셜타임스〉와의 인터뷰에서 "소니를 이
긴다는 게 무슨 의미가 있습니까. 설사 한 해 동안 자사의 판매나 이익
에서 경쟁사를 제쳤다고 하더라도 그것이 경쟁사를 완전히 제압했다
는 것은 아닙니다. 장기 이익 성장세를 유지하느냐가 가장 중요합니
다"라고 밝힌 바 있다.

윤종용 부회장은 1966년 입사한 이후 대부분을 전자사업에 몸담으
며 고(故) 이병철 선대 회장이 의욕적으로 추진한 사업을 기획·조사
하는 일을 맡았다.

1981년부터는 VCR 업무를 총괄하면서 삼성전자의 VCR을 세계 정
상으로 일궈내기도 했다. 윤종용 부회장은 "내가 담당했던 어느 업무

하나 애착이 가지 않는 것이 없지만 그중 특히 기억에 남는 것은 5년 가까이 VCR 사업을 맡아 성공적으로 이끈 것"이라고 말한다.

삼성전자가 세계에서 네 번째로 VCR 개발에 성공한 것은 1979년 9월이었다. 당시 VCR은 가정용 전자제품으로는 최첨단 기술력의 결정체였다. 그래서 TV나 냉장고 등의 기술을 이전하던 선진업체들이 VCR 기술만은 한사코 이전하지 않으려 했다. 그래서 삼성전자는 수많은 시행착오 끝에 독자기술로 개발해냈으니 그야말로 무에서 유를 창조한 것이었다.

생산이 본격화되면서 1981년에 영상사업부에 속해 있던 VCR, 생산 업무를 따로 떼어내어 하나의 사업부로 만들었는데 윤종용 부회장이 첫 사업부장을 맡았다. 워낙 기술이 없고 어려운 사업이어서 많은 시행착오를 겪었다. 더구나 반도체, PC와 함께 VCR에 이병철 선대 회장이 많은 관심을 가지고 있었던 터라 많은 스트레스를 받았다고 한다. VCR이 문제를 일으킬 때마다 이병철 선대 회장에게 불려가 혼이 나기도 했다고. 이렇게 VCR 때문에 얼마나 스트레스를 많이 받았던지 원형 탈모증에 걸리기도 했다고 한다.

당시 국내 VCR 시장이 미성숙 상태라 수출로 활로를 개척해야 했는데, 이를 위해서는 VHS 마크 획득이 선결조건이었다. JVC 표준 인증을 받기 위해 두꺼운 외투를 껴입고 영하 20도가 넘는 조건에서 실험하는 직원들과 밤을 지새우기도 했다.

막대한 로열티 부담을 줄이기 위해 원가절감이 급선무였다. 이를 위해 해외 경쟁사의 정보가 필요했다. 일본에 출장을 가면 경쟁사의 담당자를 만나 저녁식사를 하는 자리에서 이것 저것 캐묻고는 밤중에 국제전화로 국내 직원들에게 그 내용을 불러주기도 했다.

윤종용 부회장은 아울러 VCR이 품질관리에도 큰 기여를 했다고 자부한다. 지금은 흔한 라인스톱제가 VCR 사업을 통해 정착된 것이 그 이유이다. 사업 초창기 VCR의 품질 때문에 삼성전자, 나아가 삼성그룹의 이미지에 먹칠을 한다고 해서 당시 부회장이던 이건희 회장이 직접 품질회의를 주재하기도 했다.

1982년의 일이었다. 회의석상에서 당시 이건희 부회장이 VCR의 문제점을 일일이 지적하면서 "지금 당장 VCR 생산을 중단하고 품질이 안정된 후 생산을 재개하라"는 지시를 내렸다. 질책을 받고 회의장 밖으로 나왔지만 라인을 스톱시키라는 지시를 하기가 쉽지 않았다.

'일본도 아직 품질이 안정되지 않은 상태이고, 무엇보다 생산을 계속 해봐야 문제점이 나타나는데…' 하는 생각이 들었던 것이다.

이건희 부회장의 명이니 따르지 않을 수도 없고, 그렇다고 아무 대책 없이 라인을 스톱시키기도 그렇고…. 회의실 밖에서 30분을 서성거리다가 결심을 굳히고 생산부장에게 전화를 걸어 라인을 스톱하도록 지시했다.

그렇게 해서 3개월 동안 문제점을 처음부터 하나하나 개선해 품질이 안정된 후에 생산을 재개했다. 이런 철저한 품질관리 개념을 도입함으로써 VCR 사업은 초창기의 어려움을 딛고 세계적으로 도약할 수 있었던 것이다.

이구택

포스코 회장

△1947년 출생 △1969년 서울대 금속공학과 △1969년 포항종합제철 입사 △1990년 포항종합제철 상무 △1994년 포항종합제철 포항제철소 소장 △1996년 포항종합제철 부사장 △1997년 창원특수강 대표 △1998년 포항종합제철 대표 △2002년 포스코 대표 △2003년 포스코 회장 △2005년 국제철강협회(IISI) 부회장

〈주요 업적〉세계 최초 원가 절감 제철공법인 파이넥스 완성

철강산업 제2도약시킨
영원한 포스코 맨

최근 언론이나 경제단체 등에서 연이어 한국을 이끌 인물, 존경받는 CEO 등으로 평가받고 있는 이구택 회장.

2005년 사상 최고의 경영성과를 실현했지만 여기에 안주하지 않고 유례 없는 불황의 도래를 예견하면서 임직원들의 적극적인 불황대비 노력을 주문하고 있다. 이구택 회장은 "2006년 우리가 일찍이 겪어보지 못한 엄청난 어려움에 직면하게 될 것이며 농부가 풍년보다 흉년에 더 많은 것을 배우듯이 이 어려운 시기를 백년기업, 영속기업으로 우뚝 서기 위한 값진 단련의 과정으로 받아들이고 적극적으로 도전하자"고 강조했다.

이에 따라 포스코는 어떠한 상황에서도 살아남을 수 있는 글로벌 경쟁력을 확보하기 위해 포스코 고유의 기술로 미래 시장을 선도할 차별화된 전략제품을 만들 수 있는 기술 리더십을 확보하고, 원가경쟁력 강화를 위해 원료를 값싸게 안정적으로 확보하는 한편, 회사 모든 부문에서 원가구조를 개선해 낭비요소를 없애는 데 주력하고 있다.

2005년 매출액 21조 6,950억 원, 영업이익 5조 9,119억 원 등 사상최고의 경영성과를 올렸지만 이구택 회장의 표정은 비장해 보였다.

이구택 회장은 "예상보다는 철강경기가 나쁘지 않았고 연말로 가면 더 나아질 가능성도 보이지만 여전히 어려운 형편"이라며 "그러나 향후 1~2년간 어려운 고비를 슬기롭게 극복한다면 더 큰 기회를 획득할 수 있다"며 자신감을 나타냈다.

2005년 포스코는 국내 기업 최초로 뉴욕증시와 런던증시에 이어 동경증시에도 주식을 상장했다. 명실상부 세계 3대 증시에서 24시간 동시 거래되는 글로벌 주식으로 자리매김한 것이다.

또한 인도 오리사주에 1,200만 톤 규모의 일관제철소 건설을 위한 현지법인을 설립하고, 1단계로 2010년까지 연산 400만 톤 규모의 제철소 추진계획을 확정했다. 이는 세계 철강사에 한 획을 긋는 포스코의 새로운 도전으로 철강의 주원료인 철광석의 안정적, 경제적 조달을 통한 경쟁력 강화는 물론 신흥 성장시장에서의 생산기반과 시장 확보를 가능케 할 것으로 기대된다.

이구택 회장은 "인도의 일관제철소 건설은 세계 철강 역사상 전례가 없는 대형 투자 프로젝트"라면서 "창업세대들의 열정과 도전 정신을 되살려 인도 벵골만에서도 영일만과 광양만을 신화를 반드시 이룩하겠다"며 힘주어 말했다.

포스코가 인도제철소 건설을 완공하면 세계 전체에서 약 5,000만 톤 이상의 조강생산 능력을 갖추게 돼 규모 면에도 세계 정상급의 철강사로 거듭나게 된다.

규모뿐만 아니라 내실 면에서도 포스코를 최정상의 글로벌 철강기업으로 자리매김하기 위한 방안은 바로 기술 리더십을 확보하는 것이다. 포스코는 100여 년간 가장 경제성 있는 철강생산 공법으로 평가받아 온 용광로공법을 대체하는 '파이넥스공법'의 상용화 설비 준공을 목전에 두고 있다.

파이넥스공법은 이구택 회장의 역작으로 용광로공법에 비해 철광석과 유연탄의 사전 가공과정이 필요 없어 설비투자비를 절감할 수 있고 이 공정에서 발생하는 오염물질을 최소화할 수 있다. 특히 아직 지구상에 매장량이 많아 값이 저렴한 가루형태의 철광석을 바로 사용할 수 있어 경제적이다. 일본, 호주, 유럽 등 선진국에서도 이와 같은 공법 개발에 심혈을 기울이고 있으나 포스코가 상업화에 가장 근접해 있다는 평가다. 포스코는 인도제철소에도 이 공법을 적용할 계획이다.

이로써 포스코는 지난 30여 년간 해외 선진국으로부터 비싼 대가를 지불하고 제철기술을 도입하던 상황에서 벗어나 가장 환경친화적이고 경제적인 제철기술을 보유한 회사로서 당당하게 세계 철강 기술사를 선도하는 위치에 서게 된 것이다.

이구택 회장은 "파이넥스공법은 인류의 미래를 위한 지구환경 보호에도 아주 적합한 공법"이며 "이 공법이 성공하면 이제까지 우리가 기술부문에서 철강선진국으로부터 도움을 받는 입장에서 벗어나 비로소 세계 철강산업에도 실질적인 공헌을 할 수 있게 되는 것"이라고 말했다.

포스코는 이와 함께 쇳물에서 바로 얇은 강판을 생산하는 혁신 기술인 스트립 캐스팅 공법도 상용화하기 위해 2006년 6월 데모 플랜트를 준공할 계획이다.

중국 철강산업의 급성장에 따라 2005년 하반기부터 국내 철강업계가 엄청난 어려움을 겪어 왔는데 이에 대해 이구택 회장은 "국내 철강산업의 경쟁전략을 양이 아니라 질 중심으로 전환하고, 업체 간 혹은 관련업계와 상호협력을 통해 시장기반을 강화해야 한다"고 피력했다. 우리와 같이 중국과 인접해 있는 일본 철강사들이 상대적으로 중국 철강재에 대해 별로 걱정을 하지 않는 이유가 일본은 철강 수요산업이 고도화돼 있어 중국과 차별화할 수 있었다는 것이다.

이에 따라 포스코도 당초 계획을 앞당겨 2008년까지 전략제품 생산량을 전체 80% 이상인 2,400만 톤까지 늘리기 위해 투자, 연구, 생산, 마케팅 등 회사의 전 부문에서 총력을 기울이고 있다.

이와 함께 2006년의 어려운 경영여건을 감안해 연초부터 추진해온 극한적인 원가절감 노력도 가시적인 성과를 거두고 있다. 당초 8,900억 원의 원가를 절감한다는 목표를 설정했으나 7월 말 기준으로 절감 금액이 6,000억 원을 넘어서 연말까지는 1조 원까지 원가 절감이 가능할 것으로 기대된다.

이구택 회장은 "투자부분에서도 외부 엔지니어링 회사에만 의존하지 말고 자체적으로 설비 공사를 주도하는 등 과감히 리스크에 도전한다면 원가를 상당부분 절감할 수 있을 것"이라고 강조했다.

이구택 회장은 평소 회사 이윤과 기업윤리가 상충될 때는 주저 없이 기업윤리를 선택하라고 강조한다. 그는 "포스코가 부패해졌다는 이야기가 나오면 아무리 실적이 좋아도 용납이 되지 않는다"며 "윤리경영은 거창한 게 아니라 작은 것을 지속적으로 실천하는 것"이라고 강조하고 있다.

그는 첫 사내윤리위원회에서 "한 계열사 임원과 얘기하던 중 업종 특성상 기존 영업 관행을 어쩔 수 없이 유지할 수밖에 없다는 얘기를 듣고 단단히 화를 낸 적이 있다"며 "공명정대하게 영업하라는 것인데 기존 관행을 고집하려면 사업을 접으라고 말하기도 했다"고 일화를 소개했다.

포스코의 윤리경영은 대외적으로도 정평이나 2005년 한국 기업윤리학회로부터 기업윤리대상을 받기도 했다. 선진 지배구조도 포스코의 자랑이다.

포스코는 지난 1997년 국내 대기업으로서는 선도적으로 사외이사 제도를 도입한 이래 지속적으로 이사회 중심 경영과 독립성 강화를 위해 사외이사 비중을 늘려 현재 이사회 구성원 15명 중 9명이 사외이사로 구성돼 있다. 사외이사 선임의 투명성과 공정성 확보를 위해 각계 전문가로 사외이사후보추천자문단도 운영하고 있다. 또한 2006년 주주총회에서는 CEO와 이사회 의장직을 분리시켜 사외이사를 이사회 의장으로 선임했다.

이구택 회장은 "일전에 일본의 철강 전문가 한 사람이 굳이 지배구조를 이렇게 엄격히 가져갈 필요가 있는지를 물어온 적이 있는데 국내는 물론 일본에서도 드문 경영체제지만 우리는 이런 모델을 성공시켜 국내기업의 모범이 돼야 한다고 설명했다"며 "기업의 투명성 확보가 기업가치 상승에도 긍정적인 영향을 미칠 것"이라고 강조했다.

이구택 회장은 "세계 최고기업이 되기 위해서는 기업문화가 최고가 되어야 한다. 그래서 최고의 기업문화로 바꾸기 위해 6시그마를 도입하게 됐다"고 밝혔다. 그리고 "세계 어디서나 통하고 경쟁자보다 우월한 포스코 고유의 일하는 방식을 만들어 매일 개선하고 실천하는 기업문화를 일궈내야 한다. 한 번 추진한 혁신 활동은 적어도 10년 정도는 지속적으로 추진해 봐야 성과를 알 수 있다"며 지속적이고 한결 같은 혁신활동의 중요성을 강조하기도 했다.

1969년 공채 1기로 포스코에 입사한 이래 일찌감치 역대 CEO들로부터 장래 CEO감으로 인정받아왔다는 이구택 회장. 그 어느 때보다 큰 어려움이 예상되고 있는 요즘, 글로벌 철강 리더로서 이구택 회장에게 거는 기대가 크다.

이기태

삼성전자 정보통신총괄 사장

△1948년 출생 △1971년 인하대 전기공학과 졸업 △1983년 삼성전자 음향품질관리실 실장 △1994년 삼성전자 무선부문 이사 △2001년 삼성전자 정보통신총괄 대표이사 사장 △2005년 한국정보통신산업협회 회장
〈주요 업적〉 애니콜 신화창조 주도

애니콜신화 주역

삼성전자의 휴대전화 '애니콜' 은 혁신적인 디자인과 앞서가는 기능으로 미국, 유럽, 중국 등 세계 각지에서 엄청난 인기를 끌고 있다. 이기태 삼성전자 정보통신총괄 사장은 애니콜 신화를 일으킨 주역으로 지난 2001년부터 삼성전자 정보통신총괄 사장을 맡고 있다.

이기태 사장은 1971년 인하대 전기공학과를 졸업하고 1973년 삼성전자에 입사했다. 그는 음향기기 엔지니어로 사회생활을 시작했다. 2000년부터 삼성전자 정보통신총괄 대표이사 부사장, 2001년부터는 정보통신총괄 사장을 맡고 있다. 38년 동안 삼성전자에 몸담아 온 전형적인 '삼성맨' 으로 평사원에서 최고경영자의 자리에까지 오른 전설적인 인물이다.

이기태 사장의 성공비결은 뭘까. 이에 대해 그는 '최선을 다 한다' 는 것이라고 말한다. 그러나 단순히 노력만 한다는 것은 아니다. 이기태 사장은 '남과 다른 시각으로 문제를 바라보고 미래에 대한 고민을 하는 것'이 최선을 다하는 것이라고 설명한다. 그는 평소에도 주위 사람들에게 "늘 지금의 모습이 최선일까 의문을 던진다. 문제가 있다면 고쳐야 한다. 미래에 대해서도 자주 생각한다"고 종종 말한다.

이런 그에 관한 유명한 일화가 있다.

지난 1994년 무선사업부 이사로 근무하던 그는 전국에서 수거한 불량품이 들어오자 이를 모아 모조리 불태웠다. 불량품에서 사용이 가능한 부품들이 있을 만도 하지만 모조리 태워버렸다. 휴대전화의 품질을 시험하기 위해 세탁기에 넣고 돌린 후 다시 꺼내 통화를 시도한 것도 업계에서는 이미 잘 알려진 얘기다.

이러한 그의 노력은 곧바로 매출로 이어졌다. 애니콜 판매량은 1995년 100만 대에서 10년이 지난 현재 1억 대에 달한다.

이기태 사장은 한 대학에서 강의를 할 때 'I am not Samsung'이라는 표현을 썼다고 한다. 삼성전자에서 30여 년 넘게 몸담고 있는 그가 이런 말을 했다니 이해가 되지 않는다. 그러나 이기태 사장의 해설이 명쾌하다.

"제품 성공의 핵심은 품질에 있다. 부품도 세계 최고의 것을 써야 한다. 부품공급업체 중 삼성의 명함을 달고 있는 곳도 있고 그렇지 않은 곳도 있다. 설령 삼성 식구라고 해도 품질이 좋지 않으면 부품을 사용하지 않는다. 때문에 일할 때만큼은 삼성이라는 테두리에서 벗어나 객관적이고 공정한 절차를 거친다는 것이다."

이기태 사장의 신입사원 시절은 어땠을까. 그는 당시에는 장사 밑천만 마련되면 회사를 때려치울 생각이었다고 한다. 개인사업을 해볼 욕심에서였다. 그런데 입사한 후 노력하는 직원에 대한 회사의 보상과 처우가 좋아 남게 된 것이 지금에 이르렀다고 한다.

그는 1년에 4~5개월은 거의 외국에서 보낸다. 삼성전자 정보통신 제품이 국경을 넘어선 지 이미 오래다. 외국에서도 삼성전자 브랜드를 단 휴대전화는 최고급 제품으로 취급받는다. 특히 젊은 층 사이에서 더욱 인기가 높다. 디자인과 품질로 무장한 탓이다. 그의 노력이 깃든 무선통신 제품은 이제 삼성전자의 주요사업군으로 자리 잡았다.

이기태 사장은 "상품 진열대에서 어떤 제품이 소비자의 마음을 사로잡는 데 걸리는 시간은 0.6초"라고 말한다. 그가 디자인이라는 요소를 얼마나 중요하게 생각하는지를 잘 알려주는 사례다. 물론 좋은 디자인만 갖고서는 성공할 수 없다. 일단 소비자 눈길을 잡았다면 다음부터는 고가의 비용을 지불하고 제품을 구입할 수 있도록 품질과 기능이 뛰어나야 한다.

이기태 사장은 앞으로도 '품질'과 '디자인'만큼은 세계 어느 업체도 따라오지 못하게 한다는 의지를 갖고 있다.

한국능률협회 선정 '생산혁신세계대회 최고경영자상(2001년)', 〈비즈니스 위크〉 선정 '아시아의 별(2002년)', 〈뉴스위크〉 선정 '무선통신선구자(2004년)', IEEE(세계전기전자기술자협회) 선정 '최고 산업리더상(2005년)' 등…

이기태 사장은 이제 삼성전자뿐 아니라 세계 무선통신업계의 보배와 같은 존재로 자리 잡았다. 삼성전자 사장 외에도 별, 선구자 등 그를 수식하는 말은 헤아리기 어려울 정도다. 그는 세계 무선통신분야 발전을 선도하는 인물로 완전하게 자리매김했다.

이기태 사장은 최근 들어서야 20평형 집에서 40평형대 아파트로 이사했다. 이에 대해 "좁은 데서 지내다 넓은 집으로 이사하니 편하다"고 주위에 얘기하곤 한다고. 한국이 자랑하는 초일류 기업 수장치고는 다소 의외의 모습이다. 그러나 그를 잘 아는 사람이라면 "아, 그럴 수 있다"라고 말한다. 검소하고 소탈한 그를 잘 알 수 있는 대목이다.

기자 간담회를 할 때도 그렇다. "언제 시간나면 자장면에 소주나 한 잔 하자"고 얘기하곤 한다.

이기태 사장은 화려한 모습이기를 거부한다. 그의 지위나 경력이 화려하기 이를 데 없지만 그는 결코 남 앞에서 화려해 보이려고 노력하지 않는다. 그러나 그는 의지 하나만큼은 대단하다. 삼성그룹 내에서도 '불굴의 의지' 는 타의추종을 불허한다.

이기태 사장은 30여 년 동안 하루에 3갑에 이르는 담배를 피웠다. 그러던 어느 날부터 갑자기 담배를 일체 손에 대지 않았다. 이건희 회장의 조언이 큰 몫을 했다고 한다. "담배는 끊어볼 만한 가치가 있다"는 한 마디가 그의 마음을 움직였다. 며칠 동안 곰곰이 생각하던 그는 어느 날 담배갑을 벽에다 던져 버리고는 그 후로 담배를 손에 대지도 않았다.

이기태 사장은 독실한 기독교 신자다. 기독교적 가치관을 자신의 인생 모토로 삼고 산다. 이론에 그치는 것이 아니다. 실천에도 적극적이다. 그래서 불우한 이웃들을 위해 매년 큰 돈을 쓴다. 워낙 드러내길 꺼려하는 성격 탓에 잘 알려지지는 않았지만 이미 알 사람은 다 안다고 한다.

이기태 사장은 또한 애처가로도 유명하다. 그는 아내 고복숙 씨와 동행할 때에는 늘 손을 꼭 잡는다. 해외출장을 가서도 하루에 몇 번씩은 전화를 걸어 이런 저런 얘기를 한다.

그는 앞으로 10년 후를 늘 고민한다. 현재가 아닌 다음 세상에 대한 고민이다. 현재 애니콜이 세계 일류 제품이라고 해도 언제 순위가 뒤집어질지 모른다. 10년 후 세계 무선통신업계 트렌드는 어떤 것이 될까 하고 늘 생각한다. 즉, '차세대 먹거리'에 대한 성찰이다.

이러한 이유로 그는 기술과 사람이 가장 중요한 자산이라고 여긴다. 기업경쟁력을 확보하기 위한 가장 중요한 밑거름들이다. 우수한 인재와 뛰어난 기술이 없다면 아무리 기업의 제품이 가치가 높고 규모가 크더라도 결국 쇠퇴의 길을 걸을 수밖에 없다. 때문에 이기태 사장은 평소에도 인재양성에 목소리를 높인다.

삼성전자의 기술에 대한 투자는 업계에선 이미 유명하다. 정보통신부문의 매출 10% 가량이 연구개발, 기술투자에 맞춰져 있다. 이기태 사장은 "매년 기술에 대한 투자액은 늘어날 것"이라고 말한다.

그는 이 같은 트렌드가 중소기업에도 똑같이 적용된다고 말한다. 아무리 규모가 작은 기업이라도 뛰어난 기술과 인재가 있다면 반드시 성공할 수 있다. 이를 위해서 인재들이 만족을 느끼고 개인과 조직을 위해 최선을 다해 일할 수 있도록 처우와 환경에도 신경을 써야 한다.

그는 "1등은 곧바로 생존과 직결되는 문제"라고 입버릇처럼 말한다.

과거에는 2등과 3등이 함께 살 수 있었지만 더 이상은 아니라는 것이다. 1등이 되고 1등을 유지하는 데 밑거름이 바로 인력과 기술이라는 것이 그의 생각이다.

이기태 사장은 지난 2006년 8월 미국 본토의 차세대 기간통신시스템 구축을 위해 순수 국산기술인 와이브로를 공급하기로 하는 데 성공했다. 또 아직은 개념조차 명확치 않은 4G(4세대) 통신기술 표준화 작업과 연구개발도 의욕적으로 추진하고 있다.

"지식과 기술정보를 활용해 남들이 못하는 새로운 것을 만들어 내는 창조경영을 통해 다음 세대에서는 대한민국과 삼성전자의 기술이 세계 통신시장을 이끌어가는 위치에 서게 하겠다."

이달우

한국코트렐 회장

△1930년 출생 △1957년 서울대 대학원 전기공학 석사 △1961년 아시아벡텔, 마산화력발전소 전기집진기건설사무소장 △1963년 대아산업건설 대표 △1973년 한국코트렐 대표 △1990년 한국환경오염방지시설협회 회장 △2000년 한국코트렐 회장

〈주요 업적〉 국내 최초 전기집진기 완성, 수출 등 국내 환경산업 업그레이드

1960년대 환경사업 뛰어든 환경 선구자

'환경산업의 선구자', '한국 환경산업의 산증인'.

주위에서는 이달우 한국코트렐 회장을 이렇게 부른다. 이달우 회장은 1963년 불모지나 다름없는 환경 분야에 뛰어들어 우리나라의 환경 산업을 세계적인 수준으로 성장시킨 주인공으로 인정받고 있다.

이달우 한국코트렐 회장은 충청북도 진천 출신으로 청주고와 서울 대 전기공학과를 졸업하고 조선전업(현재 한국전력)에 입사했다. 조선 전업에서 마산화력발전소 전기집진기건설사무소장을 지낸 후, 대아산 업건설을 설립해 사업 전선에 뛰어들었다. 그리고 한국코트렐 대표, 한국환경오염방지시설협회 회장, 서울대공대동창회 회장, 한국전기집 진학회 회장 등을 역임했다.

이달우 회장이 평생의 열정을 쏟아 부은 분야는 환경산업 가운데서 도 '전기집진기' 분야이다. 전기집진기는 발전소나 시멘트 공장의 굴 뚝에서 나오는 시커먼 연기를 무공해로 바꾸는 장치로 전기와 기계, 물리, 화학 등의 기술이 총동원되는 것이 특징이다.

전기집진기는 전기를 이용해 공장에서 발생하는 먼지를 모으는 장비이다. 기존 세정식이나 여과식에 비해 집진 효율이 높은 반면 설치 대상 공장에서 나오는 가스의 종류와 농도에 따라 특성을 달리해야 하는 적용기술 개발이 요구된다.

화력발전소의 경우 석탄 대신 벙커C유를 원료로 쓰는데 분진이 너무 작아 집진기에 잘 달라붙지 않는다. 이때에는 암모니아를 집진기에 뿌려 분진의 크기를 일정 수준으로 늘리는 암모니아 주입장치를 집진기에 장착한다.

이달우 회장은 "전기집진설비는 설치 공장에 따라 사양을 달리해야 하기 때문에 기술축적이 필수적"이라며 "이를 위해 지난 1992년 연구소를 설치, 매년 매출액의 4%를 기술개발에 쏟고 있다"고 밝혔다.

군산과 부산, 울산, 여수 발전소 등 국내 대부분의 화력발전소에는 한국코트렐이 만든 전기집진기가 설치돼 있다. 국내시장 점유율은 80% 이상으로 삼성과 현대 등 내로라하는 대기업들도 모두 제쳤다. 보령화력 1~6호기, 울산화력 4~6호기 등 국내 웬만한 화력발전소와 각종 시멘트 공장의 집진 설비를 거의 다 한국코트렐에서 공급했다고 해도 과언이 아니다.

1992년에는 대만 전력공사에서 발주한 신타ㆍ다진 발전소의 3,000만 달러짜리 플랜드를 따내 처음으로 수출을 시작했다. 당시 미국과 독일, 일본 업체들과 경쟁해 승리한 것으로 이를 계기로 한국 환경산업의 위상을 전 세계에 알리게 되었다.

이달우 회장은 1963년 마산화력발전소의 전기집진설비를 수주·공급한 미국의 리서치코트렐(Research Cottrell)의 현장 소장을 맡은 것을 계기로 평생 환경 산업에 종사하게 됐다. 마산화력발전소에서 나오는 공해 때문에 시민들이 겪는 불편을 보고 환경산업의 중요성을 예견한 것이다.

1963년 조선전업(한국전력의 전신)에서 10년간의 봉급쟁이 생활을 청산하고 직원 2명의 대아전기를 세웠다. 그리고 1973년 지금의 한국코트렐 대표로 취임했다. 이달우 회장은 1968년 군산화력발전소에 우리나라 최초의 군산 전기집진기를 완성시킨 주인공으로 1973년 한국코트렐을 설립해 한국의 환경산업 수준을 한 단계 업그레이드시켰다는 평가를 받고 있다.

이달우 회장의 가장 큰 고비는 1970~1980년대 초. 경제개발 구호에 환경산업이 뒷전으로 몰려 사채까지 끌어다 써야했지만 환경에 대한 확신을 갖고 사업을 확장해나갔다. 결국 한전에서 발주한 보령발전소의 공개 입찰에서 1,000만 달러 사업을 따내면서 사채 전액을 갚고 비상의 날개를 펴기 시작했다.

일본의 최대 철강업체인 신일본제철이 건설한 민자발전소의 집진설비도 한국코트렐이 설계·시공했다. 집진설비 분야에서 한국업체가 일본 기업으로부터 턴키방식으로 수주를 하고 발전소에 설비를 납품한 첫 번째 사례다.

한국코트렐이 국내외에서 기술경쟁력을 갖게 된 데에는 이달우 회장의 독특한 경영철학이 한 몫을 했다.

거시적 안목에서 기술력을 축적하고 재투자하고 또 직원 개개인이 전문가가 될 수 있도록 기업환경을 꾸려왔다는 평가다.

한 사람의 전문기술인으로 그리고 환경오염방지시설 전문업체로 우리나라 환경 산업의 선두주자역을 해온 이달우 회장은 '고도로 전문화되면 중소기업이라도 경쟁력을 갖게된다' 는 남다른 기업경영이념과 철학을 가지고 환경산업을 이끌어왔다.

이달우 회장은 1990년 '한국오염방지시설협회' 라는 환경부 산하 사단법인체이면서 국내 환경설비 분야의 대표적인 단체도 만들었다. 1995년 '한국환경산업협회' 로 명칭을 변경한 이 단체는 환경산업 정책 개발과 환경설비 해외시장 개척, 환경설비 기술 공동개발 등 다양한 활동을 벌이고 있다. 환경설비 수입관세 감면과 환경기술 감리제도 개선, 환경방지시설 표준사양서 작성에 관한 의견 등 각종 정책적 건의를 통해 환경정책 수립과 관련한 설비업계의 의견을 대변하고 있다.

이민화

메디슨 전 상임고문

△1953년 출생 △서울대 전자공학과 졸업 △한국과학기술원 석,박사 △1978~1982년 대한전선 △1985~1998년 메디슨 대표이사 사장 △1995~2000년 2월 벤처기업협회 회장 △1998~2001년 10월 메디슨 대표이사 회장 △2001년 10월 메디슨 상임고문 △2006년 한국기술거래소 이사회 의장 〈주요 업적〉 의료기기 분야의 국산화 및 수출상품화 주도

벤처 부활 선언한 벤처인의 우상

'벤처 1세대로 메디슨 창업, 1997년 수출 5,000만 달러 탑 수상, 2000년 벤처거품이 빠지기 시작하면서 결국 메디슨 부도, 한 국기술거래소 이사회 의장으로 복귀.'

이민화 메디슨 전 상임고문의 이력서이다. 천당과 지옥을 오가며 인 생의 굴곡을 모두 경험한 이민화 전 상임고문. 한때 벤처기업인으로는 실패를 경험했지만, 엔지니어로서 의료기기분야의 국산화 및 수출상 품화를 주도한 성과가 높은 평가를 받았다. 특히 최근 메디슨이 혁신 적인 방식으로 재기하고 있는 데다 무엇보다 의료관련 벤처업계에 남 긴 족적이 심사위원들로부터 호평을 받았다.

1990년대 중반 이후 고령화와 건강복지에 대한 관심이 높아졌지만 의료장비는 주로 수입에 의존하고 있었다. 현재 상황이 많이 개선되긴 했지만 여전히 의료장비의 국산화가 절실하다.

하지만 이민화 전 상임고문은 첨단벤처기술을 활용한 국산화와 함 께 초음파진단기기(SI 3000)를 출시했다. 또한 1990년 신제품 SA88이

미국 FDA 승인을 받은 데 이어 1991년 수출 1,000만 달러 탑, 1997년 수출 5,000만 달러 탑을 수상했다.

'벤처'를 이야기할 때 '이민화'라는 이름을 빼놓을 수는 없다. 이민화 전 상임고문은 1985년 메디슨을 창업해 벤처신화를 만든 벤처 1세대로 벤처기업협회 창립을 주도했고, 초대 회장을 맡은 국내 벤처산업계의 대표적인 인물이기 때문이다.

그러나 벤처거품 붕괴로 인해 벤처신화를 대변했던 메디슨이 부도를 맞음으로써 그의 이름이도 벤처업계에서 사라지는 듯했다. 그런 그가 시련을 딛고 벤처 부활을 선언하면서 벤처 일선으로 다시 돌아왔다. 한국기술거래소는 최근 임시 이사회를 열어 이민화 전 메디슨 상임고문을 4대 이사회 의장으로 선임했다. 산업자원부 장관의 승인을 거쳐 한국기술거래소 이사회 의장에 임명됨으로써 5년만에 업계로 컴백한 셈이다.

한때 이민화 전 상임고문은 벤처인들에게 우상이었다. 창업을 꿈꿨던 젊은이들이라면 한 번쯤 '제2의 이민화'를 꿈꿔봤을 것이다. 그는 21년 전인 1985년 한국과학기술원(KAIST) 연구원 시절에 의료장비 벤처기업 메디슨을 창업하고 3차원 초음파 진단기의 국산화에 성공해 화제를 모았다.

당시는 벤처 기운이 움트지도 않았던 시기였고, 그 후 메디슨은 초고속 성장을 하면서 사람들의 관심을 끌기 시작했다. 1990년대 후반에 벤처 열풍이 불면서 메디슨은 더욱 성공가도를 달렸고, 이민화 당시 회장은 수명을 다한 재벌 체제의 대안으로 벤처 연방을 조성하겠다며 자신감을 보이며 '메디슨 연방'을 표방했다.

또 벤처기업협회 창립을 주도해 초대 회장(1995.12~2000.2)을 맡기도 했는데, 주변에서 대기업의 문어발식 확장을 닮아가는 것이 아니냐는 비판이 쏟아졌다. 이에 대해 그는 '사업다각화'라고 맞섰다.

그러나 강하면 부러지는 법. 2000년부터 벤처거품이 서서히 빠지면서 벤처기업 메디슨은 무리한 사업 확장으로 인해 몰락의 길로 접어들어야 했다. 벤처 열풍이 사그라지고, 코스닥 시장이 붕괴되자 투자자금을 회수하지 못하게 되었고, 모기업인 메디슨마저 최종 부도 처리됐다. 그도 문어발식 확장의 덫을 피하지는 못했던 것이다. 결국 현금 유동성에도 문제가 생겼고, 메디슨은 법정관리에 들어가게 됐다. 이민화 전 상임고문의 벤처 연방도 꿈으로 돌아간 것이다.

그는 그 뒤 벤처기업협회 고문과 솔고바이오 사외 이사, 헬스피아 고문 등의 경영 어드바이저 활동을 해왔지만 대외적인 활동은 극도로 자제했다. 더 이상 사업은 하지 않겠다고 다짐했다. 후배에게 아이디어를 주는 등 쓰러진 벤처를 다시 세우는 데에만 신경을 쓰겠다고 마음을 먹었다.

더욱이 그와 벤처신화를 주도했던 벤처 1세대들이 분식회계 등으로 줄줄이 형사적 책임과 함께 경영 일선에서 물러나는 상황이었기에 그는 더욱 몸을 낮출 수밖에 없었다. 하지만 메디슨이 최근 법정관리를 마치고 재도약의 길로 들어서면서 그의 생각도 달라졌다.

벤처 1세대로서 더 이상 벤처시장이 위축되는 것을 지켜 보고만 있을 수 없다는 생각에서이다. 이민화 전 상임고문은 '벤처 부활'이라는 목표를 설정했다. 그는 본인의 의지를 더욱 확고히 하기 위해 일주일 동안 단식을 하면서 절치부심했다. 몸무게가 15Kg이나 줄어들 정도로 고민은 컸다. 그리고 그의 뜻을 실현하기 위해 기술거래소 이사회 의장의 길을 걷게 된 것이다.

기술거래소는 그가 벤처협회장으로 있을 때 낸 아이디어였다. 그가 구상하는 벤처기업 부활은 벤처시장 활성화이다. 기술 이동을 원활히 하고 자금 조달을 쉽게 해 벤처시장을 부활시키겠다는 게 그의 신념이다.

"현재 상태라면 벤처시장에 대한 미래를 기약할 수 없습니다. 벤처기업의 옥석을 가려야 하고 성장 가능성이 있는 기업에는 기술과 자금이 모여야 합니다."

그는 기술거래소에 기술장터를 만들어 벤처기업인 간에 기술 거래를 활성화하고 자금조성을 위한 프리보드 시장에도 관심을 기울일 계획이다.

이민화 전 상임고문은 최근 언젠가 정부 과천청사에서 열린 산업자원부 월례조회에 초청돼 강연을 마친 뒤 신상발언을 통해 자신이 사업을 시작해서 그만둘 때까지의 과정을 설명했다. 그는 또한 "기업인은 모든 가치의 최우선을 기업에 둬야 하는데, 내가 갖고 있는 생각은 그렇지 못해 사업에 적합하지 않다"고 말해 직접 사업에 뛰어들지 않고 업계를 측면 지원하겠다는 점을 분명히 했다.

그는 "갈등이 있을 때 국가를 먼저 생각할 것인가, 기업을 먼저 생각할 것인가, 나를 먼저 생각할 것인가를 정해야 하는데, 내가 제일 잘못했던 것은 기업가로서 한계를 넘는 생각을 했던 것"이라고 설명했다.
또한 "기업을 하면서 적자가 날 경우 이를 그대로 밝히면 금융기관에
서 자금을 회수당하고 부도가 날 수밖에 없는데 그래도 있는 그대로 밝
힐 것인가, 아니면 분식을 통해 적자를 숨긴 뒤 다음에 잘할 것인가를
고민하게 된다. 이런 것이 최근 벤처기업 분식회계의 문제인 것 같다"
고 분석한 바 있다.

이는 벤처기업인의 심적 갈등을 허심탄회하게 밝힌 내용으로 이 같
은 발언을 했던 당시 상황은 로커스와 터보테크 등 대표적 벤처기업의
잇따른 분식회계 사건으로 벤처업계가 위축되고 있던 시기였다.

이부섭

동진쎄미켐 회장

△1937년 출생 △1962년 서울대 대학원 화학공학과 졸업 △1962년 대한사진화학 연구실 입사 △1963년 한국생산성본부 기술부장 △1967년~동진쎄미켐 회장 △2002년 한국공업화학회 회장 △2005년 한국엔지니어클럽 부회장
〈주요 업적〉 반도체 및 디스플레이 공정 재료 국산화

고집으로 화학기술 독립 이룬 승부사

이부섭 동진쎄미켐 회장에게는 고집스런 원칙이 하나 있다. 기술력이 갖춰지지 않고서는 개발할 수 없는 제품만 만든다는 것이다. 이 같은 고집이 동진쎄미켐이 오늘날 반도체 공정 가운데서도 쉽게 나서기 어려운 봉지제, 포토레지스트, CMP Xlurry, BARC 등의 반도체 및 디스플레이 산업공정 재료들만을 개발한 이유다.

이는 그가 '신기술 개발로 세계를 제패하자'는 모토 아래, 회사 직원의 절반 정도가 연구개발자일 만큼 연구개발의 중요성을 강조한 것에서 고스란히 드러난다. 또한 이부섭 회장이 평범한 사업가가 아닌 막대한 연구개발 투자를 통해 화학선진국과의 경쟁에서 승리하고 기술 독립을 이루고자 한 엔지니어로서 빛을 발하는 이유이기도 하다.

이부섭 회장의 승부사 기질은 생산기술연구원 기술부장으로 재직하던 1967년, 안정된 직장을 과감히 박차고 나와 정밀화학의 불모지나 다름없었던 기초화학재 개발에 뛰어들면서 그 모습을 드러냈다.

그는 1967년 동진쎄미켐 창업 이후, 39년간 오직 기술개발과 신제품 개발에 몰두, 한국 정밀화학 산업의 발전에 크게 기여해왔다는 평을 받고 있다. 1967년 발포제 제조불모지였던 국내에 최초로 발포제 제조업체인 동진화학공업사를 설립, 1969년 11월 플라스틱 소재 가공용 유기 발포제인 Azodicarbon Amide 제조기술 특허를 획득하고 사업화를 시작하였고 세계 시장의 35%를 점유하기에 이르렀다.

발포제는 플라스틱과 고무에 적정 온도, 압력 및 시간에 맞춰 가스를 발생시켜 기포 구조를 부여하는 물질로 바닥장식재, 샌들, 발포벽지, 테니스공, 자동차내장제 등 쓰이는 곳이 다양하다.

1984년 발포제 시장에서 부동의 1위를 차지하자 이부섭 회장은 새롭게 반도체 공정 재료 사업에 과감히 뛰어들었다. 반도체용 봉지제(Epoxy Molding Compound)는 10여 가지 원재료가 적정 비율로 조합되어 있어 수많은 테스트를 거쳐야 하는 제품으로 신뢰성 평가에만 6개월 이상이 소요되는 등 많은 투자비가 요구된다.

그는 이 봉지제의 국산화에 최초로 성공하여 삼성전자, 현대전자 등에 공급함으로써 당시 주로 일본으로부터의 수입에 의존해 온 국내 반도체업체들의 수율 향상과 원가절감에 크게 기여한다.

봉지제 개발에 성공한 그는 이어 1989년 반도체 제조공정의 핵심이라 할 수 있는 반도체 포토공정용 포토레지스트 개발에 나서 1년만에 1M DRAM급 포토레지스트(photoresist)를 국내 최초, 세계에서는 4번째로 개발하는 개가를 올렸다.

미세한 회로 패턴을 구현하는 데 필수적인 포토레지스트는 당시 미국과 일본 재료업체에 의해 국내 시장이 반분되어 있어, 이제 막 일본 반도체 업체들을 따라잡기 시작한 국내 반도체 업체들에게는 부담이 되는 재료 중에 하나였다.

또 디스플레이 소자용 케미칼, EMC, CMP용 슬러리 등의 국산화에 차례로 성공, 공정 재료의 고급화 및 단가 인하에 따른 공정 비용 절감을 통해, 해당 소재를 사용하는 국내 반도체와 디스플레이 산업이 경쟁력을 갖도록 하는 결정적인 역할을 했다.

2003년에는 1M 화소용 CMOS, 이미지 센서용 컬러 리지스트를 개발했다. 컴퓨터 카메라에 이어 휴대전화 카메라, 나아가서는 디지털 카메라에 확대 적용 중인 CMOS 이미지 센서는 그 경량성과 편리함으로 시장이 계속 커지고 있다.

센서의 핵심재료인 컬러 리지스트는 그간 일본의 한 회사에 의해 독점 공급됨으로써 지나치게 높은 가격이 형성되어 왔을 뿐 아니라 일본 반도체업체들과의 연대로 국내 반도체업체들은 디바이스 개발에 많은 어려움을 겪고 있었다. 그러나 컬러 리지스트의 개발 성공으로 재료의 시장 가격을 대폭 낮춤으로서, 휴대전화 카메라의 원가 인하로 인한 시장 확대 등 긍정적인 효과를 창출하는 데 크게 기여했다.

과거는 미래의 거울이라고 믿는 이부섭 회장이 정밀화학업계의 강자로 동진의 21세기 청사진을 내걸고 있는 것도 과거 동진이 보여준 기술력 때문에 가능했다.

그가 화학과 인연을 맺은 것은 1954년 광화문 천막학교 시절이다. 고등학교 2학년 시절 천막학교 귀퉁이에 화학반이 생기게 되었는데,

학도호국단의 특별활동으로 화학반을 선택하면서 처음으로 화학을 접하게 되었다. 이를 계기로 자연스레 서울대 화공과에 들어가게 되었다.

또한 그는 군대를 제대한 후에도 대학원에 진학해 화공학 연구에 몰두했다. 당시 국내에서는 생소했던 '감광성 수지에 대한 연구'로 석사 학위 논문을 받은 엘리트이다. 그가 연구한 감광성 수지는 30여 년 후 동진화성의 반도체용 감광성 수지 개발로 이어지게 된다.

1962년 졸업 후 대한사진화학공업사에 입사해 1년간 일하다 생산성본부 기술부장을 맡게 된다. 그러나 26세의 부장이 40대의 부장들과 이야기하기란 부담스러운 일이었다.

이부섭 회장의 큰 도전은 이듬해 한국사진필름 공장장을 맡으면서 시작됐다. 새로운 인화지를 개발하는 작업을 맡게 됐는데 실험실에서 인화지를 만들던 생각으로 성급히 상품화를 추진하다 큰 어려움을 겪게 된 것이다. 결국 1964년 공장이 다른 사람에게 넘어가면서 일을 그만두었고 이곳저곳 자리를 옮기며 직장생활을 하면서 자기사업을 꿈꾸기 시작했다.

하지만 자본금이 문제였다. 결혼할 당시에도 5,000원짜리 수정반지로 예물을 대신했던 형편이었기에 하는 수 없이 물려받은 연희동과 연남동의 논과 밭을 팔아 기계 몇 대를 구입했다. 20여 평 정도 되는 주택의 안방을 뜯어 실험실을 만들고 폴리스타일렌을 만들기 시작했다.

1967년 당시, 폴리스타일렌은 주로 미국의 원조자금으로 정부에서 구매, 공급하고 있었는데 미국 원조자금의 배분 시기에 따라 국내 공급이 좌우되는 등 공급이 불안정했다. 업체에 납품하기 위해 필요한 납

세필증을 접수한 1967년 10월 20일이 바로 동진화성의 창립기념일이 된 것이다. 당시 폴리스타일렌은 동진화성 이외에는 모두 수입해 쓰는 입장이었다. 하지만 수입하는 폴리스타일렌의 원료 스타일렌모노머에 대한 정부의 관세정책에 제대로 대응하지 못해 실패를 맛보게 된다.

그래서 시작한 것이 발포제 사업이다. 당시 발포제는 국내에서 전혀 생산되지 않았으며 전량 일본에서 수입해 쓰는 실정이었다. 게다가 발포제 개발 관련 자료도 찾기 힘든 때였다. 그러던 중 우연히 1890년대 발간된 독일의 화학잡지에서 발포제의 기본원료인 Azodicarbon Amide 합성법을 보게 된 것이다. 실제 합성에 합성을 거듭, 시행착오를 거친 후 1968년 초반 본격적으로 제품이 생산되기 시작했다.

전자산업의 빠른 세대 교체와 시시각각 변화하는 시장의 요구를 따라잡고 먼저 진출한 외국기업의 특허 공세에 대응해 가며 시장을 유지하는 것은 쉬운 일이 아니다.

"강산이 세 번 변하고 한 세대가 바뀐다는 30년의 세월 동안 매일매일 새로운 도전과 극복의 정신으로 그 시절을 견뎌왔던 것도 그 때문이다. 때로는 돌부리에 걸려 넘어지기도 하고 무릎에 피를 흘린 적도 있었지만 오뚜기처럼 다시 일어나 앞만 보고 달렸다."

1980년 법정관리 당시에도 굳건히 버틸 수 있었던 것도 많은 친구와 동료의 덕이라고 꼽는 그는 항상 감사하는 마음을 갖고 있다. 그는 입버릇처럼 "강인한 체력과 끈질긴 도전정신, 그리고 정확한 판단력 등은 부모님으로부터 물려받은 값진 자산으로 오늘의 동진을 이끈 원동력"이라고 말한다.

　이부섭 회장은 이러한 상황에서 전자재료 분야가 외국기업에 의해 좌우되는 극한 상황을 막기 위해서라면 어떻게 해서라도 자체 기술력을 높여야 한다는 신념으로 연구개발을 지속해 왔다. 그 결과 오늘날 국내 정밀화학을 현재의 위치에 올린 것으로 평가된다.

이용태

삼보컴퓨터 명예회장

△1933년 출생 △1957년 서울
대 졸업 △1969년 미 유타대 통
계물리학 박사 △1964년 이화
여대 교수 △1978년 한국전자
기술연구소 부소장 △1980년
삼보컴퓨터 설립 △1982년 한
국데이터통신 사장 △2004년
삼보컴퓨터 명예회장
〈주요 업적〉 IT 전도사로 정보
기술산업 발달에 기여

IT 강국 초석 다진 IT 전도사

이용태 삼보컴퓨터 명예회장이 한국사회에서 이룬 업적을 한마디로 표현할 수 있을까. 그는 한국 IT 업계의 산증인이라고 해도 과언이 아니다. 그는 IT라는 용어가 한국사회에 등장하기 이전부터 컴퓨터와 정보기술의 중요성을 역설했으며 1981년 최초의 국산 PC를 선보이며 한국 IT 산업의 태동을 이끌었다.

아무도 IT의 중요성에 대해 알지 못하던 시절부터 그는 이미 개인용 PC, 무선통신기기 등 IT 산업이 한국의 중심 산업이 될 것으로 확신하고 이를 국내에 확산시키기 위해 무던히도 뛰어다녔다. 이런 그에게 'IT 전도사' 라는 별칭이 따라다니기도 했다.

IT 선각자 역할을 해왔지만 사실 그는 매우 어렵게 교육을 받은 사람이었다. 그의 할아버지는 그가 신식교육을 받는 것을 반대하고 유교에 기초한 전통교육만을 받도록 고집했다. 그래서 초등학교와 중학교 때 각각 한 번씩 자퇴를 한 경험을 갖고 있다.

사실 이용태 명예회장의 첫 경력은 IT 산업가가 아닌 교육자였다.

시골 초등학교에서 2년여간 학급 담임을 맡았고 서울에서는 고등학교 교사생활을 했다. 돈을 벌기 위해 야간에는 학원강사 생활도 했다. 이화여대 교수를 시작으로 서울대, 연세대, 고려대 강단에도 섰다. 어쩌면 선구자로서의 소명은 그의 짧지 않은 교육자 경험을 통해 얻어진 것이 아닌가 한다.

그가 IT 현장에 뛰어든 것은 지난 1970년, 한국과학기술연구소 연구원 생활을 시작하면서부터이다.

거리의 신호등 체계는 과학적으로 매우 정밀하게 만들어져 있다. 자동차가 한 번 신호를 받으면 자동차의 주행속도와 교통량 등을 감안해 가장 최적으로 신호를 받지 않고 달릴 수 있도록 프로그램돼 있다. 물론 교통량이 평소 이상으로 많아진다든지 자동차 주행속도가 기준속도 이상 혹은 이하로 간다든지 하는 경우를 제외하면 말이다.

1980년 처음으로 선보인 '서울시 교통신호 전산화 시스템'이 바로 그의 작품이다. 그가 기술연구소 부소장을 역임한 시절에 진두지휘해 완성한 것이다. '컴퓨터'라는 장치의 개념조차 모호했던 시절 복잡한 교통량과 속도 등 각종 변수를 전산화해 최적의 도로여건을 만드는 일을 해낸 것이다.

또한 정부 행정체계 전산화 작업도 일궈냈다. 삼보컴퓨터를 설립한 다음해 오명 체신부 차관(현 건국대 총장)으로부터 데이터통신서비스를 위한 민영회사를 맡아달라는 연락을 받은 이용태 명예회장은 고민 끝에 이를 수락하고 이후 정부부처의 행정전산화 작업에 매달렸다.

하지만 그 과정은 결코 쉽지 않았다. 당시만 해도 '철밥통' 의식이 강했던 공무원들은 전산화에 대해 별 관심이 없었고 협조도 잘 이뤄지지 않았다. 정부 청사 내 부처 간에도 정보공유가 쉽지 않은 마당에 읍·면·동·리까지 전산망을 깔아 통합하는 작업이 어디 쉽겠는가.

이때 이용태 명예회장이 선택한 방법은 바로 '선투자 후정산' 방식이었다. 전산망을 구축하고 시스템을 연결하기 위해서는 기반투자가 필요하다. 그러나 당시 정부사업 특성상 프로젝트를 기획해 올리면 이것이 채택되고 정부동의를 얻어 책정된 예산 하에서 프로젝트를 시작하는 매우 복잡한 절차를 거쳐야 했다. 작은 것 하나를 투자하더라도 정부에 기획안이 올라가 채택절차를 거치는 복잡한 과정이 필요했고, 프로젝트를 하나 진행하더라도 수년의 시간이 소요됐다. 이러다가는 전산망은커녕 행정용 컴퓨터를 구입하는 데만 5년, 10년이 걸릴 판이었다.

이에 이용태 명예회장은 정부 설득에 나섰다. 전산망의 중요성을 언급하고 전산망 구축이 시간싸움인 이상 하루라도 빨리 사업을 진행해야 한다며 그러기 위해서는 신속한 투자와 판단이 필요하다고 주장했다.

결국 정부의 동의를 얻었고 PC를 구입해 동네 면사무소에까지 보급하는 데 성공했다. 또한 공무원 교육을 통해 민원처리 등 각종 행정업무를 PC로 하는 전산화 작업을 완성했다. 오늘날 전자정부의 모태가 완성되는 순간이었다.

이밖에도 이용태 명예회장이 한국 사회에 기여한 바는 무궁무진하다. 오늘날 대한민국이 세계적인 정보통신 강국으로 발돋움한 데는 그의 역할이 컸다. 그는 PC로 대변되는 하드웨어뿐 아니라 소프트웨어에도 관심이 많았다. 때문에 정보장치를 만들 때는 늘 그것과 함께 구동하는 소프트웨어 발굴에도 역점을 기울였다.

자신의 업적에 대해 이용태 명예회장은 "내가 먼저 한 것뿐이다. 누구라도 먼저 했다면 오늘날 이 같은 업적을 이뤘을 것이다"라고 겸손함을 내비치기도 했다. 성공의 비결을 묻는 질문에 그는 "비결이라는 것은 없습니다. 단지 열심히 최선을 다해 산 것이지요"라고 말했다.

이용태 명예회장은 자신의 인생에 아쉬움이 없다고 회고한다. 그도 그럴 것이 넉넉하지 않은 집안에서 태어나 남들처럼 시간이 지나면 초등학교를 졸업하고 중·고등학교에 진학하는 평범한 삶을 살지 못했다. 학교를 자진 퇴학해야 했고 남들에 비해 늦은 나이에 뒤처진 공부를 하기 위해 머리를 싸매고 도서관에서 밤을 지새야만 했다. 이 같은 불굴의 의지가 오늘날 대한민국을 정보통신 강국으로 만드는 데 기반이 된 IT 전도사를 탄생시킨 것이다.

그가 성공할 수밖에 없었던 또 하나의 이유는 뚜렷한 목표의식이 있었기 때문이다. 그는 "정보산업을 일으키기 위해 죽을 힘을 다했다"고 고백했다. 정보산업에 대한 의식 자체가 희미하던 시절, 이에 대한 가능성을 짐작하고 대한민국의 간판산업으로 이름을 걸기 위해 여기저기를 뛰어다녔다. 예산을 책정받고 전문가를 고용하고 산업을 부흥시키기 위해 동분서주하는 모습은 마치 종교의 전파라는 소명의식을 가진 전도사의 모습 그대로였다.

이용태 명예회장은 1970년대에는 한국 정보산업 부흥을 위해 노력했고, 1980년대에는 대학입시에 컴퓨터 과목을 넣어 전문인 양성에 힘을 기울여야 한다고 주장했다. 1990년대에는 정부 국비로 고속도로가 깔리고 지방도로가 깔린 것처럼 국비로 초고속 정보통신망을 깔아 국민들이 정보화 혜택을 누려야 한다고 역설했다.

정확히 10년 앞을 내다본 발상이다. 이용태 회장의 이 같은 주장은 이후 차례차례 현실화됐고 결국 IT 강국 기반조성의 초석이 됐다.

물론 그에게 시련이 없었던 것은 아니다. 때로는 이런 그의 발상을 아무도 이해하지 못해 결국 외롭게 사업을 진행해야 할 때도 있었다. 대표적인 예가 이용태 명예회장이 1997년 설립을 추진했던 미디어밸리다. 미디어밸리는 국내 최초의 소프트웨어 수출단지로 소프트웨어의 부가가치와 사업가능성을 판단한 그가 한국의 역점사업으로 키워야 한다고 주장했던 것이다. 그러나 결국 정부의 동의를 얻지 못해 민간차원에서의 국부창출을 위한 움직임에 시동을 걸었다.

그러나 이 역시 쉽지 않았다. 민간으로부터 자금을 모으는 것도 어렵거니와 부지 선정에도 문제가 있었다. 결국 그는 그 뜻을 펴지 못했다. 만약 이때 이용태 회장의 뜻이 관철돼 국내에 소프트웨어 수출을 전담하는 산업기지가 들어섰다면 IT 인프라, 하드웨어 못지 않게 소프트웨어에서도 10년 이상 앞선 국제 경쟁력을 갖췄을 것이다.

고희를 훌쩍 넘겨버린 지금도 그의 전도사 기질은 사라지지 않았다. 그는 한국의 교육열과 인재는 세계 최고 수준이라고 말한다. 단, 아직까지 큰 발전을 보이지 못하고 있는 교육제도의 개선이 이뤄져야 한다는 전제 아래 언급하는 것이다.

또한 한국이 제대로 된 인재 양성 시스템을 갖추게 되면 필경 세계에서 가장 살기 좋은 나라가 될 것이라고 종종 얘기한다. 때문에 이제 좀 쉬라는 주위 얘기도 이용태 회장에게는 잘 들리지 않는다. 전도사로서 자신의 소임이 끝나지 않았다는 소명의식 탓이다.

선비정신은 이용태 명예회장이 평생 가슴에 품고 있는 이념이다. 그는 유교야말로 사람이 사람답게 살기 위해 필요한 정신이라고 말한다. 단, 시대가 변함에 따라 이에 맞는 형태로 변화, 발전해야 한다고 보고 있다.

"친구들 대부분이 저에게 은퇴해서 편안한 삶을 살라고 얘기하죠. 저도 가능하면 글도 쓰고 운동도 하면서 여유롭게 살고 싶어요. 하지만 전도사로서의 고질병은 고치기 어렵다는 생각이 드네요."

이윤우

삼성전자 기술총괄 겸 대외협력담당 부회장

△1946년 출생 △ 서울대 전자공학과 졸업 △1983년 삼성반도체 이사 △1991년 12월 삼성전자 반도체부문 부사장 △1997년 12월 삼성전자 반도체총괄 대표이사 사장 △2000년 4월 한국반도체산업협회 회장 △2005년 삼성전자 기술총괄 겸 대외협력담당 대표이사 부회장

〈주요 업적〉 반도체 산업 발전 기여

'산업의 쌀' 반도체 씨뿌린 경영인

우리는 아침에 눈을 떠서 잠자리에 들 때까지 자신이 의식하지 못하는 사이에 수없이 자주 반도체와 만난다. 이른 아침 단잠을 깨우는 디지털 시계, 출근길에 타고 가는 자동차, 어느 곳에 있든 연락이 가능한 휴대폰, 어렵게 계단을 오르지 않아도 고층의 사무실까지 데려다 주는 엘리베이터, 컴퓨터 등에서 우리는 매일 반도체를 만나고 있다.

'산업의 쌀'이라고 불릴 정도로 모든 기기를 만드는 데 빠지지 않는 반도체가 우리나라 경제와 산업에서 주목받기 시작한 것은 1983년 11월 삼성전자가 64K D램의 개발을 발표하면서부터이다.

이후 현대전자, LG(당시 금성 반도체)가 반도체 산업에 참여하면서 반도체 사업은 국가의 앞날을 좌우할 정도의 큰 비중을 갖게 되었다. 그 중에서도 특히 삼성전자의 반도체 사업은 끊임없는 혁신으로 2004년에는 사상 최고의 매출과 영업이익을 얻게 되었고 D램 분야에서 13년 연속 세계 선도자 지위를 굳건히 지키게 되었다.

이 같은 결과는 끊임없는 연구개발, 적기 투자, 세계 정상급의 제조·공정기술과 품질관리 기술, 공급능력을 확보할 수 있었기 때문에 가능했다. 그 화려한 영광 뒤에는 강진구 전 회장, 김광호 전 부회장, 진대제 전 사장, 황창규 사장을 비롯한 이윤우 기술총괄 겸 대외협력담당 부회장이 있었다.

이윤우 부회장은 엔지니어출신 기술 경영인으로 국내 최대 규모의 기술개발투자(2005년 기준 5조 4,000억 원)를 통해 삼성전자를 세계적인 전자회사로 성장시켰다. 이와 함께 차세대 원천기술개발 및 핵심기술 인력 양성 등에 열정을 쏟아 우리나라 전자산업을 한 단계 발전시킴으로써 기술강국 건설에 초석을 다졌다.

특히 그는 초창기 삼성전자의 반도체 개발 및 생산성 향상에 핵심적인 역할을 했으며 현재에도 삼성전자의 CTO 부회장으로 반도체는 물론 전자공업 발전에 큰 기여를 하고 있다. 그는 이러한 공로를 인정받아 금탑산업훈장 등을 받았다.

이윤우 부회장은 "일찍이 이건희 회장께서 불량은 암이라 비유하고 암적 증상의 조기 발견과 퇴치가 기업의 존폐를 좌우한다며 불량관리를 매우 강조하였다. 이에 반도체에서 수많은 시행착오를 거치면서 오늘과 같은 싱글 PPM(Parts Per Million) 수준의 최고 품질을 확보할 수 있었다"고 말한다.

사실 반도체 제조공정은 일반 제조공정과는 달리 매우 복잡하고 민감하여 다량의 불량이 발생되기 쉽다. 깨지기 쉬운 살얼음판과 같은 반도체 제조공정이 최고 수준의 품질을 유지할 수 있었던 것은 삼성반도체 차원의 품질경영 시스템, 업무 프로세스, 품질교육, 인력, 품질의식 등을 갖춘 이유도 있었지만, 기술총괄을 맡았던 이윤우 부회장의 남다른 노력도 한몫했다.

반도체부문에서 월 단위로 개최되는 품질 부문의 최고 의사결정 회의체인 '품질경영회의' 는 2001년 4월, 이미 100회를 돌파한 바 있다. 2004년부터는 '총괄품질전략회의' 로 이름을 바꿔 200회를 향해 가고 있다는 사실은 품질을 위한 반도체의 경영진에서 담당자까지의 노력을 대변한다. 또한 이러한 노력이 세계 최고 수준을 자랑하는 삼성 반도체 품질의 역사를 만드는 근원인 품도(品道)로 자리 잡았다고 할 수 있다.

'우물 안 개구리' 라는 말이 있다. 자신이 알고 생활하는 현재의 모습이 최선인 줄 아는 그런 사람들 또는 조직에 대해 얘기하는 말이다.

반도체의 경우 1990년대 초 반도체 사업의 도약기를 맞으면서 그 당시 세계를 무대로 한 글로벌 환경에서 제품을 생산 또는 판매하는 다국적 회사인 인텔(INTEL), IBM, NEC 등에 많은 관심을 가지게 되었다. 이러한 다국적 기업에 대한 분석을 통해 삼성전자는 미국 텍사스 오스틴으로 진출하게 되었다. 이로 인해 국내 생산만을 고집하던 사고에서 세계를 무대로 한 글로벌 환경에서 살아남을 수 있는 사고방식으로 바꾸지 않으면 안 되는 상황에 직면하게 된 것이다.

1994년 11월 공식적으로 미국 진출을 발의하면서 시작된 준비 작업은 1995년 12월 건설 발대식을 거쳐 1997년 7월 드디어 완공되었다. 1998년 1월에 본격적인 양산이 시작, 출하되면서 삼성전자 반도체의 글로벌 생산 체계가 가동되었으며, 미국 텍사스 오스틴 사업장이 반도체 업계 일원으로 자리 잡기 시작했다.

미국 오스틴 사업장을 계기로 멀티 사이트(Multi Site) 환경 아래 똑같은 품질을 달성할 수 있는 품질시스템을 구축하기 위해 필요한 일들을 어떻게 정의하고 구축할 것인가라는 것이 또 다른 난제로 다가왔다.

다시 말해 멀티 사이트 환경 하에서 생산되는 제품이 당사의 고객에게 전달될 때 동일 제품에 대한 동일 품질이 달성되고 동일한 품질 이미지가 구현되어야 하는 것이다.

이것은 동일한 품질의 제품을 생산할 수 있는 업무 절차 및 기준을 수립하고, 체계적인 운영이 뒤따라야 가능한 일이다. 이는 곧 당사 제품 중 고객에게 전달되는 하나의 제품에 대해 동일 품질 및 동일 이미지 달성이라는 의미로 '싱글 퀄리티(Single Quality) 시스템' 이라는 개념이 새로 정의되고 본격적으로 준비되었다.

싱글 퀄리티 개념은 인텔 및 NEC 등 다국적 기업의 모델을 벤치마킹하면서 삼성의 장기인 타사 대비 조기 생산 안정화라는 개념을 혼합하여 탄생시켜야 하는 어려움이 있었다. 이 시스템을 구축하기 위한 수단으로 전사표준이란 새로운 글로벌 표준의 개념이 탄생하게 되었고 제품군별, 사업장별 공통적용 품질시스템 개발 및 규정화 작업을 추진하여 전사 기본규정 22건 및 전사 실행규정 100여 건을 작성하였다.

또한 싱글 퀄리티를 유지하기 위해 중요 변수들에 대해 동일 표준을 적용하기로 하였고 그 당시까지의 9개 표준 분류 체계를 변경하여 전사규격 6종류, 사업장 규격 4종류로 구분하였다. 전사규격이 약 6,000여 건 작성되었는데, 작성된 전사표준에 대해서는 처음으로 영문과 한글을 함께 사용하였다.

이러한 전체적인 작업들이 SAS 사업장을 세우기 전인 1996년부터 1997년까지 추진되어 삼성반도체 품질시스템이 글로벌한 시스템으로 재탄생하게 되었다. 그리고 아래와 같은 새로운 글로벌 규칙을 제시하게 되었다.

먼저, 반도체의 표준체계를 전사적으로 적용되어야 하는 전사표준과 각 사업장별로 적용되는 사업장 표준으로 개선하였다. 둘째, 사업장 간 동일한 제품품질을 얻기 위해 사업장이 같이 적용해야 하는 스펙(SPEC)을 전사표준으로 선정하고 이를 동일한 변경관리 체계에서 운영하여 사업장 간 동일성·동시성을 확보하였다. 셋째, 사업장의 품질시스템 구축 및 방침상 업무절차와 기준이 동일하게 구축될 수 있도록 반도체의 품질규정을 정리하였다. 넷째, 전사표준은 2개 사업장 이상에서 동시에 적용되는 표준이기 때문에 각 표준별로 운영의 주관부서를 정하여 관리되도록 하였다. 마지막으로, 사업장 표준은 이전 유사라인의 표준을 카피하되 차후의 변경은 모(母) 표준의 변경과 상관없이 사업장별로 독립적으로 하기로 했다.

이렇게 하여 탄생한 반도체의 전사표준 체계는 이후 중국 소주(SESS) 사업장을 세울 때에도 적용되었고, 자체적인 발전을 거쳐 1999년 SAS 및 SESS 사업장 자체적으로 ISO 9000 인증이라는 결실을 얻게 되었다. 2000년 TL 9000(통신관련 인증), 2004년 반도체 총괄의 ISO/TS 16949(Automotive 인증)로 인증을 받았고, 현재도 지속적으로 개선, 발전되고 있다.

이종훈

한국전력전우회 회장

△1935년 출생 △1957년 서울
대 공대 전기공학과 △1961년
한국전력 입사 △1978년 한국
전력공사 원자력건설처 처장
△1983년 한국전력공사 고리
원자력본부장 △1985년 한국
전력공사 부사장 △1990년 한
국전력기술 대표 △1993년 한
국전력공사 대표 △2000년 파
워빌트컨설팅 대표 △2004년
한국전력전우회 회장
〈주요 업적〉 원자력 산업의 전
력에너지 분야 접목

코끼리 한국전력서 '냉장고 경영' 실천

이종훈 한국전력전우회 회장에게는 '코끼리를 냉장고에 넣은 경영인' 이라는 수식어가 붙는다. 코끼리로 비유되던 한국전력에 경쟁원리와 투명경영을 도입함으로써 군살을 빼고, 유연성과 순발력을 키워 '세계적 경쟁우위' 라는 냉장고에 집어넣었다는 것이다.

이종훈 회장은 원자력 분야에서 20대 전기공학도로 시작하여 40년 가까이 '전력맨' 으로 현장을 뛰면서 국내 최초 원전인 고리 1호기부터 독자 기술로 가동한 울진 3·4호기가 탄생할 수 있도록 한 1등 공신이다.

특히 문민정부 시절에는 한국전력 사장을 지내며 핵 재처리시설을 도입하려 한 것으로 더욱 유명하다. 1993년 3월부터 5년간 한국전력 사장을 지낸 이종훈 회장은 1996년 은밀히 핵 재처리시설 도입을 추진한 것으로 알려졌다. 그가 도입하려 했던 재처리시설은 핵무기 제조용은 아니다. 원자력발전소에서 나오는 핵연료를 재처리해 다시 원자로에 넣는 혼합 산화연료를 만드는 것이었다.

당시 북한이 NPT(핵확산방지조약)를 탈퇴하자 미국의 지도층 인사들은 북한의 핵무장 노력에 자극받은 한국이 재처리시설을 짓게 해서는 안 된다는 입장이었다. 이때 이종훈 회장은 1996년 4월 미국으로 날아가 법률회사인 호건앤드하트슨(H&H)과 100만 달러에 로비 대행계약을 맺었다. H&H 사는 올브라이트 당시 미 국무장관이 파트너로 근무했던 CNP 사와 같은 계열이었다.

H&H 사의 대표인 마이클 번즈는 국회의원 출신으로 힐러리 클린턴과 아주 가까운 것으로 알려져 있었다. 이종훈 회장은 H&H 사를 움직이면 한·미원자력협정을 개정할 수 있을 것으로 기대했다. 또한 그는 영국의 BNFL과도 접촉했다. BNFL이 한국에 원자로 제작기술을 제공한 미국의 CE 사를 인수했기 때문이었다. BNFL은 CE와 같은 계열의 원자로를 갖고 있는 한국과 협력하면 자사의 재처리시설을 판매할 수 있다고 판단하고, 그들의 대미 로비망을 동원해 미국을 설득해 나갔다.

그러나 정권이 바뀌면서 핵 재처리시설 도입은 물 건너가고 말았다. 비록 핵 재처리시설 도입은 무산됐지만 그는 한국전력 사장 시절 매우 많은 것을 남겼다. 1993년 4월 한국전력 사장으로 부임해 '새 한전 창달'이라는 기치 하에 위원회를 만들고 조직과 인사제도를 정비했으며 연구소를 개혁하고 중소기업의 부품 조달방식을 개혁하는 등 경영혁신을 수행했다.

그는 사장으로 부임하자마자 900개 사업소 중 약 300개 정도의 사업소를 폐쇄했다. 물론 이에 대한 반발이 무척 심했다. 폐쇄를 당한 사업소에서는 주민들에게 '이 지역의 사업소를 폐쇄하면 서비스의 질이 낮아진다' 라는 내용의 연판장을 돌려서 몇천 명의 도장을 받아와 항의를 부추겼다.

만약 이를 그대로 둔다면 사건의 파급효과는 더욱 커질 것이 분명했다. 이때 이종훈 회장은 이러한 파급효과를 사전에 방지하기 위해 제일 처음 2,000여 명의 도장이 찍힌 연판장을 가져온 사업소 소장을 상위 지사장으로 하여금 징계·해임하도록 했다. 그러자 이 소문이 전국에 퍼지면서 받았던 연판장을 모두 없애 버리게 되었다. 그러면 결과는 어떠했을까.

그런 일이 있은 지 6개월 정도 지나자 그의 조치가 직원들로부터 대환영을 받기 시작했다. 읍·면 단위의 사업소를 폐쇄함으로써 그 곳에 근무하던 직원들이 모두 도시로 나와 근무하게 되자 자녀교육 등 여러 측면에서 근무조건이 좋아졌기 때문이다. 그래서 300개의 사업소를 없애면서도 조용히 마무리를 지을 수 있었다.

한국전력의 인사제도도 투명하게 만들었다. 이종훈 회장은 "한국전력의 인사야말로 인사철만 되면 정치인들이 들볶여 못 살 정도로 정치인들에게 가서 운동을 벌인다. 국회의원치고 한전에 인사청탁을 하지 않는 사람이 없을 정도였다. 물론 청탁이 있다고 해서 청탁대로 인사가 이루어지고 있는 것은 아니었지만 그 피해는 막대한 실정이었다. 나도 부사장으로 있으면서 인사청탁 리스트를 보통 대학노트로 대여섯 페이지 정도 전부 적어 놓았다가 인사가 끝나면 그 분들에게 전화로 통보를 해줘야 했다. '떨어졌습니다' 라고. 통보해 주려면 한 이틀 꼬박 전화를 돌려야 할 정도다. 만약 연락을 안 해주면 나중에 섭섭하다고 난리다. 부탁한 사람들은 전부 자기만 부탁한 줄로 알고 있다"고 말했다.

이러한 상황에서 이종훈 회장은 공정한 인사를 위해 승격심사에 있어서 2번의 3심제, 즉 6번을 거치도록 했다. 먼저 지사에서 추천위원회를 구성하는데 지사장이 한 표, 승급대상자와 같은 직종에 있는 사람들로 '갑반'을, 직종이 다른 사람들(한전의 경우 배전과 영업으로 나누어져 있다)로 구성된 '을반'을 구성한다.

여기에서 추천된 인원과 그들의 갑반, 을반, 지사장이 평가한 점수를 본사로 가져온다. 그리고 이 점수를 본사의 심사위원회에 부친다. 심사위원회도 갑반, 을반, 종합반으로 나누어 심사를 하게 되는데, 각 사업소에서 올라온 성적과 신상명세서를 가지고 갑반, 을반이 추천을 하고 다시 종합반에서 심사를 해서 각각의 결과를 가지고 서열을 매겨 최종 결정을 하게 된다.

이종훈 회장은 "예전에는 '뭐 저런 사람이 승격이 되었느냐. 내가 안 되다니' 하는 등의 뒷얘기들이 파다했는데 이제는 거의 없어졌다. 다만 꼭 될 사람인데 안 됐네 하는 사람은 어쩔 수 없는 일이고, 적어도 승격된 사람 중에서 능력이 부족한데 됐다는 말들은 사라졌다. 그리고 이렇게 하니까 사장이 자유롭게 됐다. 사실 승격된 사람이 10명이라면 떨어진 사람은 약 90명가량 되는데, 떨어진 90명은 자기가 못 나서 떨어졌다는 생각은 절대 하지 않고 승격된 사람들과 무슨 거래가 있었다든가, 누구는 빽이 좋아서 된 것이라는 등 90명이 제각각 욕을 한다. 그런데 제도를 이렇게 바꿔놓고 나니까 인사문제로 사장을 인간적으로 비난하고 투서를 하는 일은 없었다"고 회상했다.

사업소 내에도 경쟁원리를 도입했다. 민간기업에서는 능력 없는 사람에 대해 적절한 조치를 취할 수 있었던 반면 한전은 공기업이라는 특성 때문에 능력 없는 사람에 대해서도 보직을 주게 돼 있었다. 그러나 이종훈 회장은 이러한 제도를 과감히 깨버렸다.

먼저 인사권을 사업소장에게 내려주면서 기구를 축소했다. 기구가 축소됨에 따라 사람이 남게 되고 이들에게는 보직을 주지 않는, 소위 '개발역'이라는 무보직을 만든 것이다.

예를 들어 한 지점에 22명의 부장이 있는 경우 자리를 20개로 줄이고 기구를 축소하면 두 사람은 '개발역'이라는 무보직을 받게 되는데, 이러한 결정은 지사에서 구성된 인사위원회에서 이루어졌다. '개발역'이라는 말은 자기계발을 더 해야 한다는 의미에서 붙여진 이름인데, 보직이 없는 상태로 1년을 보낸다는 것은 불명예인 동시에 상당한 고통인 것이다.

이런 제도가 도입됨에 따라 사업소 내 분위기는 상당히 달라졌다. 한전의 경우 전국의 지점이 나름대로의 특성을 가지고 있기는 하지만 하는 일이 거의 비슷하기 때문에 경쟁을 통해 사업소의 효율성을 제고시키고자 했다.

이종훈 회장은 경쟁에 대해 "따지고 보면 국가나 기업이나 어느 조직이고 간에 소위 자본주의 사회에서의 원리는 경쟁원리"라면서 "경쟁이 없는 곳에 발전이 없고 공기업들에 있어서 제한돼 왔던 경쟁체제를 과감히 도입함으로써 경영혁신을 이룰 수 있었다고 생각한다"고 말했다.

이지송

현대건설 전 사장

△1940년 출생 △1963년 한양대 토목공학과 졸업 △1965년 건설부 영남국토건설국 남강댐 건설공사 감독 △1970~1976년 한국수자원공사 소양강댐 건설공사 감독 및 공무과장 △1976~1999년 현대건설 다목적댐 건설사무소 소장, 토목사업본부 본부장, 부사장 △1999년 경인운하 대표이사 △2003년 한양대 토목공학 박사 △2003~2006년 현대건설 대표이사

〈주요 업적〉 건설관련 학계와 기업을 두루 거치며 건설산업 발전 이바지

품질경영 강조하는 해외수주의 달인

이지송 현대건설 전 사장은 1963년 한양대 토목공학과를 졸업한 이후 42년간 건설관련 학계와 기업을 두루 거치며 건설산업 발전에 이바지한 대표적인 인물이다.

1963년 육군 공병대 소대장으로 건설인생을 시작해 당시 건설부 소속으로 남강댐 건설공사 감독, 한강유역 수문조사를 수행했다. 또 1960년대 당시 다목적댐은 30m 이내에서만 경제성을 갖는다는 정설을 깨뜨리고 높이가 123m나 되는 동양 최대 규모의 사력댐인 소양강댐의 기본설계 등을 수행했고, 이후 한국수자원공사에 근무하면서 소양강댐 건설 공사감독, 안동댐 건설공사 공무과장으로 품질관리 및 공사관리를 맡았다.

이후 1976년 현대건설에 입사해 담양댐, 대청댐, 충주댐 등 국내 기간시설 건설공사를 직접 수행했음은 물론 말레이시아 케냐르댐 공사현장, 이라크 키르쿠크 상수도 건설공사 현장의 책임자로서 다수의 해외건설현장에 참여함으로써 댐건설 분야에서 최고의 엔지니어라는 명성을 얻게 됐다.

이지송 전 사장은 공사현장에만 참여한 것이 아니라 대한토목학회 부회장, 한국강구조학회 부회장 등 건설관련 협회와 학회의 중요 요직을 두루 거쳤고, 2000~2003년 3월까지는 경북대 토목설계학과 교수를 역임하는 등 이론과 현장감각을 모두 갖춘 대표적인 건설 엔지니어라는 것이 주위의 평가다.

2003년 3월에 현대건설 사장으로 복귀하자마자 '국내외 수주 확대를 통해 안정적인 일감을 확보해 흑자경영을 하겠다' 고 강조하였고, 2000년 유동성 위기로 '건설명가' 라는 이미지가 무색할 정도로 크게 흔들리던 회사를 다시 업계 정상으로 등극시켰다.

이지송 전 사장은 "처음 취임하면서 경영정상화, 구조조정을 핑계로 한 직원퇴출은 없음을, 이라크 미수금 회수와 서산개발 등 세 가지를 이야기했는데 사람들은 세 가지 모두 할 수 있는 일이 아니라며 무모한 사람이라고 손가락질했다" 며 지난날을 회상하며 웃었다.

가장 기억에 남는 때를 묻는 질문에도 '사장 재임 시 가장 행복했던 3일' 을 꼽았다. 봄이 되면서 건설공사가 본격화되기 시작했는데도 유동성 위기 후폭풍으로 현대건설은 여전히 공사물량 부족을 겪고 있었다. 그러다가 취임 후 3개월이 지난 뒤인 6월 3일 신고리 원자력발전소 공사 수주, 다음날인 4일에는 광양항공사 수주, 5일에는 청계천 복원 공사 수주를 연이어 따내면서 회사 분위기가 반전됐다. 이지송 전 사장은 바로 그 사흘을 '가장 행복했던 3일' 이라고 부르는 것이다.

"정말 그 날을 잊을 수 없습니다. 3일 연속으로 대형 공사를 수주한다는 것이 어디 쉬운 일이겠어요? 셋 다 쉽지 않은 공사였는데 수주가 결정되는 순간 직원들과 얼싸안고 기뻐했었습니다. 3일 동안 연속으로 대형공사 수주를 따고 나니까 회사 분위기 전체가 '우리도 할 수 있다' 는 생각으로 바뀌었습니다. 이 정도 능력이면 무슨 일이든 할 수 있다는 자신감이 생겼던 사건이었습니다."

이지송 전 사장은 항상 "국내 건설시장도 중요하지만 더 넓은 해외로 눈을 돌려야 한다" 며 건설수출의 중요성을 강조하며 해외수주 극대화를 추진했다. 특히 중동지역 공사 수주에 적극적으로 나서 2004년 이라크 재건공사, 리비아 자위아 복합화력발전소 확장공사, 아랍에미리트 아드웨 변전소, 인도네시아 수반 가스공사 등 9억 달러의 수주를 달성했으며, 2005년 상반기에만 두바이 수력청에서 발주한 UAE 제벨 알리 발전소 공사, 쿠웨이트 에탄 회수처리시설 등을 수주하는 데 성공해 '해외수주의 달인' 이라는 별명을 얻기도 했다.

지난 1984년 현대건설이 충남 서산시와 태안군 일원에 완공한 국내 최대 규모(1,080만 평)의 서산간척지에 대해 국가균형발전과 지역사회 발전에 기여할 수 있어야 한다고 주장하며, 태안군과 함께 서산간척지 중 442만 평을 관광레저형 기업도시로 꾸미는 계획을 발표했다.

회사 관계자들은 "주5일 근무제 도입 이후 늘고 있는 가족단위 여행 등 수요를 흡수하고 많은 외국인 관광객을 유치할 수 있는 관광레저타운을 구축하겠다는 것이 태안 기업도시의 취지"라며 "관광기업도시라는 미래를 바라보는 토지계획을 발표해 기업의 장기적인 성장기반을 구축했다" 고 입을 모았다.

이지송 전 사장은 기업경영을 하면서 '6시그마 운동'과 같은 '트리플3 운동'을 전개해 자칫 방만해지기 쉬운 건설경영의 안정성과 수익성을 확보하는 데 주력했다.

트리플3 운동은 3다·3소·3%를 달성하자는 것으로 수주·매출·이익은 극대화(3다)하고, 원가·비용은 절감하고 안전사고와 고객의 불만족은 최소화(3소)하며, 국내외 현장 모두 3%의 원가절감(3%)을 목표로 하는 것이다. 그러나 자칫 원가절감에만 신경을 쓰다가 사고가 늘 수 있는데 현장 무재해를 달성하기 위한 노력도 늦추지 않았다.

그는 우리나라 건설수준이 높아지기 위해서는 노동집약적인 구조에서 기술집약적인 구조로 바뀌어야 한다고 강조하며 신기술 개발과 도입은 물론 건설공법 개발에도 많은 노력을 기울였다.

특히 사장 취임 이후 기술연구소를 확대 개편해 기술개발원으로 강화하고 특허 및 신기술 개발을 독려했으며, 매년 개최되는 국내외 사업회의에서도 단순한 현장 현황 설명 중심의 진행을 지양하고 국내외 우수 현장공법을 설명하고 이를 공유하게 했다.

취임 이듬해인 2004년에 열린 국내 사업회의에서는 부산복합화력발전소 현장과 목동하이페리온 현장, 베네시티 현장, 잠실대교 현장 등 우수현장에서 적용한 신기술·신공법 적용사례를 발표해 새로운 기술개발과 적용분위기를 확산시켰다.

이지송 전 사장은 "잘 만들어진 제품도 품질관리를 하지 않으면, 구식 기술로 만든 것보다 나을 바가 없다"라며 ISO 등 국내외 품질·환경관련 인증을 취득하고, 매년 품질경영 대회를 개최하는 등 품질경영도 강조했다.

특히 국제적 환경변화에 대응하고 글로벌화에 발맞추기 위해 'ISO9001:2000' 품질경영시스템으로의 전환 작업과 함께 전환심사를 마쳤고, 건설현장 안전·보건 분야의 OHSAS 18001을 취득하는 등 전반적인 경영시스템에 대한 검증을 마쳤다.

품질경영 사례를 지속적으로 발굴하고, 품질개선 추진활동을 통해 품질경쟁력을 강화하는 것이 기업의 경쟁력 제고에도 도움이 되고, 건설기술 발전에도 도움이 될 것이라는 판단 하에 매년 품질경영대회를 실시하고, 품질보증·품질시험사 및 측량사, 현장소장 교육 등 다양한 통로를 통한 교육강화를 추진했다.

그는 대한토목학회 부회장을 역임하면서 토목공학의 발전과 토목기술자의 지위향상, 토목기술의 연구와 지도, 토목정책에 대한 조사와 건의, 정부와 기타 공공단체가 행하는 토목사업에 대한 기술협조를 원활하게 할 수 있도록 지원을 아끼지 않았다. 또 건설정책위원회를 조직해 관·산·학 간 정보를 교환하고 최신기술을 공유하는 새로운 노력을 시도하기도 했다.

이와 함께 한국강구조학회 부회장을 맡으며 구제물 강재의 사용자와 제조생산회사, 학계 관계자의 상호협력을 통해 강 구조에 관한 기술향상과 강 구조물의 용도확대를 도모함으로써 국제 경제발전에도 기여했다. 그는 또한 고(故) 정주영 현대그룹 회장이 초대임원을 역임하기도 했던 한국대댐회(댐 높이 15m 이상의 댐) 기술분과위원회 시공분과위원장을 역임했다.

이지송 전 사장은 다양한 활동을 하면서 입찰·계약제도 혁신방안, 입찰제도 개선을 통한 부실시공 방지방안, P/Q 경영상태 평가방식 개선, 시공경험 및 기술능력 변별력 확보방안, T/K 설계심의 개선안, 저가심의제 개선 건의 및 도입 등 건설관련 주요 제도에 대한 다양한 의견개진과 건의를 통해 건설관련 제도의 선진화에 기여했다.

이 같은 노력 때문에 이지송 전 사장은 지난 2004년 건설의 날에 금탑산업훈장을 받았고, 2005년에는 제14회 다산경영상 전문경영인부문에서 대상, 제1회 한국을 빛낸 CEO 글로벌경영부문에서 수상하는 등 상복이 많다는 말을 듣고 있다.

이찬진

드림위즈 사장

△1965년 출생 △1989년 서울대 기계공학과 졸업 △1990년 한글과컴퓨터 대표이사 사장 △1999년 드림위즈 대표이사 사장 △2000년 전경련 e비즈니스 위원회 운영위원

〈주요 업적〉 한글 워드프로세서 아래아한글 개발

아래아한글 만든 한국의 빌게이츠

이찬진 드림위즈 사장은 1990년 '한글과컴퓨터'를 설립하고 최초의 한글 소프트웨어인 '아래아한글'을 만들어 대한민국이 컴퓨터 강국이 되는 데 큰 기여를 한 인물이다. 그는 미국의 소프트웨어 산업분야 대표주자인 빌 게이츠와 묘하게 닮았다. 빌 게이츠 회장이 MS DOS와 윈도우즈를 잇달아 발표하며 컴퓨터 이용자를 한 테두리에 묶은 것처럼 이찬진 사장 또한 한글 소프트웨어를 통해 대한민국 컴퓨터 이용자들을 하나로 묶었다.

'아래아한글'은 단순한 소프트웨어가 아니었다. 당시까지만 해도 한글문서를 작성할 수 있는 국산 소프트웨어가 전무했으나 아래아한글의 출현으로 인해 한글문서 작성이 가능해졌고 이는 곧바로 컴퓨터 활용 인구의 증가로 이어졌다.

그는 소프트웨어 관련 책도 많이 써서 컴퓨터 전도사로서의 역할도 톡톡히 했다. 1995년 《소프트웨어의 세계로 오라》를 시작으로 《이찬진의 쉬운 컴퓨터》, 《이찬진의 쉬운 인터넷》 등 이찬진 사장은 소프트웨어에서 운영체계, 인터넷에 이르기까지 다양한 분야에서 많은 책을 냈다.

한국에 소프트웨어 산업의 중흥기를 연 그에게도 큰 시련이 있었다. 그가 주목받기 시작한 것은 지난 1990년. 이찬진 사장을 포함한 4명의 서울대 동문은 한글로 문서를 작성하는 프로그램이 없어 컴퓨터 문화 보급에 어려움이 있다는 사실에 착안해 한글 워드프로세서 소프트웨어를 만들었고 이 작품은 곧 엄청난 반응을 일으켰다.

이찬진 사장은 이어 한글과컴퓨터를 창립했고 국내 소프트웨어 제작업체로는 처음으로 매출 100억 원대를 넘기며 고속 성장가도를 달렸다.

그러나 1997년 당시 만연하던 불법복제와 도스에서 윈도우로 넘어가는 체제 전환에 신속하게 대응하지 못하면서 서서히 무너지기 시작했다. 한컴네트 등 별도법인을 설립해 사업다각화를 노렸지만 주력분야에서 벗어난 사업은 결국 한글과컴퓨터에 어려움만 가중시켰다.

그러나 이찬진 사장은 여기서 쓰러지지 않았다. 절치부심한 그는 1999년 직원 7명을 데리고 드림위즈를 창업했다. 이제 컴퓨터 산업의 대세는 인터넷 분야로 옮겨졌다는 것을 깨달은 것이다.

과거부터 그에게는 '한국의 빌 게이츠' 라는 꼬리표가 붙어왔다. 빌 게이츠 회장이 세계 소프트웨어 산업을 부흥시키는 데 큰 공헌을 한 것처럼 그도 국내에 소프트웨어 바람을 일으켰다는 데서 붙여진 별칭이다.

그러나 이찬진 사장은 이 같은 별명에 대해 부담감을 표시한다.

"제가 한 일은 누구나 생각할 수 있는 것을 먼저 한 것뿐입니다. 한글 소프트웨어가 사실 대단한 작품은 아니거든요. 제가 안 했다면 누군가 했겠죠. 국내의 소프트웨어 분야에는 큰일을 한 사람들이 굉장히 많습니다. 한국의 빌 게이츠요? 당치 않아요."

하지만 그는 소프트웨어 산업을 포함한 IT 산업에 대한 애정만큼은 숨기지 않았다.

"한국인에게는 특유의 승부기질이 있다"고 말하는 그는 "남들에게 지지 않으려는 승부근성이 벤처를 창업하고 이를 성공적으로 육성시키는 등 산업발전의 기반을 이루는 데 큰 영향을 미쳤다"고 말했다.

이찬진 사장은 국내 IT 산업 수준은 상당부분 세계적인 수준에 근접했지만 IT 산업을 위한 기반은 아직 선진국과 비교해 미흡한 것으로 보고 있다.

"세계를 무대로 활동하는 국내 IT 기업들이 많아요. 그러나 대다수는 여전히 국내 시장에 만족하고 있는 실정이죠. 국가 차원에서 국내 IT 기업이 세계무대로 진출할 수 있도록 다양한 지원을 마련해야 합니다."

그는 소프트웨어 산업도 일부 분야는 세계적인 수준이지만 대부분은 아직 선진국 수준까지 가지 못하고 있는 실정이라며 우리의 기술이 세계무대에서 통할 수 있도록 경쟁력을 길러야 한다고 강조했다.

이찬진 사장은 드림위즈를 운영하며 최근 인터넷 사업에 주력하고 있다. 그는 특히 '마니아' 층에 주목하고 있다. 그 자신도 스스로를 마니아로 여긴다. 진정한 프로가 되려면 그 분야에 미쳐야 한다는 것이 이찬진 사장의 '마니아 지론'이다.

한글과컴퓨터에서 손을 뗀 이후 1999년 직원 7명과 함께 드림위즈를 창업한 그는 커뮤니티 사이트 '인티즌'을 인수해 철저하게 마니아층 공략에 집중하고 있다. 현재 많은 수의 인터넷 사업체들이 게임, 검색, 아바타, 메일, 카페 등 거의 획일화된 아이템으로 유사한 서비스를 하고 있다. 앞으로 살아남기 위해서는 뭔가 새로운 아이템을 찾아야 하는데 이것이 바로 마니아들을 겨냥한 서비스라는 것이다.

이를 위해 드림위즈는 웃긴대학, 루리웹, DVD프라임, 인라인시티 등 특정 마니아 계층을 확보하고 꾸준히 유명세를 타고 있는 국내 마니아 커뮤니티와 제휴해 '마니아 네트워크'를 구축했다. 이를 통해 마니아들끼리 서로 정보도 교환하고 기쁨과 즐거움, 어려움을 함께 나누는 거대한 장을 구축했다.

드림위즈가 운영하고 있는 '마니아 트렌드'는 디지털 제품마다 50여 명에 이르는 체험단을 구성하고 우수한 리뷰를 올린 고객에게 신제품을 제공하는 등 활동을 하고 있다. 또 '마니아 사이트'에는 디지털·라이프·게임·유머·스포츠·여성 등 6개 부문의 사이트를 연결해 상호 커뮤니케이션이 가능하도록 했다.

이를 통해 이용자들은 자기가 관심이 있고 흥미 있는 분야에 대해 보다 심도 있는 정보를 얻을 수 있으며 고민을 함께 나눌 수도 있다. 일반 포털로는 해결할 수 없는 일들을 네트워크를 통해 할 수 있게 된 것이다. 이를 통해 흩어져 있던 국내 네티즌들을 드림위즈 고객으로 확보해 나간다는 것이 이찬진 사장의 복안이다.

"오늘날에는 어떤 종류의 사업이라도 기술이 가장 중요한 요소로 작용합니다. 이런 추세는 앞으로 점점 더 심해질 겁니다. 그런 의미에서 보면 이공계 위기라는 말은 별 의미가 없다고 봐요."

이찬진 사장은 현대사회는 기술중시 사회로 변하고 있으며 미래에는 이 같은 현상이 더욱 심화될 것이라 전망했다. 대다수 기술이 비슷한 양상을 띠고 있는 요즘 남보다 좀 더 앞서가려면 남보다 조금이라도 더 뛰어난 기술을 확보해야 하기 때문에 기술을 가진 사람들이 더욱 우대받는 사회가 될 거란 얘기다.

"이런 말도 있잖아요. 경영학을 전공한 사람에게 공학을 가르치기는 어려워도 공학도에게 경영학을 가르치긴 쉽다고. 앞으로는 엔지니어들이 할 수 있는 분야가 점점 더 늘어날 것으로 확신합니다."

그는 현재 공학을 전공하고 있는 학생들에게 비전을 가지라는 당부의 말을 잊지 않는다. 모든 산업분야가 매력이 있기는 하지만 자신이 가진 기술을 이용해 새로운 제품과 서비스를 만들어 내는 기술 기반의 사업은 해 본 사람만이 안다고 그는 말한다. 자신이 연구한 결과가 사람들의 삶의 질을 바꿔놓을 수 있다는 보람과 연구실적에 대한 보상, 이 두 마리 토끼를 동시에 잡을 수 있다는 설명이다.

"이 세상에 종말은 없습니다. 현재 어려움을 겪고 있다고 해서 그것이 마지막은 아닙니다. 보통 하나의 기업이 창업 후부터 성공이라는 꼬리표를 달기까지 20~30년이 걸리는 것처럼 사람도 성공을 경험하는 데 20~30년이 넘게 걸립니다. 미래는 끝없이 자신을 채찍질하며 자기 발전에 힘쓰는 사람의 것입니다."

이충구

현대자동차 전 통합연구개발본부장 사장

△1945년 출생 △1967년 서울
대 자동차공학과 졸업 △1969
년 현대자동차 생산기술부 입
사 △1974년 이탈리아 연수 △
1985년 현대자동차 이사 △
1987년 현대자동차 상무 △
1991년 현대자동차 마북리연
구소장 △1993년 현대차 부사
장 △1995년 현대차 연구개발
본부장 △1998~1999년 현대
차 사장 △1999~2002년 현대
차 상품기획 총괄본부장
〈주요 업적〉 자체 국산 자동차
브랜드 개발

무에서 유를 창조한 포니 신화

2006년은 한국 첫 자동차 고유모델인 포니(Pony)가 울산 현대차 공장에서 출고된 지 꼭 30년이 되는 해다. 포니 출시는 1945년 광복 이후 시발자동차로부터 시작된 한국의 자동차 산업이 아시아에서는 일본에 이어 두 번째 고유모델 보유국으로 한 단계 큰 문턱을 넘는 기념비적인 일이었다. 포니가 나오면서 한국에도 소위 '마이카'라는 말이 생겨났다.

대리시절 포니 개발을 위해 이탈리아 이탈 사에 파견됐던 이충구 전 현대차 사장은 당시를 생생하게 떠올린다.

"1976년 포니 5대가 에콰도르로 선적되던 순간이 바로 국내 첫 자동차 수출이 이뤄지던 순간이었죠."

포니 출시부터 시작해 은퇴하기 전까지 그의 손을 거친 차는 30여 종이 넘는다.

"정말 재미있었지요. 33종 모두 부족해서 못 팔 정도였으니 나는 정말로 행복한 사람이 아닐 수 없습니다."

그가 현대차에 입사하던 해 구입한 아사히 펜탁스 카메라를 은퇴한 2002년이 되어서야 포장을 뜯었던 것도 자동차에 대한 애착이 사진을 앞섰기 때문이다.

"아는 건 차가 전부였지요. 대학에서 자동차공학을 전공하고 학군단 (ROTC)에서도 수송을 담당했으니까요. 포니 개발이 본 궤도에 오르자 틈틈이 울산시장을 돌며 사람들 얼굴을 찍는 기쁨도 잠시 미뤄뒀지요. 그걸 30년이 지나서야 다시 손에 잡게 됐습니다."

차량설계의 기본 개념조차 없는 백지상태에서 포니가 나오기까지가 고비였다. 포니가 나온 후로는 이어 '포니 2'를 내놨고 '스텔라' 등 후속 모델 개발이 이어졌다. 1991년에는 독자적으로 개발한 엔진인 1500cc급 '알파엔진'을 선보였다.

"지금은 상상도 할 수 없겠지만 당시는 와이퍼 하나 만드는 것도 쉽지 않았습니다. 곡면유리와 밀착되지 않는 데다 삐거덕거리기까지. 모든 것이 처음부터 하는 일이었죠. 때로는 밤에 잠도 오지 않을 정도로 외롭기도 했습니다."

세계 자동차 변방국에서 자동차 강국으로 거듭나기 위한 첫걸음을 떼기까지 '무'에서 '유'를 만들기 위한 그의 노력이 있었다. 국산 고유 브랜드에 대한 신념이 없었다면 오늘날 기계산업의 꽃이자 수출 주력 품종으로 자동차 산업이 대접받지 못했을지도 모를 일이다.

"생산라인이 멈춰서면 모두 엔지니어였던 저만 처다봤지요. 당시 '이대리 노트'가 유명했습니다. 승용차 반제품 조립생산 수준에 불과하던 1974년 나를 포함한 6명의 엔지니어가 이탈리아로 파견되었지요. 6명 가운데 가장 막내였던 제가 이탈 사 디자이너와 엔지니어의 도면작업 등을 옆에서 넘겨보고 이해해서 정리하고 기록하는 역할을 맡았던 거죠."

기술이 없어 외국 기술용역 회사로부터 하나씩 배워가며 실전에 적용할 수 있었지만 중요한 핵심기술은 철저히 숨기고 복사조차 못하게 해 도면을 일일이 손으로 그릴 수밖에 없었다. 그렇게 해서 탄생한 것이 차량 설계부터 생산기술까지 차 한대를 만들 수 있는 내용을 담은 '이대리 노트'이다. 한국에 돌아와 포니가 출시된 후에도 이대리 노트는 서울과 울산을 오가며 요긴하게 사용됐다.

이충구 전 사장은 정세영 현대산업개발 회장을 '왕회장'으로 회고한다.

"정세영 회장께서 기술에 관한 전권을 주셨지요. 1960년대 '딸딸이'로 불린 삼륜차 정도가 제조되는 수준에서 1972년 독자모델개발이라는 승부수를 과감히 던진 것입니다. 물론 당시 조립도면도 제대로 카피하지 못하면서 어떻게 고유모델을 설계해서 만들겠냐는 우려의 목소리가 나왔지만 모르는 건 모른다 말하고 할 만하면 해보겠다는 저를 믿어주셨던 거죠. 그것이 엔지니어의 가장 좋은 덕목이라고 할 수 있지요."

그 같은 산고를 겪은 그이기에 1998년 미국 시카고 모터쇼를 잊지 못한다. 연구개발 담당자들과 모터쇼를 둘러본 뒤 밤 회의에서 그는 흥분을 감추지 못했다. '이제 미국 빅3와 붙어볼 만하겠구나' 싶었던 것이다.

특히 그는 엔지니어이기에 임원이 되어서도 남다른 전략을 선보일 수 있었다. 1984년 남양연구소에 세운 종합 주행시험장도 그의 아이디어이다. 24만 평 부지에 180억 원을 투자해 둔턱이 심한 LA 고속도로와 아스팔트 입자가 굵은 영국 고속도로 등 세계 주요고속도로를 모두 가져다 놓고 자동차의 안전성과 경제성을 테스트함으로써 세계 자동차 시장에 진출하는 토대를 마련한 것이다.

"포니가 출시된 지 10년만인 1986년 미국 진출에 성공했지만 10년간 미국 시장을 모르고 팔았었습니다. 나라마다 도로상태가 다른데 그것을 생각지도 않았던 것이지요. 직접 만들어보고 타보지 않으면 도저히 알 수 없는 것이었습니다."

렉서스 430이 1989년 미국에서 출시되자마자 에어 플래이팅한 것도 그 때문이다.

"타보는 게 급선무죠. 듣던 대로 렉서스 430은 너무 조용해 시동이 걸리지 않은 줄 착각할 정도였습니다. 미국에서 신차가 출시되면 곧장 들여옵니다. 어디를 가든 어느 때든 1~2달간 타보고 면밀히 비교해보는 것이지요."

학생 때부터 라디오며 TV, 자동차 등 기계에 관심이 많았던 그는 대학시절 지게차의 오토 트랜스미션을 뜯었다 다시 조립하면서 엔지니어의 꿈을 키운 이래 줄곧 자동차와 함께 했다. 특히 자동차의 심장인 엔진 자체개발은 미쓰비시에서 플랫폼을 들여오고 바디만을 고유모델로 만든 포니와는 또 다른 도전이었다.

"플랫폼을 개발할 때는 정말 엔지니어로서 많은 도전을 받았지요.

포니 당시 미쓰비시 방식인 3축이 경쟁력이 없음을 확인하고 엔진 미션 등을 모두 2축으로 바꿔야 한다는 것을 알았을 때는 잠도 오지 않았습니다. 이후로도 중요한 기술적 결정을 내릴 때마다 외롭기도 했지요.”

결국 1982년 엔진을 자체적으로 만들어야 한다는 정세영 회장의 지시로 울산에서 플랫폼을 만드는 데 열중하던 개발팀은 이듬해 설립된 서울 마북리 연구소와 울산을 오가며 엔진개발에 도전한다.

이제야 플랫폼을 만들 수 있게 되었는데 엔진개발이라니. 하지만 이 같은 도전은 1991년 그 결실을 낳게 된다.

1991년 시제품만 300대, 시험차량 150대 등을 토대로 탄생한 알파엔진. 독자엔진이 개발됨으로써 우리나라도 엔진분야에서 완전한 기술독립을 이루게 된다. 선진국 기술을 배우기 급급했던 한국이 엔진 수출국으로 거듭나게 된 것이다.

플랫폼 자체 개발에서 자동차의 엔진이 움직이기까지 30년을 자동차 산업 현장에서 머문 이충구 전 사장은 2002년 은퇴한 뒤에야 좋아하는 사진을 맘껏 찍게 됐다. 하지만 2003년부터 국민대 자동차공학전문대학원 교수로 학생들을 만나면서 그마저도 잠시 미뤄뒀다.

“은퇴하고 1년간은 컴퓨터를 배우느라 바빴습니다. 강의준비도 해야 하고. 학교에서는 제가 추천서를 써준 지도학생 2명이 미국으로 유학을 갔지요. 자동차 마니아 같은 학생들을 만나니 다시 포니를 개발하던 젊은 때로 돌아가는 것 같아요.”

30년을 현장에서 머문 만큼 그의 강의는 단연 인기다.

“자동차에도 맛이 있습니다. 현대차의 성공비결은 한국 사람의 취향에 맞춰 적절히 디자인하고 향상한 것입니다. 특히 한국 사람은 일본이나 유럽 어느 나라보다 노이즈에 민감합니다.”

자동차 엔지니어를 꿈꾸는 학생들에게 《디트로이트의 종말》이라는 책을 권하는 자상한 교육자의 모습 역시 그에게 어울리는 듯하다.

이현순

현대기아차 사장

△1950년 출생 △1973년 서울대 기계공학과 졸업 △1981년 미국 뉴욕주립대 공학박사 △1981~1984년 GM Institute △1984년 현대차 가솔린엔진개발 부장 △1997년 현대차 연구개발본부장 보좌역 및 선행연구실장 △1997년 현대차 울산연구소장 △2001년 현대기아차 파워트레인연구소장 △2005년 현대기아차 연구개발총괄본부장

〈주요 업적〉 국내 최초 독자모델인 1.5 l 급 알파엔진 등 국내 자체기술로 자동차 엔진개발

대한민국 엔진기술 독립 이끈 엔진 박사

1984년 4월. 노랗고 붉은 꽃들이 거리를 가득 채우기 시작할 때 김포공항에 한 젊은이가 도착했다. 세계 최대 자동차업체인 제너럴모터스(GM) 자동차연구소에 근무하다 현대자동차 부장으로 스카웃된 이 젊은이는 출근 첫 날 일성으로 "독자적인 자동차 엔진을 만들겠다"고 목소리를 높였다.

그가 바로 한국 자동차 엔진의 산증인이라고 불리는 이현순 현대기아차 연구개발총괄본부 사장이다. 1973년 서울대 기계공학과를 졸업하고 공군사관학교 기계공학과 교관을 거쳐 미국 뉴욕 주립대에서 기계공학 석사·공학박사 학위를 받은 이현순 사장은 30년이 넘게 기계공학 한 길만을 걸어온 전형적인 공학도다.

대학시절에도 에너지를 생성하는 엔진과 터빈에 관심이 많았고, 군대에서도 4년 동안 비행기 프로펠러 엔진과 제트엔진 등을 분해·조립하고 실험하면서 강의를 했던 것만 봐도 그의 엔진에 대한 열정을 알 수 있다.

그가 1984년 파워트레인 연구소에 합류했을 때 당시 외국 유수의 자동차 업체들은 한국에서 독자엔진을 개발한다는 것은 불가능할 것이라고 입을 모았다. 당시는 자동차산업의 역사도 짧고 자동차 핵심기술인 엔진을 전적으로 외국기술에 의존하고 있었기 때문에 충분히 나올 수 있었던 이야기다.

이현순 사장은 많은 시행착오 끝에 1991년 국내 최초 독자모델인 1.5 *l*급 알파엔진의 개발을 주도했다. 알파엔진은 이후 고출력·저연비·친환경 엔진개발의 초석을 마련한 국내 최초의 독자모델 엔진이기 때문에 한국자동차산업 엔진기술 자립 원년으로까지 평가받았다.

알파엔진은 소형 가솔린엔진에 터보충전기를 국내 최초로 적용해 출력을 높였고, 연료분사와 점화시기의 컴퓨터 제어, 국내 최초로 노킹 컨트롤 시스템을 적용해 출력과 연비를 개선했다. 또 1실린더 3밸브를 적용한 멀티밸브체계로 성능을 높이는 한편, 오일소모 측정장치 개발로 엔진오일의 소비를 최소화시켰다는 평가를 받고 있다.

당시 알파엔진의 경우 종래 현대자동차에 적용해 오던 미쓰비시 오리온엔진보다 성능은 더욱 우수하면서 1995년까지 약 347억 원을 절감해 1991년 제1회 IR52 장영실상 수상의 영예를 안았다.

알파엔진의 개발은 이후 지속적인 기술개발력의 축적으로 제품개발기간을 단축시키고 시장수요에 적기 대응할 수 있게 했으며, 엔진설계기술의 수출기반을 마련하고 총 생산량 200만 대로 추정될 정도로 세계에서 가장 많이 생산되는 차세대 엔진 1호인 세타월드 엔진을 개발하는데 중요한 역할을 했다.

이현순 사장은 소나타에 장착된 세타 월드엔진 개발에 구상단계부터 참여해 세부설계, 성능·내구시험 및 양산에 이르기까지 기술 전 분야에서 핵심역할을 수행하는 한편 2002년 현대-다임러크라이슬러-미쓰비시 엔진 합작법인을 이끌어내고 5,700만 달러(약 750억 원)의 기술이전비를 받고 기술사용 권리를 제공할 정도로 자동차 기술수출에 핵심적 역할을 했다.

자동차 업계 관계자들도 세타엔진 개발로 기술이전 수입에 따른 무역수지 흑자에 기여했고, 규모의 생산에 의한 관련 산업의 개발비용 절감 및 가격경쟁력을 확보했으며, 생산기술 이전에 따른 국내 기계·플랜트 설비 및 공작장비 동반수출 가능성을 확인했다고 입을 모았다. 이와 함께 부품수출 증가로 국내 부품업체 세계화 기반을 구축하고, 한국 자동차업체의 기술력과 브랜드 인지도 세계화로 진정한 의미의 자동차 선진국을 향한 도약의 디딤돌이 되는 등 부가적인 효과도 컸다.

이현순 사장은 알파엔진 개발로 자동차엔진 독자개발 원년을 이룩한 이래 1994년 뉴알파엔진, DOHC 알파엔진 개발에 이어 1.8/2.0 *l*급 베타엔진과 변속기를 속속 개발했다. 베타엔진의 개발로 대당 기술이용료 8만 원, 생산원가 13만 원 정도가 절감돼 매년 총 420억 원(연간 20만 대 생산 기준)의 직접 원가절감 효과를 보게 됐다.

1997년에는 0.8/1.0경차용 입실론엔진과 기존 엔진 대비 10% 이상 연비향상이 가능한 린번엔진을 개발하였고, 1998년에는 중형 승용차용 2.0~2.7 *l* 급 V-6형 델타엔진과 중대형 엔진용 3.0/3.5 *l* 급 시그마엔진, 1999년에는 대형 승용차용 4.5 *l* 급 V-8형 오메가엔진을 개발함으로써, 비로소 0.8 *l* 급~4.5 *l* 급까지 가솔린엔진 풀 라인업 독자모델

체제를 구축하는 데 성공하였다.

이런 공적으로 이현순 사장은 IR52 장영실상 20회 수상 및 1995년 DOHC 가솔린 베타엔진, 1998년 린번엔진, 2002년 CRDI 승용디젤엔진, 2005년 세타엔진 등 엔진개발 공적으로만 총 4회의 최우수장영실상 대통령상을 수상하여 장영실상 최다 수상의 영광을 안게 됐다.

이현순 사장의 엔진개발에 대한 열정은 여전히 뜨거워 그가 이끌고 있는 연구개발총괄본부는 세계 최고 수준의 고성능 V6 승용디젤엔진인 'S-엔진'을 독자 개발해 차세대 프리미엄 LUV(럭셔리 유틸리티 자동차) '베라크루즈'에 탑재되고 있다.

베라크루즈에 탑재된 고성능 S엔진은 240마력의 힘을 갖고 있어 아우디 233마력, 벤츠 224마력을 능가하는 V6 동급 중 세계 최고 수준의 성능을 보이고 있으며, l 당 10.7~11Km의 1등급 연비를 달성해 고유가시대 최고의 경제성을 가지고 있다는 평가를 받고 있다.

그는 S엔진에 대해 "S6엔진은 국내 최초로 개발한 3000cc급 V6 승용디젤엔진으로 벤츠나 아우디 등 일부 선진자동차 브랜드들만이 기술력을 보유하고 있을 정도로 고도의 기술이 집약된 엔진"이라며 "현대기아차의 앞선 기술력을 보여주는 최첨단 엔진으로 이로써 소형승용에서 중형승용, SUV, 최고급 SUV까지 승용디젤엔진 전체를 구축하게 됐다"고 설명했다.

이현순 사장은 최근 개발한 엔진에 대해 자식 같은 애착을 보인다.

"S엔진에는 세계 승용디젤엔진 기술의 현주소를 보여주는 최신기술들이 국내 최초로 적용되어 있습니다. 특히 피에조 커먼레일 연료분사

시스템과 고강도 특수 주철(CGI) 실린더블록, 급속승온기능 등 최첨단 기술이 망라돼 있어 소음, 진동, 시동지연 등 디젤엔진의 단점뿐만 아니라 배기가스 문제를 획기적으로 개선했다는 특징이 있죠."

또한 '엔진개발도 사람이 하는 일'이라며 중소부품업체들과의 협력과 동반성장을 항상 강조하고 있다. 이를 위해 엔진설계기술 자립화를 추구하기 위해서는 국내 부품관련 중소기업을 개발 초기 단계부터 공동 참여시키고, 그동안 획득된 기술을 공유함으로써 이제까지 단순히 최종설계에 따라 생산만 하던 국내의 부품산업 수준을 독자적인 설계와 신제품 개발능력을 갖춘 부품기술업체로 발전시키는 데 공헌했다.

특히 방문, 설문조사, 세미나, 간담회를 통해 협력사의 요구를 적극 수렴해 지속적으로 반영하고, 개선을 통해 동반자적 상생관계의 조기 구축을 위한 기반을 마련한 공로로 금탑산업훈장을 수상하기도 했다.

엔진 개발과정에서 획득한 각종 선도기술 및 실용기술 등과 관련된 많은 연구업적을 국내 자동차공학회나 기계학회, 윤활학회 및 해외의 연구단체 등에 적극적으로 발표케 함으로써 관련분야에서의 활발한 기술교류와 기술수준 향상에 노력하여 국제적으로 자동차분야의 국내 기술력을 널리 알렸다는 평가도 받고 있다.

이현순 사장은 "새로운 기술개발을 위해서는 중소협력사의 기술개발력 향상은 필수적"이라며 "이를 위해 중소협력사 연구원들을 현대기아 연구개발본부 내에서 운영되고 있는 게스트엔지니어 센터에 파견시켜 업무에 필요한 모든 장비 및 비품을 지원하고, 부품 설계 구상 단계부터 협력사가 조기 참여토록 해 공동 설계, 부품 도면 확인, 실차

조립 등을 통한 문제점을 찾아내고 개선하는 데 주력하고 있다"고 말했다. 즉, 기술 지도를 통하여 협력사의 기술 수준 향상을 지원하는 것인데, 2006년 한 해만도 평균 280여 명의 협력사 엔지니어(게스트엔지니어)들과 함께 연구를 진행했을 정도다.

그는 "조그만 힘들이 보태져 현대기아차가 세계적인 기술리더가 된 것에 가장 큰 보람을 느낀다"며 "환경친화적이고 안전한 자동차를 만들어 인간 삶의 가치를 높이는 데 힘을 기울일 것"이라고 강조했다.

이희국

LG전자 사장

△1952년 출생 △ 경기고 졸업 △서울대 전자공학 졸업 △스탠포드대학원 전자공학 박사 △1980년 미국 휴렛팩커드 연구원 △1983년 금성반도체 본부장 △1988년 금성반도체 이사 △1995년 LG반도체 상무 △1999년 현대반도체 연구개발본부장 전무 △2002년 LG전자 전자기술원장 사장 △2005년 LG전자 사장(CTO)
〈주요 업적〉 국내 반도체 기술 선진화

메모리 반도체 분야 R&D 선도자

이희국 박사는 현재 LG전자 사장으로 2005년부터 CTO(Chief Technology officer), 즉 기술담당 최고경영자로서 LG전자의 13개 연구소를 총괄지휘하고 있다. 그는 이와 함께 LG그룹의 기술자문 및 그룹총괄적인 기술정책과 방향을 제시하고 있다.

그는 팀워크를 중시하는 리더십으로 연구개발 및 사업능력을 발휘하여 기술력을 향상시키고 나아가 기업 및 국가경쟁력을 높이는 것은 물론 국가의 미래 경쟁력을 키우는 데 일조해왔다는 호평을 받고 있다.

과거 LG반도체에서 16년을 근무하면서 DRAM 및 ASIC 사업에서 메모리반도체 분야의 R&D 선도자로서 1985년 1M롬 기술개발로 철탑산업훈장을 받은 것을 시작으로, CMOS 16M, 64M, 256M DRAM을 개발하여 우리나라가 현재의 반도체 강국으로 성장하는 데 초석을 다지는 역할을 수행하였다. 이후 LG전자에 근무하면서 기술표준화 공로를 인정받아 2002년 은탑산업훈장을 받았다.

회사 내에서는 주로 소자재료, 디스플레이, 디지털 TV 개발을 위한 기초기술의 연구개발을 이끌었고 탁월한 역량 및 리더십을 인정받아 1999년 연구소 총괄 부사장, 2001년 LG전자기술원장, 2003년에는 사장승진, 2004년에는 디자인경영센터장을 겸임하였고, 2005년부터는 LG전자의 기술부문을 대표하는 최고기술경영자로서 전사적인 사업 전략을 기술 부문에 연계시켜 기업의 시너지를 창출하는 역할을 하고 있다.

현재 그는 LG전자의 디지털 컨버전스 기술개발을 진두지휘하고 있으며, 제품개발, 특허, 기술 도입, 기술 수출, 연구개발 등을 책임지고 있다. 디지털 컨버전스란 IT 기반의 제품이나 서비스가 융합되어 새로운 형태의 제품이나 서비스로 재탄생하는 것을 의미한다.

또한 대외적으로는 한국과학재단 이사, 국무총리산하 기초기술연구회 감사, 나노산업기술연구조합 이사장, 한국 공학한림원 정회원 및 감사 등의 다양한 활동을 하고 있다. 그는 산업 현장에서 체득한 노하우가 정부 정책과 산학협력에 적극 활용될 수 있도록 왕성하게 뛰고 있다.

특히 과학기술계의 폭넓은 의견 수렴의 장이 되고 있는 국가과학기술자문회의 위원으로서 과학기술발전전략 회의에 참가하여 전자공학의 발전을 위해 정부정책입안에 참여하는 등 한국의 국가정책 방향과 관련 산업분야의 발전에도 큰 영향을 주고 있다. 2001년부터는 나노산업기술연구조합의 이사장을 도맡아 '나노기술의 전도사'라고 불리고 있다.

이희국 사장은 해마다 '나노 코리아' 라는 행사를 개최하고 이를 통하여 우리의 우수한 기술력과 첨단제품을 세계에 널리 홍보하고 있고, 장기적으로는 나노기술산업의 국제 위상 강화 및 수출증진에도 기여할 것으로 내다보고 있다. 이러한 노력을 토대로 앞으로 나노기술의 산업화를 통하여 국내 산업에 한 단계 도약을 가져올 것으로 기대되고 있다.

그는 기업 경영자로서의 역할뿐만 아니라 미래의 이공계 우수인력을 육성하는 일도 소홀히 하지 않고 있다. 현재 한국공학교육인증원의 이사이자 부원장으로 활동하면서 공학 교육의 발전을 촉진하고 실력을 갖춘 공학기술 인력을 배출하는 데 기여하고 있으며, 국가 차원의 정책 수립과 그에 따른 집행, 그리고 이를 위한 바람직한 환경 조성이 실효성을 거둘 수 있도록 노력을 아끼지 않고 있다.

이와 더불어 해마다 여러 대학과 단체에서 CEO 강좌에 참여하여, 이공계 학생들에게 올바른 가치관을 심어주고, 실질적으로 기업이 하고 있는 연구분야를 전달하여 향후 진로 방향 설정에도 도움을 주는 등 인력양성에도 기여하고 있다.

1980~2000년도 LG반도체 기술총괄, 현재 LG CTO 사장으로 초기 LG반도체 기술개발을 주도했고 현대전자와 합병하기까지 반도체 메모리개발을 주도하여 국가 반도체 기술선진화에 기여했다.

그는 2000년도부터 LG전자의 디지털 컨버전스 기술개발을 지휘하고 있다. CTO로서 제품개발, 특허, 기술도입, 기술수출, 연구개발(R&D) 분야에서 효율성을 제고함으로써 LG전자의 성장동력을 제공하고 있다. 또한 과학기술진흥 유공자로 철탑산업훈장을 받았다.

엔지니어도 시장을 보는 눈이 있어야 한다는 게 평소 그의 지론이다. 이공계 학생들을 대상으로 행한 강의에서 "디지털 컨버전스는 다양한 분야의 디지털 기술을 결합하는 것보다 고객이 원하는 기능만을 모아 상품으로 만들어내는 기획 능력이 중요하다"며 "이론과 기술을 앞세운 첨단 제품의 개발과 사업적인 성공은 전혀 다른 개념"이라고 말한 바 있다.

그는 또 "디지털기술 발전의 속도가 매우 빠르고 경쟁이 치열한 상황에서 엔지니어가 가는 길은 어쩌면 피곤할지도 모른다"며 "하지만 끊임없는 노력에 의해 새로운 디지털 기술이 창출되고 기술혜택이 일반 사람들에게 전달될 때 느끼는 보람은 무엇과도 비교할 수가 없다"고 밝혔듯이 기술발달에 따른 과실을 모두 나눠야 한다는 게 평소 소신이기도 하다.

나노산업기술연구조합의 이사장으로 활동하고 있는 이희국 사장은 우리나라의 신성장 원동력을 '나노'에서 찾고 있다. 나노산업기술연구조합은 2001년 민간차원의 산·학·연 협력을 적극 장려하기 위해 설립됐다.

당시 나노산업은 미국, 일본 등 선진국이 1990년도를 전후하여 연구활동을 해온 반면, 한국은 선진국 대비 나노기술 경쟁력이 25%에 불과했다.

나노조합 창립에 앞장섰던 이희국 사장은 "LG전자, 삼성전자 등 전자분야의 관련 업계가 중심이 되어 1차적으로는 나노기술이 우선적으로 적용될 수 있는 분야 간의 기술정보 교류를, 중장기적으로는 기술

경쟁력을 높이고 나노 신산업을 창출하는 게 목표"라고 말한다.

나노산업기술연구조합이 지금까지 중점 추진해 온 2대 분야는 ‘나노기술협동연구개발’과 ‘나노코리아(NANOKOREA)’로 대표되는 소프트웨어형 클러스터 역할을 확충하는 것이다.

이희종

LS산전 고문

△1933년 출생 △1957년 서울대 통신공학과 △1956년 국방과학연구소 근무 △1959년 체신부 전무국·중앙전기통신시험소 △1963년 금성사 설계과 과장 △1968년 금성사 공장장 △1970년 금성사 상무 △1981년 금성사 부사장 △1987년 금성산전 사장 △1995년 LG산전 부회장 △1998년 LG산전 고문
〈주요 업적〉 라디오 개발, 전력전자 전력제어 부문 기기 개발

전기·전자 1세대… 특허관리 앞장

이희종 LS산전 고문은 국내 전기·전자 분야의 터줏대감으로 꼽힌다. LS산전의 창립멤버인 이희종 고문은 연구기술직은 물론 영업 등 경영전반을 두루 거쳤으며 금성사 재직 당시 라디오를 개발하고 전력전자, 전력제어 부문의 기기를 개발하는 등 국내 산업 전자 분야의 개척자다.

LS 창업자인 구인회 사장의 사돈이자 국방부 차관과 경기도지사를 지낸 이홍배 씨의 아들인 이희종 고문은 태양공업 사장과 금성산전 사장, LS산전 부회장, 전자정보기술인클럽 회장 등을 지냈다.

이희종 고문이 입사한 LS전자(당시 금성사)는 1950년대 말부터 삼성과 함께 공대생들의 블랙홀 역할을 했다. 업계 진출 1세대라 할 수 있는 통신공학과 졸업생들은 당시 전공지식을 활용할 만한 직장이 없어 대개 체신부 직원으로 채용됐다. 전신주를 오르내리며 전화선을 잇거나 전화국에서 교환수 노릇을 하는 등의 일은 최고 학부 출신에게는 어울리지 않았지만 달리 다른 일거리가 없었다.

그러나 1958년 금성사가 설립되면서 체신부나 KBS에서 기술직으로 일하던 통신공학과 출신들이 대거 채용됐다. 이는 본격적인 민간기업 진출의 효시가 되었으며 한국의 전자산업을 일으켜 세우기 위한 초석이 다져졌다. 금성사는 국내 최초의 진공관 라디오를 생산한 이래 1962년 전화기, 1965년 냉장고, 1966년 흑백 TV 등 국내 1호 제품을 잇달아 내놓으며 초기 전자산업 발전을 주도했다.

전기·전자 관련 국내 1세대 원로로 꼽히는 이희종 고문은 금성사 재직 시 특허에 대한 중요성을 인식하고 발명에 대한 의식을 확산시키는 데 큰 역할을 했다.

"시드니 셀던의 소설책을 읽으면 머리가 맑아진다"는 이희종 고문은 1973년 국내 최초로 산업재산권 전담 부서를 설치하고, 1980년 특허부로 조직을 확대, 체계적인 특허관리를 도모했으며 금성산전 부문장으로 재직 시에는 사업부와 공장, 연구소의 기술개발과 특허 관리를 일원화하기 위한 특허 조직 설치에 최우선을 두어 첨단기술 개발과 국제적 특허분쟁 대처에 많은 노력을 기울였다.

그만큼 특허에 대한 욕심도 많았다. 그는 조직강화와 직무발명보상제도 등 특허 보안은 물론 발명인에 대한 의식 고취로 산업재산권의 출원 등록을 유도, LS산전을 1983년부터 1987년까지 5년 연속 국내 최다 산업재산권 출원 및 보유업체로 등록시키기도 했다. 또 당시 160여국에 상표를 출원·등록함으로써 브랜드를 세계에 알리고 이미지를 고취시켰다는 평가를 받고 있다.

산업용 전기전자와 기계 등 첨단산업 기술분야의 특허 활동과 기술

개발의 중요성도 인식해 산전 부문(당시 금성산전, 금성계전, 금성기전, 금성하니웰)을 담당하는 부문장으로 취임했을 때 부문 내 특허관리를 총괄하는 조직을 설치하는 한편, 출원 등 특허활동을 집중 지원해 연평균 약 180%의 출원 신장률을 기록해 산전 분야에서 최다 출원업체가 되는 데 기여했다.

이희종 고문은 기술 국산화에도 많은 역할을 했다. 기술도입에만 의존하는 현실을 타파하기 위해 기술연구소를 설치해 수많은 국내 최초 개발품과 국산화는 물론 우리 기술의 권리화를 위해 국내외 산업재산권으로 출원·등록했으며 독자적 응용기술의 교육을 위한 기술 센터를 설립했다. 이를 통해 신기술, 신발명의 민간 이전과 기술 수출을 위한 초석을 마련하는 데 공헌했다.

국내 최초 개발품을 산업재산권과 연계하기 위한 유기적인 특허활동 체계도 구축했다. 자동판매기와 태양등(Solar Lantern)과 같은 민생용품에서부터 로봇과 빌딩관리 시스템 등의 산업용 첨단제품에 이르기까지 국내 최초 개발품을 산업재산권으로 연계되도록 연구개발(R&D)에 있어 단계별 특허활동의 지침을 마련해 연구개발 조직과 특허 전담부서를 유기적으로 연결시켜 첨단기술개발 체제를 구축했다.

직무발명보상제도의 활성화로 발명인구의 저변을 확대했다는 평가도 받고 있다. 1975년 도입된 직무발명보상제도를 보상금의 인상과 인사고과 반영, 발명왕을 선정, 포상하는 등 제도의 적극적인 활성화로 기술개발요원의 자발적인 참여를 유도하고 발명인구의 저변 확대를 이룩했다.

전략적 산업재산권과 관련해 교육 체계를 구축하고 특허지도(Patent Map) 기법을 전파했다. 이희종 고문은 사내 전 직원에 대해 계층별, 과정별, 교육 과정을 개발·교육함으로써 특허가 연구개발 부문만의 일이 아님을 강조하고 특허청과 협회 주관의 교육에 적극 참여토록 해 전사적인 특허인식을 제고하는 것은 물론 특허 관리에 있어 필요한 P.M. 기법을 도입해 추진하고 이를 국내 각 기업체에 전파시켰다.

또한 특허종합 자료실을 설치하고 특허관리를 전산화했다. 그는 150만 건에 이르는 특허기술 정보의 신속하고 정확한 검색과 이용을 위해 국내 최대 종합자료실을 운영하며 자료와 산업재산권의 출원 등록과 관련한 모든 데이터를 컴퓨터 시스템으로 전산화해 효율성을 제고시켰다.

한국발명특허협회 부회장으로서 특허청의 법률개정시안 검토와 특허협회 주관의 발명의 날, 전시회 등 각종 행사를 적극 협찬, 후원해 국가적 차원에서 추구하는 제도 발전과 발명 인구의 저변 확대에 일익을 담당했다.

경영자로서 이희종 고문의 남다른 배포와 장기적 안목은 장점으로 꼽힌다. 실제로 LG산전 공장부지를 물색할 당시 실무진들은 2만 평으로 계획을 잡았으나 이사장은 그 3배에 가까운 5만 평 이상은 돼야 한다고 주장, 4만 평을 확보했는데 결국 4만 평도 부족하게 됐다. 엘리베이터 공장을 건설하면서도 실무진들의 과잉투자라는 반대에도 불구하고 동양 최대의 엘리베이터 시험 탑을 세우도록 지시, 초고속 엘리베이터 연구개발의 산파역을 톡톡히 하고 있다.

이희종 고문은 정직과 신의를 조직생활에서 가장 중요한 요소로 꼽는다. 그에 걸맞게 기업 활동도 엄정한 자기평가에서 시작돼야 한다는 소신을 피력한다.

"무한경쟁시대에 기업들은 자기실력을 과대 포장하거나 정부당국에 무조건적인 도움을 요청하기보다는 엄정한 자기평가를 바탕으로 실력을 쌓아야 한다."

이희종 고문이 언제나 호랑이의 면모만을 보이는 것은 아니다. 금성산전 사장 당시, 별도의 층에 마련된 사장실을 기획실, 영업부와 같은 층으로 옮겨 대화창구를 항상 활짝 열어 두고 직원들과 대화할 수 있는 기회가 주어지면 언제라도 마다하지 않고 반겼다.

'윗물이 맑아야 아랫물이 맑다' 라는 속담처럼 평사원에 앞서 임원들이 먼저 바뀌어야 한다는 의식개혁운동도 벌였다. 이 제도는 '아랫사람들을 이끌기 위해서는 윗사람부터 솔선수범해야 한다' 는 당연한 논리를 적용한 것인데, 업무의 효율을 높이기 위해 임원의 의식과 행동을 변화시킴으로써 부문 전체의 변혁을 유도하는 데 초점을 맞췄다.

그리고 임원 스스로가 3개월 단위로 변화시킬 의식과 행동을 각각 3개씩 설정한 뒤 달성도를 평가하며 직원들과 대화를 통한 모니터와 사장과의 면담을 통해 조언을 얻는 방식으로 추진했다.

부장과 과장, 평사원들과 허심탄회한 대화를 통해 목표를 도출하려 했지만 취지가 좋아도 실시 초기에는 진정한 대화가 없어 성과를 거두기가 쉽지 않았다. 윗사람이 아랫사람의 잘잘못을 지적하기는 쉬워도 아랫사람이 윗사람을 상대로 같은 지적을 한다는 것이 쉽지 않기 때문이다. 게다가 목표를 설정한 뒤에는 임원들이 평가를 받아야 하기 때문에 부담이 클 수밖에 없었다.

이 제도가 뿌리내리기 위해서는 무엇보다도 '합의' 과정이 진행돼야 한다. 의식과 행동 목표가 아무리 뚜렷하더라도 합의에 의해 도출되지 않으면 성공을 거두기 어렵기 때문이다.

장 성 섭

한국항공우주산업 상무

△1954년 출생 △1978년 서울대 항공공학과 졸업 △1979년 삼성항공 △1987년 영국 크랜필드대 항공기설계 석사 △2002~2004년 T-50개발센터장 △2004년~ 한국항공우주산업 개발본부장

〈주요 업적〉 국내 최초 세계12번째로 초음속 고등훈련기 T-50 제작

T-50 개발…
한국을 초음속 항공기 제조국으로

파란 하늘을 가르는 비행기들을 쳐다보며 항공 엔지니어를 꿈꾼 까까머리 고등학생이 있었다. 그 학생은 소리보다 더 빠른 비행기를 만들겠다는 결심을 했다. 25년여 뒤 그 학생은 초음속 고등훈련기 T-50을 만들어내고야 말았다.

T-50을 만들어 우리나라를 세계 12번째 초음속 항공기 제조국으로 발돋움시킨 까까머리 학생이 바로 장성섭 한국항공우주산업(KAI) 상무다.

주변 사람들은 27년을 항공기만 만들며 살아온 장성섭 상무에 대해 "세상에는 물질적으로 충족이 돼야 하는 사람도 있지만 그는 일의 즐거움으로 보상받는 부류"라고 입을 모았다.

그는 나이가 더 들어서 누군가 "당신은 젊었을 때 어떤 업적을 남겼소?"라고 묻는다면 주저하지 않고 'T-50 개발'이라고 말할 것이라고 강조했다. 살면서 가장 잊을 수 없는 순간은 언제냐는 질문에는 조금의 망설임도 없이 '2002년 8월 20일 오후 4시 24분'이라고 답했다. 그가 분까지 정확하기 기억하는 이날은 T-50 시제기가 처음 파란 하늘을 향해 이륙했던 순간이다.

"만의 하나 사고라도 생기면 청춘을 바친 프로젝트가 한순간에 물거품이 될 수 있는 절체절명의 순간이었기 때문에 초도비행을 앞두고 며칠 전부터 잠을 제대로 잘 수 없었습니다. 첫 비행하는 날 오전까지도 부슬부슬 내리는 비에 내심 불안했지만 오후 4시가 넘어서면서 날이 개고 하늘이 열렸는데, 그때 그 하늘을 잊을 수 없습니다."

외환위기의 폭풍이 우리나라를 휩쓸고 있던 지난 1997년부터 본격화된 T-50 개발은 인고의 세월을 거쳐 2001년 시제기를 완성하고, 1년여 동안 각종 지상테스트를 받은 훈련기는 장성섭 상무가 평생 잊을 수 없다는 바로 그 순간 땅을 박차고 하늘로 날았다.

그가 가장 애착을 갖고 있는 T-50은 32만 개의 부품과 15Km의 전선이 들어가 있을 정도로 섬세하게 제작된 첨단 전투기 조종사 양성을 위한 훈련기로 최대 속도가 특급태풍의 풍속인 50m/s보다 10배 빠른 마하1.5에 달하는 초음속 고등훈련기다.

전문가들은 장성섭 상무의 T-50 개발에 대해 아음속(초음속 미만) 항공기 개발단계에 머물러 있던 국내 항공산업의 수준을 한 단계 향상시킨 기념비적인 제품이라고 평가한다. 즉, 서울에서 부산까지 직선거리인 315Km를 10분만에 돌파할 수 있는 T-50은 최대속도가 마하1.5(시속 약 1,800Km)로 영국 BAE 사의 호크-128, 이탈리아 에어마키 사 M-346 등 초음속 훈련기 최대속도인 아음속을 뛰어넘는다는 것이다.

이와 함께 T-50이 높은 평가를 받는 것은 세계 최초로 비행제어장치를 디지털화해 우수한 비행성능과 뛰어난 조종감과 반응성능 때문이다. 조종석에 탑승하는 절차도 간단하고 조정실에서 보이는 시각도 뛰어나다는 장점을 인정받고 있다.

장성섭 상무는 T-50을 만들면서 진땀 흘렸던 상황들에 대해 이야기했다. 초도비행을 앞두고 있을 때 가장 중요한 부품인 조종간에 문제가 발견돼 엔지니어들이 독일과 미국을 넘나들기도 했고, 랜딩기어 제작사인 프랑스 메시에-다우티가 Kg을 파운드로 잘못 표시해 동체설계를 다시 해야 해서 프랑스 협력사를 제 집처럼 드나들었던 해프닝도 있었다. 시험비행 과정에서 T-50의 엔진이 갑자기 꺼지는 위기상황도 발생했지만 조종사와 엔지니어들의 침착한 대응으로 '비행 중 재점화'를 통해 무사 귀환시킨 사례도 있었다.

장성섭 상무가 개발한 T-50에 대해 한국항공우주산업측은 향후 25년 동안 동급 비행기에 대한 세계적 예상수요가 3만 3,000대로 이 가운데 30%에 해당하는 1,000대 정도를 T-50이 점유해 250~300억 달러 수출도 가능할 것으로 보고 있다.

이와 함께 아랍에미리트(UAE)와 그리스 등과 진행하고 있는 수출계약이 체결되면 세계에서 6번째로 초음속 항공기 수출국이 될 수 있을 것으로 판단하는 한편 우수한 훈련효과로 훈련비행 횟수를 줄여 국가적으로도 운영비용을 약 7억 6,000만 달러를 절감할 수 있게 됐다.

장성섭 상무의 이런 노력으로 T-50 초음속 고등훈련기(골든 이글)는 산업 분야에서 일하는 엔지니어에게 최고의 영광이라고 하는 IR52 장영실상을 수상하기도 했다.

장성섭 상무는 지난 1997년부터 수석엔지니어로 일했던 록히드마틴 기술진이 귀국한 뒤 미국 차세대 주력전폭기 JSF(F-35) 개발과정에도 수석엔지니어로 발탁될 정도로 능력을 인정받고 있다. JSF 제작진은 항공기 설계 중 핵심기술인 중량컨트롤 성공비법을 전수받기 위해 KAI 경남 사천공장을 찾기도 했다.

그는 "항공선진국인 유럽에서 초음속 항공기를 개발하고도 실용화하지 못한 사례가 많은 것을 생각하면 T-50 개발은 국내 항공기술의 쾌거"라며 "처음 개발을 시작했을 때는 1970년대 F-16 개발에 적용된 기술을 T-50에 도입하려는 외국기술진과 새 기술을 도입하자는 한국 기술진 간의 마찰도 적지 않았다"고 말했다.

"엔지니어들은 일에 있어서 고집이 상당해 자신의 주장을 쉽게 굽히려 들지 않습니다. 당사자 간에 심하게 다투기도 하죠. 미국 록히드마틴 사가 13%의 지분을 갖고 개발에 참여했기 때문에 미국 엔지니어들과 공동작업을 하는 일도 많았습니다. 그래서 양국 엔지니어 간 자존심 경쟁도 심해 이들을 조정하는 것이 제가 맡은 일 중에 하나였죠."

그는 "처음 T-50을 만든다고 했을 때 기술을 지원한 록히드마틴 사에서는 우습다는 듯한 태도를 보이며 '계획기간 내에 만들 수 없다'고 장담했다가 설계실력을 본 뒤로는 태도가 달라졌다"며 "이후 훈련기종의 베스트셀러가 될 수 있다는 판단을 했는지 적극 지원을 하더라"며 환한 미소를 보였다.

그는 5년이라는 가장 짧은 기간에 초음속 비행기를 만들 수 있었던 원동력에 대해 "아무런 대가 없이 목숨을 걸고 첫 비행에 나선 조종사들과 침낭 속에서 새우잠을 잔 엔지니어들 덕분"이라고 공을 돌렸다.

실제로 밤을 낮 삼아서 일하던 시절 매일 밤 1,300여 명의 엔지니어들이 사천 시내에서 야식을 배달시켜 먹으며 개발에 열중했고, 그 과정에 과로로 순직한 직원도 2명이나 있다며 비행에 성공하기까지 적지 않은 희생이 뒤따랐다며 안타까움을 드러냈다.

"항공기 개발 작업은 다른 일들과는 달리 보람을 느끼기에 일의 결과가 너무 늦은 것이 사실입니다. 보통 10년 이상 걸리는 것이 보통이거든요. 이 과정에서 능력에 대한 갈등, 누적된 스트레스가 엔지니어들을 괴롭힙니다."

그는 T-50 개발과정에서 미국 록히드마틴 사와의 항공기 주날개 납품권 관련 감사원의 감사를 받기도 했다. 이후 무혐의 처분을 받기는 했지만 당시 감사원은 한국항공우주산업의 설명을 외면하고 임직원들을 수천만 달러의 국고를 낭비한 파렴치범으로 몰았다고 목소리를 높였다. 특히 국가의 미래를 위해 노력하는 엔지니어들의 노고를 치하하기는커녕 엄청난 국고를 낭비한 장본인으로 매도한 것은 잘못됐다며 아직도 그 일이 가슴속 응어리로 남았다고 말했다.

장성섭 상무는 마지막으로 "항공기 산업이 우주산업에도 직접적으로 영향을 미친다는 사실은 누구나 아는 사실"이라고 강조하며 "앞으로 저궤도, 정지궤도위성 전반에 걸친 체계적인 연구를 통해 국산 위성의 수출산업화는 물론 T-50의 성능을 기반으로 최첨단 전투기와 함재기, 정찰기 등의 개발에 더욱 노력해 항공기 제작업에 종사하는 것을 자랑스럽게 여기는 사회분위기를 형성할 수 있도록 하겠다"고 다짐했다.

장영수

대우건설 전 대표이사

△1935년 출생 △1959년 서울대 건축학과 졸업 △1967~1969년 한국주택은행 기술역 △1970~1974년 영림산업 상무이사 △1975~1977년 태영개발 부사장 △1978~1984년 대우 건축본부장 △1984~1987년 경남기업 중동본부장 △1987~2002년 대우건설 대표이사 △1998~2002년 대한건설협회 회장 △현재 한국건설문화원 이사장

〈주요 업적〉 건설업의 종합엔지니어링화 추구로 건설선진화 선도

건설업에 품질혁명 도입
패러다임 바꿔

장영수 전 대표는 대우건설 재직 시 GENE-CON (General Constractor)화를 추진하는 등 건설산업 선진화를 위해 건설산업의 새로운 발전방향을 제시하며 건설산업이 기획, 설계, 시공, 감리, 운영에 이르기까지 일괄적으로 수행할 수 있는 종합건설업으로 바뀌어야 한다고 주장했다.

즉, 단순시공에서 벗어나 종합 엔지니어링 건설업이 필요하다는 목표를 제시하며 관리 · 경영 · 품질혁명 등 경영체제를 도입해 체질개선을 이룩한 공로로 1999년에는 건설대상을 수상하기도 했다.

그는 건설업의 선진화를 위한 기술력 강화와 인재육성을 통한 기술개발이 최고의 건설품질을 창조한다는 신념으로 1989년부터 매년 매출액 대비 3~4% 정도를 건설기술 개발로 투자했다.

장영수 전 대표는 당시까지만 해도 보기 힘들었던 기업 독자적인 건설기술연구소를 1~3단계에 걸쳐 건립해 업계의 주목을 받기도 했다.

그는 건설기술연구소 건물 자체에 그동안의 연구결과를 직접 적용한 사례로 기존의 건축물보다 열효율이 4배 이상이라는 평가를 받았다. 건설기술연구소는 건설업체 최초로 공인시험검사기관, 안전진단 전문기관, 유지관리기관, 품질시험대행기관으로 선정됐다.

그 결과 1993년에 건설교통부 신기술지정 1호라고 할 수 있는 Wire Mash Half Slab 공법을 개발했고, DWS 공법은 업계 최초로 미국에 로열티를 받고 수출하기도 했다. 이와 함께 건설기술 정보를 데이터베이스화해 다량의 기술정보를 축적, 기술기반이 취약한 중소건설업체 기술개발활동을 지원했다.

그는 월성 원자력발전소, 서인천 복합화력발전소, 새만금방조제, 경부고속철도 등 국내 대형 국책사업을 성공적으로 수행함은 물론, 1990년대 들어서면서 그동안 단순 시공위주 경영에 치우쳐 있던 해외건설사업을 벗어나 개발형·기획제안형, 턴키, BOO(Build-Own-Operate, 사회간접자본시설의 준공과 동시에 사업시행자에게 당해 시설의 소유권 및 운영권을 인정하는 것) 등 사업형태로 추진함으로써 해외건설 수주패턴에 새로운 모델을 제시해 한국건설기술 수출에도 상당한 기여를 했다는 것이 주변의 평가다.

총연장 357Km의 파키스탄 고속도로, 라오스 후웨이호 수력발전소, 최첨단 인텔리전트빌딩인 말레이시아 텔레콤 사옥 등을 턴키(설비 수출에서 생산 설비를 바로 가동할 수 있도록 모든 여건을 완벽하게 갖추어 인도하는 방식)와 BOT 방식 등으로 수주패턴을 다변화시키는 데도 힘을 쏟았다.

다양한 해외사업으로 지난 1992년에는 주한 지부티공화국 명예영사

로 위축되기도 했고, 당시 미수교국이었던 베트남, 라오스 등과 국교정
상화에도 큰 역할을 담당하는 등 민간외교에도 일익을 담당했다. 특히
2000년에는 라오스 국가경제 발전에 기여한 공로로 라오스국가 유공
훈장을 받았다.

평소 스포츠와 문화 분야에도 관심을 보여, 대한펜싱협회장, 아시아
펜싱협회장을 역임하면서 펜싱인구의 저변확대에 기여했고 회장으로
재직하던 2000년에는 시드니 올림픽에서 한국 최초로 펜싱 금메달을
획득하는 쾌거를 이뤄내기도 했다.

이 같은 공로로 2001년에는 한국체육대에서 명예체육박사 학위를
수여받았고, 1992년 금탑산업훈장, 1996년 대한민국 과학기술상 진흥
상, 1997년 한국의 경영자상, 서울대 자랑스러운 공대동문상, 1999년
대한민국 건설대상 등을 수상하기도 했다.

국내 건설업체들이 모여 있는 대한건설협회 및 대한건설단체총연
합회 회장 재임 시에는 각종 정책 제안과 대 · 중 · 소규모 업체 간 협
력활성화, 건설업 면허 및 시공자격제도 개선 등을 위해 노력하면서
외환위기로 위축된 건설산업을 회생시키고 재도약하는 데 크게 이바
지했다.

협회 관계자는 당시를 회상하며 "외환위기로 크게 위축된 건설 산업
을 회생시키기 위해 수많은 건설제도 개선과 건설업 활성화 기반을 구
축하는 등 과감한 경영혁신 기법을 도입해 업체의 체질개선은 물론 실
질적인 혜택을 받을 수 있도록 정부에 건의해 반영시키는 등 국내 건설
업 회생을 위해 밤낮으로 뛰어다니던 모습이 아직도 눈에 선하다"고

말했다.

장영수 전 대표 자신도 "경제 자체가 얼어붙어 있다 보니 제 살 깎아 먹기식의 업체 간 과당경쟁을 없애기 위해 '제 값 주고, 제 값 받고, 제대로 일하는 풍토'를 조성하기 위해 공사의 낙찰기준 점수를 조정해 최저공사비를 상향시키고 물가변동으로 인한 계약금액 조정 기준 시점을 계약체결일에서 입찰일로 변경시켜 건설업체에 불이익이 나타나지 않도록 했던 일들이 기억이 난다"고 언급했다.

그는 또 "표준품셈의 개정·보완, 건설노임의 현실화 등의 정책반영을 통해 적정공사비를 확보하고, '건설공사계약 헌장'을 공포해 입찰계약의 투명화, 제대로 시공하기 등 선진 건설문화 정착을 다양하게 시도한 것과 건설시장 진입장벽이 완화되면서 업체수가 기하급수적으로 늘어나 결국 시장과 업체 채산성 악화를 가져온다고 판단해 건설업 등록기준의 강화와 50억 원 미만 공사의 적격심사 시 기술자보유현황 심사, 부실·부적격업체 퇴출시스템 구축 등을 통해 건설 산업의 구조조정을 통해 시장질서를 확립한 것도 나름대로 큰 업적"이라고 자평했다.

이와 함께 사회간접자본 등 공공건설투자의 지속적인 확대를 위해 정부와 국회의 문지방이 닳도록 드나들며 정책건의를 했고, 기부체납시설에 대한 부가세 영세율 적용, BOT 사업에 대한 취·등록세 감면, 보험사업자 등 기관투자자의 민자사업참여 확대, 세제감면을 통한 주택경기 활성화 등을 추진해 건설공사수주액을 외환위기사태 이전 수준으로 회복시킨 것을 장영수 전 대표의 가장 큰 업적으로 평가하는 이들도 많다.

또 지역업체와 공동도급 시 가점제도 개선을 통해 지역 업체 물량을 확대해 나갔으며 일반업자 간 하도급 규제를 축소하는 제도를 개선하기 위해 설계를 포함해 건설공사를 도급받을 경우 일괄하도급을 허용, 합리적으로 개선해 대형업체와 중소업체 간의 상생·협력풍토를 조성해 업계 공동발전을 도모하기도 했다.

그는 "현직에서 은퇴한 뒤에도 일을 꾸준히 하고 싶어 지난 2003년 10월 사단법인 한국건설문화원을 설립해 건설관련 포럼과 정책간담회, 연구과제를 수행하고 있다"며 "한 번 건설인은 영원한 건설인"이라고 언급했다.

그는 건설문화원 설립 취지에 대해서 "국내 건설산업 간, 건설산업과 타 산업 간 상생·협력할 수 있는 문화적 공감대가 아직 미숙하다는 판단에 우리의 건설산업 비전을 설정하고 건설 산업 발전을 위한 신사고와 신문화창달을 위한 것"이라고 강조했다.

이어령 교수를 초빙해 '건설은 문화의 시작이고 끝이다'라는 주제로 건설문화포럼을 시작한 후 대통령자문 건설기술·건축문화선진위원회의 김진애 위원장의 '건설기술·건설문화 선진화 전략' 강연 등을 11차례에 걸쳐 시행하고, '주5일 근무제가 건설현장에 미치는 영향과 대책'이라는 주제로 정부기관 그리고 관련단체들과 정책간담회를 벌이는 등 건전한 건설문화 확대를 위해 노력하고 있다.

우리나라 건설 산업의 발전을 위해서는 꾸준히 해외에 눈을 돌려야 한다는 생각을 갖고 있는 장영수 전 대표는 '국제 기준의 건설공사발

주 및 계약제도 정착방안’, ‘건설산업 상생발전 방안’, ‘건설산업 이미
지 향상 전략개발’, ‘건설과 주5일 근무제도 영향분석’ 등 4개 연구과
제를 추진하는 동시에 다양한 연구보고서와 정책보고서, 13인의 각계
지도층 인사가 공동집필한 《건설문화 총서》 등을 발간하는 등 건설산
업 및 건설문화와 관련된 전문적인 연구도서들과 비전을 제시하는 데
주력하고 있다.

전긍렬

유신코퍼레이션 회장

△1926년 출생 △1948년 서울대 토목공학과 졸업 △1953년 건설부 설계담임관 △1963년 철도청 시설국 건설과장 △1966~1998년 유신특수설계공단 대표이사 △1998~현재 유신코퍼레이션 회장 △2004년 과학기술훈장 진보장

〈주요 업적〉 철도와 교량분야, 공공건축물에 대한 기술 발전 촉진

철도산업·건설 엔지니어링 산증인

전긍렬 유신코퍼레이션 회장은 코스닥에 상장돼 있는 기업들 중 최고령 CEO로 유명하다. 그러나 최고령 CEO뿐만 아니라 우리나라 철도산업과 건설엔지니어링의 산증인이라는 이유로 더 알려져 있다.

전긍렬 회장이 이끌고 있는 유신코퍼레이션은 지난 1966년 정부의 국토개발계획과 더불어 시작돼 도로, 철도, 항만 등 공공건축물을 대상으로 토목공사를 설계·감리하는 업체를 구축했다. 특히 철도와 교량 등의 분야에서 두드러진 경쟁력을 갖고 있다.

흔히 얘기하는 전통 있는 중견기업이기 때문인지 모 건설취업포털 엔지니어링 부문에서 삼성엔지니어링과 더불어 구직자들이 가장 선호하는 업체로 뽑히기도 했다.

유신은 경부고속철도를 비롯해 남북철도 연결 사업 외에도 국내의 주요철도공사 설계에 선도적으로 참여해왔다. 이처럼 유신이 국내 철도공사 설계의 선도적인 입장을 유지하고 있는 이면에는 전긍렬 회장이 있다. 전긍렬 회장은 철도사업을 하면서 특히 1976년 중앙선 공사를 가장 기억나는 에피소드로 꼽았다.

"1976년 초겨울에 시행한 중앙선 양수역을 못 미쳐 팔당호에 위치한 북한강 트러스 교환공사가 가장 기억에 남습니다. 그때 중앙선은 하루만 열차운행이 중지되더라도 서울시내 연탄값이 올라갈 정도로 비중이 높았을 때죠. 한국전쟁 당시 손상됐던 북한강 철교를 임시로 복구해 활용했는데 물동량은 계속 늘어나고 열차는 무거워져 당시 트러스로는 더 이상 운영이 불가능해 이를 밀어내기 공법으로 교체하는 작업이었는데 3일 동안 밤낮 없이 교환했죠. 지금도 이 공법을 특수공법이라고 하는데 변변한 장비도 없었던 40년 전에 시행했다고 생각해 보세요."

남들이 어려워하는 철도산업을 계속 고집하고 있는 이유에 대해 그는 "철도는 하루아침에 이뤄지지 않고 50년에서 100년을 미리 내다봐야 하는 사업으로 역세권 개발에서 관련된 환경 및 기간구조와 병합되는 구상이 전제돼야 한다"며 "그렇기 때문에 유신은 교통수송 분야를 비롯해 구조, 생활환경, 감리, 기술개발, 민간사업 분야 등 다양한 사업 분야의 다원화를 갖추고 운영되고 있다"고 설명했다.

주변 사람들도 "전긍렬 회장은 '더 높은 기술로 쾌적한 삶을 창조해 고객과 인류사회에 공헌한다'는 경영이념을 세우고 팔순의 노구에도 불구하고 정열적으로 사업을 이끌며 교량설계의 전문가로서 역량을 발휘하고 있어 무척이나 인상적"이라는 평가를 내리고 있다.

이 같은 노력으로 전긍렬 회장은 지난 2003년, 서울대학교 공대에서 수여하는 '자랑스런 공대동문상'을 받았고, 2004년에는 과학기술훈장

진보상을 수상하는 영광을 얻기도 했다. 또 2006년 4월에는 서울대 공대 토목공학과 동창회에서 '서울대학교 토목인의 상'을 수상하기도 하는 등 우리나라 토목사의 한 획을 그었다는 평가를 받고 있다.

전긍렬 회장은 끊임없는 기술개발을 독려하고 있다. 그래서 유신코퍼레이션은 다수의 특허를 보유하고 있다.

최근에도 교량의 우물통 기초의 지수막이 그라우팅 공법에 대한 특허와 지하철 구조물의 벽체 철거 및 확장공법의 특허를 취득했다. 지수막이 그라우팅 공법은 교량의 기초가 되는 우물통에 사용되는 수중 콘크리트의 문제점을 해결할 수 있도록 건식 콘크리트를 타설해 콘크리트의 품질을 확보할 수 있고 교각 기초에 대한 안전시공을 실시할 수 있도록 한 것이다. 특히 지하철 구조물 특허는 지하철 운행에 지장을 주지 않고 지하철역을 새로 공사할 수 있는 방법이다.

업체 관계자들은 "건축 엔지니어링 회사답지 않게 건축·토목구조물의 설계에서 유신이 조형성과 예술성, 창의성, 안전성 등 모든 것을 갖고 경쟁력을 보유하고 있는 이유는 전긍렬 회장이 '건축은 인간과 함께 하는 문화'라는 것을 항상 강조하기 때문이다"라며 "유신이 현수교 구간에 도로, 철도, 복층교량 건설한 일은 우리 건설사에 길이 남을 작품"이라고 입을 모으고 있다.

최근에는 왕십리와 오리 구간을 연결하는 총 연장 49.9Km의 신분당선 중 왕십리~선릉 일부 구간에 대해 국내 최초로 쉴드 TBM(Shield Tunnel Boring Machine) 공법을 적용해 한강 하저를 통과하는 철도터널을 건설하는데, 이 부분에 대해 유신이 감리에 나섰다. 특히 왕십리~선릉 3공구 구간 중 터널은 최대수심 20m의 한강 하부를 통과하는 846m 구간이기 때문에 더욱 의미를 갖는다.

전긍렬 회장은 서울지하철 1호선 설계도가 기억이 많이 난다며 지하철 공사에도 많은 인연이 있음을 강조했다.

그는 "지금은 지하철설계와 시공기술이 상당히 표준화, 범용화돼 있는 상태지만 그때는 지하철에 대한 기초지식이 없었던 시절이기 때문에 고생들을 많이 했다"며 "지금이야 도면, 구조계산, 계획들을 컴퓨터로 하고 있지만 모두 사람이 손으로 작성해야 하는 당시에는 기술인력 한계 때문에 작업기간 내내 철야작업을 할 수밖에 없었다"라고 말했다.

당시에도 일반 터널공사는 했지만 중간에 기둥이 있는 지하철 개착구조라든지 환기구는 우리 기술자들에게 많이 생소한 구조이고, H-말뚝을 박고 토류판을 끼우는 공사, 위에 복공판을 씌우고 자동차를 통과시켜가며 시행하는 공사도 낯설었기 때문에 일본 기술을 도입하는 등 값비싼 대가를 치르기도 했다.

최근 진행하고 있는 사업 중 인천국제공항 전용철도 건설사업에 대해서도 "우리나라의 관문이라고 할 수 있는 인천국제공항 전용철도 건설사업을 우리 손으로 진행하게 된 것이 매우 뜻 깊다"고 말했다.

이 같은 고생스러웠던 시절이 생각나서인지 전긍렬 회장은 "현재까지 회사가 성공적으로 운영되고 있는 것은 이 때문"이라며 "기술자로서 최고의 자격이라고 할 수 있는 각 분야의 기술사 260여 명과 함께 1,300여 명의 임직원이 모두 한 마음이 돼 움직여 줬기 때문"이라며 직원에 대한 각별한 사랑을 내비쳤다.

이러한 전긍렬 회장의 열정 덕분인지 강원도 춘천 G5프로젝트 문화관광복합지구 국제현상설계에도 유신이 선정됐다. 친환경 건강복지도시를 주제로 출품된 작품으로 특히 춘천 중도를 포함한 도시와 외곽지역의 특성을 잘 반영했고 자연친화적인 개발과 생태성 확보를 상대적으로 부각시켜 높은 점수를 받았다.

그 이전에는 국내 최대 국책사업인 인천국제공항 건설사업에 전적으로 참여해 1단계 개항 시 대통령상 표창을 수상했고, 현재는 2단계 확장사업도 수행하고 있다. 경부고속철도사업, 남북철도 및 도로연결사업에 주도적으로 참여하고 있으며 서울의 관문이라고 할 수 있는 영종대교와 부산의 명물인 광안대교, 남해안의 걸작이라는 평가를 받고 있는 창선~삼천포대교 등 장대 해상교량의 설계 및 감리에 있어 국제경쟁력을 갖추게 된 것도 전긍렬 회장의 추진력 덕분이라는 것이 주변의 평가다.

전긍렬 회장은 국내에서 습득한 노하우를 기반으로 해외건설 컨설팅 등 해외 진출을 적극 구상하고 있을 정도로 활발한 활동을 펼치고 있다.

도로 분야에서는 리비아의 토브럭~자그붑 간 도로건설 실시설계에 참여했고, 공항 분야에서는 필리핀 라귄딩 간 공항개발사업 기본·실시설계 및 감리사업에 참여했다. 또 철도 분야에서는 지난 1998년 중국 흑룡강성에서 러시아 블라디보스톡으로 연결되는 철도건설 타당성조사를 실시했고 이외에도 파푸아뉴기니아, 태국, 파라과이, 필리핀 등 많은 해외철도건설사업에 직간접적으로 참여해왔다.

그는 "해외 진출을 위해 온대지방은 물론 열대지방, 사막지방, 혹한 지방에서 철도, 도로, 공항, 교량의 특징을 분석해 많은 자료를 수집하고 있는 상황이기 때문에 앞으로도 계속 발전시켜 세계 어느 지역이라도 적극 진출할 예정"이라고 말했다.

전긍렬 회장은 "국내를 뛰어넘어 글로벌 사업에 초점을 맞춰 그 역량을 강화해 온 만큼 '인간과 환경, 기술'이 융합된 기업으로 친환경적인 토목기술의 끊임없는 개발을 통해 국제적인 엔지니어링 업체로서 고부가가치 혁신기술로 세계를 선도하는 기업경쟁력을 키울 것"이라고 강조했다.

전민제

전인터내셔날 회장

△1922년 출생 △1946년 조선
종합화학 사장 △1951년 서울
대 화학공학과 석사 △1951년
북삼화학공사 상무이사 △
1954년 조선석유주식회사 관
리인 △1959년 한국석유주식
회사 상무이사 △1962년 대한
석유공사 이사 △1968년 대한
석유공사 부사장 △1967~
1983년 전엔지니어링 대표 △
1973~1983년 이수화학공업
대표이사 △1985년~전인터내
셔날 회장
〈주요 업적〉 울산 정유공장 건
설

국내 첫 정유공장 세운 영원한 정유맨

전민제 전인터내셔날 회장은 정유업계에서 '전설적인 정유맨'으로 통한다. 그는 1948년 북한이 전기를 끊으면 암흑천지가 될 정도로 공업이 전무한 남한지역에 정유공장을 세워야 한다며 11년간의 투쟁 끝에 1964년 국내 첫 정유공장인 울산 정유공장을 가동시킨 한국정유산업의 시조이다.

전민제 회장은 1962년 대한석유공사 출범에 이어 1964년 1월, 하루에 3만 5,000배럴의 원유를 정제할 수 있는 울산 정유공장이 시운전에 들어간 날을 잊지 못한다. 1963년 말 울산 정유공장이 완공됨에 따라 석유류의 공급가격이 종전의 절반이 됨으로써 산업에 필요한 에너지가 저렴하게 공급될 수 있게 된 것이다.

그는 1946년 자본금 2,000만 원으로 아세틸렌에서 빙초산을 만드는 현대적 화학공장 1호인 조선종합공업주식회사를 창업했다. 해방 직후 인프라가 전혀 없는 상황에서 이태규, 안동혁 박사 등의 도움을 받아

공장을 가동했지만, 1948년 북한에서 전기공급을 끊자 공장을 닫을 수밖에 없었다.

이 무렵부터 전민제 회장은 석유화학산업에 관심을 갖기 시작했다. 제2차 세계대전 당시 미국에서 부상하는 석유화학의 중요성을 목격하고 석유화학이 미래산업이 될 것을 예측했다. 특히 에너지 부존자원이 없는 남한에서 먹고 살려면 원유를 이용한 석유화학공업을 일으켜야 한다고 생각했다. 곧이어 한국전쟁으로 전국이 초토화되면서 그는 더욱 확신을 갖게 되었다.

"한국전쟁이 일어나고 남한에는 화학공장이라고 해봐야 삼척의 가성소다, 카바이트, 시멘트 공장이 전부였습니다. 3년간 동경대 생산기술연구소에 파견돼 한국과 일본을 오가며 석유화학공업의 기반을 닦기 위한 구상을 해나가기 시작했습니다. 석유화학공업을 일으켜야만 우리나라가 잘 살 수 있다는 확신이 선 것도 그때였지요."

마침 1950년대 초 중동의 원유증산 바람은 그에게 힘을 실어줬다. 이화여대에 재직하던 아내의 도움으로 김활란 박사와 자주 만났던 것이 계기가 됐다. 김활란 박사가 전민제 회장의 생각을 고(故) 이승만 대통령에게 전한 것이다. 결국 그는 1951년 이승만 대통령에게 석유화학공장을 세울 것을 건의하는 기회를 갖는다.

"당시 미군 유류보급창이 있어 이미 철도와 항만시설이 갖춰진 울산에 정유공장을 세우는 것이 가장 돈을 적게 들이는 방법이었죠. 일본인이 운영하던 조선석유회사가 해방이 되자 짓다 말고 떠나버린 증류탑 하나를 시작으로 확장한다는 계획을 제시했습니다."

1954년 조선석유 임시관리로 임명되면서 그의 비전은 구체화되기 시작했다. 울산과 서울을 오가며 정유사업에 대한 계획을 세우고 원조 당국을 설득했다. 수시로 미 공보원으로 외국 학술지를 보러 다니던 것도 이때였다.

"외국의 원조로 근근이 먹고 사는 나라에서 정유공장을 짓겠다고 하니 다들 미친 짓이라고 외면했지요. 가장 어려웠던 것은 정유공장을 위한 원유를 확보하는 것이었습니다. 처음 석유화학공업을 제안한 1951년부터 석유공사 설립까지가 힘들었지요. 인생의 황금기인 30대를 앞이 보이지 않는 일에 투자한 셈입니다."

1959년 정부 기구인 정유공장추진위원회 사무국장을 맡아 500만 달러의 정부자금을 이끌어내고 한국석유주식회사가 세워지면서 급물살을 탔지만 자유당에서 민주당으로 정권이 교체되면서 정치자금으로 몰려 모두 환수됐다.

특히 남궁 사장이 부정축재로 몰리면서 관련 사업이 백지화되어 전민제 회장은 1년간 어두운 시기를 보낼 수밖에 없었다.

"1년간 사업이 한 걸음도 나가지 못했지요. 하지만 1966년 고(故) 박정희 대통령에 브리핑할 기회가 있었습니다. 그때 정부승인을 받으면서 정부사업으로 힘을 얻게 됐어요."

'석유 한 방울이 피 한 방울'이라고 걱정한 박정희 대통령에게 공업 생산제품을 수출할 경우 생산가격에서 연료비가 차지하는 비중은 불과 3%밖에 되지 않는다고 자신있게 설득했고 그리고 나서야 석유화학 사업에 시동이 걸렸다.

전민제 회장은 이어 대한석유공사법 제정을 위한 기초 작업에 참여 1962년 8월 15일 대한석유공사 출범을 성공적으로 이끌고 초대 이사

직을 맡아 부사장으로 은퇴하기까지 8년간 국내 정유산업의 밑그림을 그렸다.

"1951년 처음 정유공사 설립의 필요성을 주장하고, 11년만의 투쟁이 결실을 맺은 것이지요. 당시 미국의 한 해 원조가 1억 2,000만 달러에 이르렀습니다. 정부와 민간 누구라 할 것 없이 원조가 끊길 것을 우려해 반대했지요."

하지만 그는 대한석유공사법 제정을 위한 공청회 등에서 결국은 자력으로 먹고 살아야 하는데 언제까지나 원조만 바랄 수는 없다는 일념으로 반대하는 이들을 설득했다.

우여곡절 끝에 석유공사가 설립되고서도 울산 정유공장이 시운전에 들어가기까지 순탄치만은 않았다. 외국의 건설업체와 1962년 계약을 체결하고 1차 대금을 지불했지만 국고보유 달러가 없어 2차 대금을 지불할 수 없다는 소식을 듣고 백방으로 뛰어다니며, 스탠다드, 쉘, 걸프, 칼텍스 등 4개사와 접촉했다. 결국 1956년 외국 정유공장 시찰 시 처음 인연을 맺었던 미국 걸프 사의 실력자 크랜시가 2,000만 달러를 대한석유공사에 선뜻 빌려줬다.

"1962년 대한석유공사 이사부터 1970년 대한석유공사 부사장직을 떠날 때까지 많은 후배들을 길러냈습니다. 지금은 대부분 은퇴했지만 스무 살이 갓 넘어 공채로 들어온 S-oil 김선동 회장이 현역으로 남아있는 유공출신입니다."

1964년 시가동 후 1968년 벤젠, 톨루엔, 자일렌 등 방향족 첨가제가 생산되던 날, 그는 마치 자식이 태어난 듯 기뻐했다. 국내에서 석유화학제품이 생산되기는 처음이었다. 하루 3만 5,000배럴 규모의 울산 정유공장이 오늘날 하루 250만 배럴로 몰라보게 성장한 것이다.

정유공장이 완공되자 1964년부터 석유화학사업을 추진하며 울산 석유화학단지 건설에 참여했다. 1970년대 두 차례 석유파동 때는 중동외교 일선에서 뛰기도 했다. 1974년부터 한·사우디 경제협력위원회 부회장으로 임명돼 정유공장 설립 시 쌓아온 중동인맥으로 정유업계 실력자로 통하던 그는 고(故) 최규하 당시 외교보좌관과 함께 원유공급선 확보를 위해 사우디로 파견됐다.

"주유소 앞에 물통을 들고 주저앉아 기다리던 당시 어려움이 컸습니다. 일본 사람들과 함께 사우디 왕을 만나 한국의 오일쇼크를 설명했지요. 10여 일간 세 번이나 중동을 왕복하기도 했습니다. 그 같은 노력 끝에 결국 암시장에서 기름을 사야 하는 상황은 막을 수 있었습니다."

또 울산의 대한석유공사, 여천의 호남정유, 인천의 경인에너지에 이어 선경이 국내에 제4의 정유공장을 건설하기로 하고 1972년 정부 인가를 받았을 때도 전민제 회장이 한국 측 실무를 맡아 중동을 드나들며 원유공급선 확보를 담당했다. 울산에서 대구에 이르는 송유관 건설 및 울산 석유화학단지 기획과 조성작업에도 참여했다.

1967년에는 공장을 설계할 수 있는 엔지니어를 양성하지 않으면 안 되겠다는 생각에 전엔지니어링을 창업해 국내는 물론 해외 플랜트 건설 등에 참여해왔다. 이어 1973년 이수화학공업과 신한기공건설을 꾸려나가는 등 정유업계의 거물로 활약했다.

또 한국부식학회 회장, 대한화학회 회장, 한국석유화학협회 부회장,

해외건설협회 이사, 기술용역협회 회장, 과학단체총연합회 부회장 등 다양한 학회 활동을 통해 후배를 길러내는 데 정성을 다하고 있다. 현재까지도 국제순수 및 응용화학기구(IUPAC) 화학산업 분과 위원으로 활동하고 있다.

이 같은 경력의 그이지만 화려한 면에는 큰 의미를 두지 않는다.

"모든 것이 아무것도 없던 황무지에서 이뤄진 일입니다. 대한석유공사가 출범하기까지 한국전쟁 후 10여 년간 결코 화려하지 않은 그 시간이 이후 정유공장이 들어서고 석유화학 산업이 일어나던 때보다 더욱 값진 시간이었습니다."

여든이 훌쩍 넘은 나이에도 각종 학회 참석을 위해 일본이며 미국을 오가는 전민제 회장은 부인 나영균 이화여대 영어영문학과 명예교수의 도움을 받아 한국의 산업사와 석유화학의 발전사를 담은 책을 쓰는 등 왕성한 활동을 하고 있다.

정명식

포스코 전 회장

△1931년 출생 △1955년 서울대 토목공학과 졸업 △1959년 미국 미네소타대 토목공학 석사 △1958년 한국종합기술개발공사 사장 △1965년 자마이카 보건성 위생기술국장 △1970년 포항종합제철 건설관리부 조사역 △1987년 포항종합제철 사장 △1991년 한국엔지니어클럽 회장 △1993년 포항종합제철 대표이사 회장 △1995년 포항공대 이사장
〈주요 업적〉 영일만 제철소의 성공적인 건설 참여, 지휘

포스코 25년간 진두지휘 재도약

대한민국 성장신화의 상징으로 꼽히는 포스코를 지휘한 정명식 회장.

그의 이력에는 포스코 회장이라는 직함 외에도 대한토목학회 회장, 과학기술자문회 위원, 한국엔지니어클럽 회장, 포항산업과학기술연구소 이사장, 한국철강협회 회장, 과학기술포럼 회원, 한국과학기술단체총연합회 과학기술봉사단 단장 등의 수많은 직함이 따라다닌다.

그의 인생은 마치 반전에 반전을 거듭하는 한 편의 드라마와 같다.

학창시절 그의 꿈은 서울대 토목공학과 교수였다. 성실한 성격 탓에 학부와 유학시절 항상 상위권 성적을 유지했던 그는 김포공항에 발을 내디뎠을 때만 해도 모교로 돌아가 교수로서 후진양성에 힘쓰겠다는 청운의 꿈에 부풀어 있었다. 그러나 막상 학교에서 교수 자리를 알아보니 이게 웬걸, 그가 있을 자리는 없었다.

그래도 포기할 수 없었던 정명식 회장은 시간강사를 시작했으나 생계유지가 어려워 결국 토목설계사무소에서 파트타임 직원으로 일하게 됐다. 이때의 현장경험이 어쩌면 그가 국내 굴지의 산업인프라기업인 포스코의 핵심인물로 성장하는 데 결정적인 영향력으로 작용했는지도 모르는 일이다. 만약 그가 당시 대학에서 교수가 될 수 있었다면 대한 민국 산업의 기초를 세우는 데 크게 공헌한 그의 현재 모습은 없었을 것이다.

1959년은 그에게 더더욱 잊을 수 없는 해였다. 토목공학 이론을 현장에서 실행해 볼 기회를 갖게 된 것이다. 그가 몸 담고 있었던 설계사무소가 서울시 보광동에 건설될 전후에 최초의 신식 수원지 프로젝트를 따낸 것이었다.

그는 이 사업에서 건설 책임자로 설계 · 실행 · 계획 · 추진 등을 총괄 감독해 성공적인 결과를 만들어냈다. 그러나 그는 당시 크게 낙심한 상태였다. 자신이 그토록 원하던 교수 임용의 기회가 쉽게 생기지 않았기 때문이다.

그러던 그에게 다시 한번 기회가 찾아왔다. 아프리카의 자메이카에서 상수도 사업 관리감독자를 구한다는 광고를 접해 지원하고 선발된 것이다. 자메이카에서의 3년 동안 그는 성실과 신의로 자신의 임무를 충실히 했다. 이에 자메이카 정부는 재계약을 제의했는데, 이로 인해 정명식 전 회장은 자신의 이력서에 외국 발주 사업의 성공적 수행이라는 항목을 하나 더 추가시켰다.

1969년 그의 일생일대 전환점이 되는 사건이 발생했다. 바로 포스코의 전신인 포항제철의 당시 사장이었던 박태준 씨가 그에게 입사를 권유하러 찾아온 것이다. 박태준 씨는 토목 전문가로서 '정명식' 의 명성을 듣던 차에 자메이카에서 한국으로 돌아와 있다는 소식을 듣고 물어 물어 그를 만나러 왔던 것이다.

이때 정명식 회장은 드디어 자신의 운명을 걸 기회가 찾아왔음을 직감했다. 그리고 1970년 포스코로 자리를 옮기게 되었다. 입사한 후에는 단군 이래 최대의 건축사업이라고 불리는 '영일만 제철소 건설 작업'에 참여하게 된다.

영일만 제철소 건설 작업의 성공 관건은 연열공장 건설이었다. 설계 지연과 장비 부족으로 공사예정일을 맞추기가 도저히 불가능해 보였다. 당시 박태준 사장은 하루에 700㎥ 분량 콘크리트를 타설하는 '연열비상'을 걸었다. 이전 작업에 비해 2배 이상 증가한 규모의 작업이었다. 보통 사람의 힘으로는 도저히 불가능해 보였다.

그러나 전 사원들이 모두 이를 악 물고 공사에 매달린 결과 1971년 11월, 드디어 목표로 잡았던 공사량을 모두 해치우게 됐다. 정명식 회장은 당시에 대해 "유감없이 일했다"는 한 마디로 회고한다. 대한민국 최대 규모의 건설작업 현장에서 직접 뛴 것이다. 드디어 자신이 있어야 할 자리를 찾은 것이다. 이후 그는 국내 건설분야, 철강분야 전문가로 대한민국의 국가 경쟁력 기반을 쌓고 발전시키는 데 중심역할을 수행했다.

1993년 3월 12일 정기 주주총회. 이 자리에서는 포스코의 대대적인 경영진 교체가 있었다.

한국 철강 1세대로 국내 산업인프라 확충에 주력해 온 박태준 명예회장, 황경로 회장, 박득표 사장이 물러났다. 그리고 정명식 당시 부회장이 3대 회장에, 조말수 부사장이 6대 사장으로 각각 선임됐다.

그가 회장으로 취임한 후 가장 먼저 손을 댄 것은 바로 조직의 슬림화였다. 국내를 넘어 세계적인 기업으로 도약하기 위해서는 유연하고 효율적인 조직으로 변신해야 했기 때문이었다.

포스코는 1993년 3월 대대적인 조직개편을 단행한다. 회사 임원을 49명에서 40명으로 줄였고 출자사 임원을 158명에서 145명으로 줄였다. 특히 구매 및 영업 부문의 경우 임원들의 업무분장을 대폭 조정하고 순환보직을 실시하였다.

1993년은 사실 조직개혁이 필연적인 시기였다. 1992년에 이어 1993년에도 수출실적이 저조하고 설비투자 부진이 지속되는 등 경기회복이 지연되자 정부는 경제활성화를 위한 투자촉진 등 제반 경기부양책을 시행하고 '신경제 5개년 계획'을 실시하는 등 경제를 살리기 위한 노력을 이어갔다.

정명식 회장은 경영 전반에 걸친 개혁 작업에도 드라이브를 걸어 직위별 업무수행 범위와 업무 중요도를 고려해 책임과 권한을 하향 조정했다. 이에 따라 사장 결재항목이 106개에서 43개 항목으로 대폭 줄어드는 등 업무의 전문화와 세분화를 이루는 데 성공했다.

정명식 회장은 사실 많은 부담을 안고 회장 자리에 섰다. 그 자신도 취임 당시 "박태준 전 명예회장의 뒤를 이어 회사 수장직을 맡게 돼 부담스럽다"고 종종 말하곤 했다.

그도 그럴 것이 박태준 전 명예회장이 누군가. 25년 동안 포스코라는 기업을 진두지휘하면서 국내 최대 규모의 인프라 기업으로 키워낸 사람이 아닌가. 정명식 회장이 박태준 전 명예회장의 바통을 이어 회장직을 수행하기 시작했을 때 '홀로서기'라는 표현을 쓴 것도 이 같은 맥락에서다.

정명식 회장은 국내 대기업 CEO 가운데서도 인재를 중시하는 사람으로 통한다. 공식석상에서 그는 조직원들과 함께 어려움을 뚫고 나갈 것이라는 점을 종종 강조하곤 했다. 이를 통해 조직원들의 역량을 극대화하려 노력했다.

이는 단지 이론에만 국한한 것이 아니다. 실지로 조직원 개개인에게 과거에 비해 책임과 권한을 부여해 자신의 능력을 최대한 발휘하도록 토대를 마련해 줬다. 이 같은 조치는 포스코가 국내를 넘어 세계 최고의 기업으로 발돋움하기 위한 정명식 회장의 선택이었다.

정명식 회장은 포스코에 대해 종종 "자랑스러운 민족기업이다. 앞으로 모든 면에서 명실상부한 세계최고의 기업으로 키워가야 한다. 이는 민족과 역사 앞에 피할 수 없는 막중한 사명이다"고 말했다.

포스코 회장직을 그만 둔 이후에도 그의 발걸음은 멈추지 않았다. 그는 일선경영자로서는 물러났지만 교육분야에서 제2의 인생을 꽃피웠다. 바로 포스텍의 운영을 담당하는 제철학원의 이사장을 맡은 것이다. 그는 이를 통해 연간 3,000억 원에 이르는 대학재단의 지휘자 역할을 성공적으로 수행했다.

이는 평소 뛰어난 인재확보가 기업성패를 좌우한다는 정명식 회장의 지론과 거액의 학교 운영자금을 효과적으로 관리하기 위한 전문경영인이 필요했던 포스텍 측의 요구가 잘 맞아떨어진 결과였다.

이를 통해 그는 포스텍이 대한민국 공학분야의 첨단메카로 발돋움하는 데 큰 역할을 했다. 포스코와 포스텍이라는 국가의 핵심인프라가 국제적인 경쟁력을 갖추는 데 주춧돌이 된 셈이다.

정 석 규

태성고무화학 전 회장

△1929년 출생 △1952년 서울대 화학공학과 졸업 △1957년 서울대 화학공학과 석사 △1951~1967년 보생산업 △1967~2001년 태성고무화학 설립 대표이사 △1974~1978년 한국고무학회 회장 △1984~1987년 대한고무공업협동조합 이사장 △1998년~ 신양문화재단 설립이사장
〈주요 업적〉 산업용 고무제품 국산화, 장학사업

50년 고무외길…
산업용 고무제품 국산화

50년 고무인생과 신앙문화재단.

이 두 가지보다 정석규 태성고무화학 전 회장을 잘 말해줄 수 있는 것은 없다. 정석규 이사장은 1951년 서울대 공대 4학년 재학시절 고무신발을 생산하는 보생산업에 취직한 것을 시작으로 2001년 자신이 창업한 태성고무화학을 기업체에 이양하고 은퇴하기까지 50년 고무 외길을 걸었다.

해방 이후 공과대학 출신의 엔지니어로서는 처음으로 고무산업에 입문, 1967년 산업용 특수고무를 생산하는 태성고무화학을 설립하고 자동차 전자산업 등에 쓰이는 고부가가치 산업용 고무제품을 국산화한 주인공이다.

"1950년대 당시에는 국내에서 고무학을 전공한 대학교수나 고급기술인도 없었고 한글로 된 고무관련 기술서적 한 권도 없었습니다. 동기들이 대기업, 대학교수, 연구소 등에 안정적으로 자리 잡아 나갔지만 독자적인 일을 하고 싶었죠. 안이한 것을 싫어하는 성격이기도 했습니다.”

1960~1970년대 우리나라는 세계 1위의 신발수출국이었기 때문에 신발용 고무생산이 대부분이었다. 공대 출신으로 단순한 신발용 고무에는 흥미가 없었던 그는 16년간 보생산업에서 기술사원으로 일하면서 틈틈이 선진국의 기술서적과 자료를 독파하고 일본 등의 공장을 견학함으로써 공업용 특수 고무제품 개발에 몰두해왔다. 이렇게 태어난 것이 바로 태성고무화학이다.

“고무는 탄성을 가진 특수한 소재로 가정용품부터 우주산업에 이르기까지 모든 산업분야에서 골고루 쓰이고 있어요. 자동차 한 대에만 해도 타이어를 비롯해 수백 개의 고무부품이 조립되어 있지요. 특히 이 가운데 안전과 관련된 보안부품들이 많이 있습니다. 고무의 형태도 형태이지만 성능과 수명이 중요하지요.”

태성고무화학이 본 궤도에 오른 건 1980년대 들어서다. 삼성, LG, 삼화전기 등에 전자제품용 기능성 정밀고무부품을 안정적으로 공급하게 된 것이다. 주요 전자제품 생산업체에 공급되는 FBT용 Anode Cap Assy, 전해콘덴사용 고무Seal, Audio용 고무형물부품 등을 국산화함으로써 국내 전자산업 경쟁력 향상에 기여했다.

이처럼 길을 만들어나가는 가운데 보람도 컸다.

1958년 미국 ICA기술원조자금으로 국내 첫 PAN Process에 의한 재생고무생산공장을 건설해 폐기된 자동차 타이어의 고무 Scrap을 재생하여 고무제품 생산의 원료로 다시 사용케 한 것이다. 생고무의 수입량을 낮춰 외화절감 효과를 가져 온 이 공장으로 정석규 전 회장은

1962년 군사혁명 1주년 기념 산업 박람회에서 당시 박정희 의장의 특상을 받은 것을 잊지 못한다.

또 1962년 미 군용규격(MIL)에 합격하는 축전지용 경질고무전조(Ebonite Battery Box)를 개발해 주한 미 8군의 자동차용 축전지 생산에 사용하게 함으로써 외화 획득에 큰 업적을 세웠다. 이는 1964년 대한화학회 제2회 기술진보상 수상으로 이어졌다.

일제시대 빈곤한 가정에서 태어나 중학교에 진학하기도 어려울 정도였던 정석규 이사장은 속히 졸업해서 돈벌이를 해야 한다는 생각으로 부산공업학교 응용화학과에 입학하고, 1948년 서울대 공과대학에 진학했다.

그가 고무와 처음 인연을 맺은 것은 부산공업학교 3학년 시절이었다. 학도동원령에 의해 부산소재 조선고무벨트회사에서 현장작업을 하게 된 것이다. 이때 고무탄성체라는 신기한 소재를 처음 만났지만 이후 보생산업에 취업하면서 본격적으로 고무 기술의 세계에 입문하게 됐다.

독학으로 의학을 공부해 해방 직전 부산에서 내과의원을 개업했던 그의 부친은 그가 뒤를 이어 의사가 되기를 희망했지만 밤낮으로 많은 환자들에 시달리는 고달픈 생활을 목격하고 마음을 달리했다. 물론 어려움도 많았다.

그의 아호가 신양(信陽)인 것도 사업가로서 오로지 믿을 것은 아침이면 한결같이 떠오르는 태양밖에 없어 스스로 그렇게 작명했다고 한다.

"졸업하고 태성고무화학을 창업하기까지 산업용 고무 생산기술을 배우기 위해 미국이며 독일이며 부지런히 다녔습니다. 당시는 신발 외에 다른 제품에 고무를 응용할 기술이 없었지요. 기술에 자신이 붙었지만 자본금 1,500만 원을 마련하는 것이 만만치 않았어요. 은행융자에 사채도 썼지요. 하지만 연구개발이 전혀 이뤄지지 않았던 분야여서 기술력으로 견딜 수 있었죠.”

그는 이렇게 많은 어려움을 겪고 얻은 귀한 재산을 아낌없이 이 사회에 돌려주고 있다. 그가 후두암과 위암으로 투병하면서도 30여 차례에 걸쳐 기부한 돈은 이미 100억 원을 넘었다.

일밖에 몰라 가정에도 소홀했다던 그가 숨을 고르게 된 것은 1998년 후두암 4기 판정을 받으면서부터. 큰 수술을 받고 기업체를 정리하고 재산을 사회에 환원해야겠다고 결심하고 1998년 60억 원 규모 장학재단인 신양문화재단을 만들었다. 2001년부터는 아예 회사를 매각하고 장학사업에 매진하고 있다.

“재벌도 아니고 거부도 아니며 작은 부자에 지나지 않아요. 재산이 많은 사람이라고 해서 거액의 기부를 할 수 있는 것은 아니며 사회에서 남의 도움으로 얻은 재산을 남을 위해 환원하는 것이 당연하다는 생각으로 기쁜 마음으로 봉사하고 있는 것입니다.”

그는 돈은 분뇨와 같다고 한다.

“한 곳에 많이 모이면 심한 악취를 풍기지만 밭에 고루고루 나누어 주면 비옥한 땅을 만들어 좋은 수확을 거두는 법이지요. 돈을 번다는 것도 어려운 일이지만 모든 재산을 유용하게 잘 쓰는 것이 더 중요하지요. 적은 돈이라도 잘 쓰면 빛이 나는 것은 당연합니다.”

정석규 전 회장 자신도 어릴 때부터 심한 빈곤 속에서 학비 마련에 큰 어려움을 겪었던 고학생이었다. 그는 1946년 서울공대 고등부에 입학해 학비조달에 어려움을 겪으며 하숙생활을 하다 3학년 때 전쟁을 맞게 된다. 피난하지 못하고 3개월간 굶주림과 공포에 떨다 부산에서 임시로 개교한 전시연합대학을 졸업한 것이다. 언젠가 사회에서 성공하게 되면 형편이 어려운 학생들을 도와야겠다는 생각을 한 것도 이때였다.

그는 건립기금 33억 원을 쾌척해 서울대에 신양학술정보관을 지었다. 이곳은 각종 전산화 시스템을 갖춘 정보검색실로 꾸며져 있으며, 연면적 814평에 4층 건물 규모로 서울대 학생이면 누구나 이용할 수 있다.

1999년 미국 하버드대를 방문했던 그는 그곳에 있는 약 100개의 크고 작은 도서관 대부분이 독지가들의 기부에 의해 세워졌다는 사실에 감명받아 스스로도 대학에 도서관을 지어 기증하기로 결심했다고 한다. 또 1996년부터 3년간 공대 동창회장에 재임하면서 학문에 전념할 수 있는 도서관에 대한 학생들의 열망을 읽게 된 것이다.

현재 서울대에는 정석규 전 회장의 기부로 인문대에 제2신양학술정보관 건립이 진행되고 있다. 이따금씩 본인이 지어 기증한 도서관을 찾아 밤 늦게 공부하고 있는 학생들을 위해 빵과 음료수를 돌리며 학생들이 즐거워하는 모습을 보는 일이 그의 가장 큰 기쁨이다.

그간 재단을 통해 장학금을 받은 학생만도 300여 명. 15억 원의 기금으로 신양공학학술상을 제정해 매년 실적이 우수한 공대교수에 1,000

만 원씩의 상금을 시상하고 있다. 또 공대 교직원 학생 동문을 위한 후생회관 엔지니어 하우스 건립자금으로 3억 원을 지원하기도 했다.

이런 교육에 대한 기부는 일시적인 소모성 지출이 아니라는 그의 일념 때문이다.

"아직도 국내에서는 기부나 자선에 인색한 것이 사실입니다. 과거 너무나 빈곤한 생활 속에서 고생을 해왔기 때문에 후손은 잘 살게 하겠다는 생각에서 재산을 상속하는 경향이 큰 것이지요. 가진 자의 용기 있는 초아의 봉사가 필요한 이유이지요. 희생 없는 봉사는 있을 수 없습니다. 하지만 기부문화의 발달은 선진국가로 나가는 기본적인 원동력입니다."

한편 한국고무학회의 창립멤버로 고무기술인의 양성에 힘쓰고 있는 그는 국내 고무공업이 양적으로는 세계 6~7위권이지만 타이어 이외의 제품에서는 선진국에 비해 기술수준이 낮고 고무를 전공한 고급인력도 부족한 상태라는 데 우려를 나타냈다.

정 용 문

한솔 PCS 전 사장

△1934년 출생 △1959년 서울대 전자공학과 졸업 △1973년 삼성전자 설계실 실장 △1982년 삼성전자 수원공장 공장장 △1990년 한국정보통신진흥협회 회장 △1991년 삼성전자 정보통신부문 대표이사 사장 △1992년 삼성종합기술원 사장 △1996년 한솔기술원 원장 △1996년 한솔PCS 대표이사 사장

〈주요 업적〉 컬러TV 국산화 및 이동통신 산업 발전에 기여

PCS 선진화 이끈 정보통신 산증인

정용문 한솔 PCS 전 사장은 대한민국 정보통신산업의
산증인이다.

그는 삼성전자 컬러TV 사업본부장, 정보통신 부문 대표이사 사장
등을 거치며 한국 정보통신산업의 선진화에 기여했다. 이후 한솔 PCS
기술원장, 대표이사 사장을 역임하면서 한국의 이동통신부분 경쟁력
향상에 큰 힘을 보탰다.

정용문 전 사장은 1934년 서울에서 태어났다. 서울대 전자공학과
출신으로 1964년 TBC 방송의 TV 송신소에서 통신 분야와 첫 인연을
맺기 시작했다. 1973년에 삼성전자로 자리를 옮겨 전자제품 설계실에
서 근무를 하게 된다. 1979년부터는 TV사업본부 본부장을 맡아 한국
최초의 컬러TV 생산의 주역을 맡았다. 1982년 수원공장 공장장, 1987
년 삼성반도체통신 부사장을 거쳐 삼성전자 정보통신부문 사장을 지
냈다.

정용문 전 사장은 정보통신기술의 발전가능성이 무궁무진하며 대한

민국의 미래를 좌우할 기술로 등장할 것이라는 사실을 일찌감치 예견하고 있었다.

그는 1992년 삼성전자의 기술개발 메카인 삼성종합기술원 사장과 삼성전자 기술총괄을 겸임하게 된다. 삼성전자 내에서 그의 입지는 '기술에 관한 한 정용문' 이라는 공식이 생길 정도로 매우 대단했다. 그는 이때 일생일대의 모험을 단행하게 된다. 삼성에서 한솔그룹으로 자리를 옮긴 것이다. 당시 그의 나이는 50대를 훌쩍 넘었다. 그러나 대한민국의 미래를 닦기 위한 산업 육성의 욕심에 그는 기꺼이 새로운 도전을 하기로 마음먹는다.

1996년 한솔그룹으로 자리를 옮긴 그는 정보통신연구원장을 시작으로 한솔기술원장, 한솔정보통신사업단 공동단장, 한솔 PCS 대표이사 사장, 한솔월드폰 대표이사 사장 등의 주요직책을 고루 거치며 이동통신기술 개발과 산업화에 지대한 공헌을 했다.

한솔그룹이 통신분야에 본격적으로 발을 들여놓기 시작하던 1996년 당시에는 신규통신사업권이 재계의 가장 큰 이슈였다. 이름만 대면 알 수 있는 국내 굴지의 기업들이 너나 할 것 없이 사활을 걸고 사업권 쟁탈에 뛰어들었다. 그만큼 통신사업은 장밋빛으로 물들 것처럼 보였다.

한솔그룹이 경쟁에 뛰어든다고 선언했을 때 많은 기업들이 별 가망이 없을 것이라고 전망했다. 그도 그럴 것이 사업권을 따낸다고 해도 기반 투자에만 수조 원이 들어가는 사업을 과연 중견기업인 한솔그룹이 할 수 있겠느냐는 것이었다. PCS 사업자로는 삼성, 현대, LG, 대우 등 빅 4가 가장 유력해 보였다. 그 외에도 많은 기업이 통신사업 진입에 도전장을 내밀었다.

당시 한솔그룹은 마지막까지 그룹 통신사업의 향방을 이동통신과 국제전화 두 가지로 놓고 고민했다. 회사 내부적으로도 여러 의견이 쏟아져 나왔다. 사실 한솔그룹은 국제전화 사업에 진출하는 것으로 방향이 거의 기울어져 있었다. 다국적 컨설팅그룹인 미국의 보스톤컨설팅그룹도 한솔의 현 상황을 감안할 때 국제전화 사업으로 진출하는 것이 낫다는 의견을 냈다.

그러나 정용문 전 사장은 이에 반대했다. 인터넷 때문이었다. 하루가 다르게 발전해가는 인터넷 기술을 감안할 때 과연 국제전화가 인터넷 전화와 싸워 계속 우위를 누릴 수 있겠느냐가 그의 생각이었다. 인터넷 전화는 국제전화에 비해 요금이 10분의 1도 안된다. 게다가 한국통신과 데이콤 등 거대통신기업들이 이미 자리를 잡고 있었다. 사업권을 따더라도 경쟁우위를 확보하기가 쉽지 않아 보였다.

반면 이동통신분야는 달랐다. 물론 천문학적인 투자비용이 들고 기존사업자가 있는 등 환경이 녹록치는 않지만 발달해 가는 이동통신기술을 감안하면 언젠가 통화뿐 아니라 영상, 정보전송 등 발전해 나갈 수 있는 분야가 무궁무진할 것으로 예상됐다.

고민할 이유가 없었다. 정용문 전 사장은 이동통신 분야 즉 PCS 사업 추진을 강하게 건의했다. 결국 1년여간의 고민 끝에 한솔그룹은 PCS 사업을 추진키로 최종 결정했다.

이후 한솔그룹의 전략은 파트너와의 협력을 통한 상생이었다. 한솔은 정보통신사업의 공동추진을 위해 고합그룹과 전략적 제휴를 체결했다. 또 새로운 기술습득을 위해 고려대 정보통신기술공동연구소에 연구발전기금을 출연하고 정보통신 전 분야에 걸쳐 공동연구를 수행했다.

여기에 한화그룹도 가세했다. 한화그룹은 한솔그룹이 추진하는 PCS 컨소시엄에 출자해 정보통신사업 경쟁력을 강화하고자 했다. 이로써 한솔그룹이 이끄는 PCS 컨소시엄은 한솔, 아남, 고합, 한화 등 4개 기업이 힘을 합쳐 든든한 진용을 갖추게 됐다.

한솔그룹이 시장에서 취한 정책은 저가정책이었다. 이는 당시 시장기반을 확고히 한 선발사업자에 비해 규모와 인지도 면에서 떨어지는 후발주자로서 취할 수 있는 경쟁수단인 동시에 정보통신산업에 대한 정용문 전 사장의 신념에서 기인했다.

정용문 전 사장은 국내에 이동통신산업의 중흥기를 이끌기 위해서는 휴대폰이 값이 싸고 통신비용이 저렴해야 한다고 생각했다. 1990년대 중반만 하더라도 휴대전화 비용이 워낙 비싸 일반 시민들이 이용하기에 어려움이 있었다.

이를 위해서는 끊임없는 연구개발을 통한 경쟁력 있는 기술 확보가 시급했다. 정용문 전 사장이 누구보다도 기술을 중요시한 이유였다.

정용문은 늘 이슈를 몰고 다니는 인물이었다. 지난 1997년 64세의 그가 40m 높이의 번지점프에 도전했다는 뉴스가 신문 지면을 장식했다. 경기도 청평에 위치한 한 번지점프장에서 열린 임직원 단합대회에서 그는 멋진 번지점프를 선보였다. 당시 PCS 서비스를 앞두고 새로운 도전의식과 청년정신을 직접 보여주기 위해서였다. 동시에 '회사 전 임직원은 하나' 라는 자신의 소신을 자신 스스로 보여주고 싶어서이기도 했다.

이뿐 아니다. 서비스 개통 이후에는 직접 45m 높이의 철탑에 오르기도 했다. 그는 서비스를 개통하기 바로 이전인 1997년 9월 원주에 소재한 기지국을 찾아 철탑에 직접 올라 안테나의 방향을 조절했다. 깨끗하고 품질 좋은 통화서비스를 제공하기 위한 마무리 작업인 '최적화 작업'을 자신의 손으로 직접 한 것이다.

정용문 전 사장은 또 자사의 광고에 직접 출연해 한솔 PCS의 품질 우수성을 소비자들에게 직접 알렸다. 여기서 그는 기지국 철탑에 올라 설비를 직접 점검하고 직원들을 독려하는 모습 등 평소 자신의 모습을 가감 없이 보여줘 호평을 받기도 했다.

'남들이 가는 길은 안 간다.'

이것이 바로 정용문의 경영철학이다. 그의 행보를 가만히 들여다보면 실제 그의 경영철학이 고스란히 엿보인다.

50을 넘긴 나이에 '대한민국 이동통신 강국 건설'이라는 새로운 과제에 도전했다. 60을 넘겨서는 이동통신서비스에 대한 자신의 신념을 알리고 전 임직원들과 하나라는 모습을 보여주기 위해 40m 높이에서 번지점프를 하기도 했다. 남들이 모두 국제전화 사업을 주력사업으로 키우자고 하는 가운데서도 이동통신 시장의 잠재력을 알아보고 자신의 신념을 굽히지 않아 결국 대기업과의 경쟁에서 이동통신 사업권을 따내고야 말았다.

정용문 전 사장의 이 같은 철학은 그대로 차별화 전략으로 이어졌다. 즉 남들과 다른 특별한 서비스를 고객에게 제공한다는 것이다.

1997년 당시 PCS 경쟁사업자 중 가장 많은 기지국 건설, 전국 규모의 고객상담·불만 접수센터인 '콜센터' 가동, 값이 저렴하고 가변성이 뛰어난 옥외기지국 운영 등은 남들과 차별화를 시도하려는 그의 노력의 결실이었다.

이 같은 의지와 철학이 있었기에 대한민국은 통신 불모지에서 이동통신 기지국이 세워지고 휴대폰이 보급되는 등 세계 최고의 통신강국으로 거듭날 수 있었다.

정용문 전 사장은 늘 도전하는 사람이었다. 청년이라는 단어의 정의를 도전하는 사람이라고 한다면 그는 대한민국의 영원한 청년인 셈이다.

"이제 또 다시 허리띠를 졸라매고 온 국민이 새로운 각오와 비장한 결의를 품은 채 다시 시작한다는 정신을 가지지 않으면 후진국으로 전락하고 마는 위기에 직면했다고 본다. 이제 청년정신으로 창조에 도전하는 용기와 불의를 배격하는 새로운 정신 혁명으로 다시 시작해야 한다."

정인욱

강원산업 전 명예회장

△1912년 출생 △1938년 와세다대 채광야금과 졸업 △1947년 상무부 석탄과장 △1950년 대한석탄공사 생산이사 △1952년 강원탄광 창업 △1957~1959년 대한석탄공사 총재 △1974년 한국과학원 이사장 △1982년 강원산업 회장 △1989년 강원산업 명예회장 △1999년 별세
〈주요 업적〉 석탄증산, 연탄산업

탄광산업육성 1등 공신

지금은 고인이 된 정인욱 강원산업 전 명예회장의 지인들은 평소 그를 '완벽주의자' 라고 불렀다. 또 막내딸 정연희 화백을 포함해 가족들은 생전에 고생을 사서 했던 그를 '고생주의자' 라고 떠올린다.

지난 1999년 별세한 정인욱 전 명예회장은 국내 탄광산업의 대부로 불린다. 국내 유일한 부존자원이었던 무연탄 생산량을 100배 이상 높여 산업화의 동력을 일궜기 때문이다.

그는 1938년 일본 와세다대 채광야금학과를 졸업하고 1947년 상공부 석탄과장을 거쳐 1950년 대한석탄공사 초대 생산이사, 1957년 대한석탄공사 총재직을 역임하면서 석탄개발과 증산, 수송을 통해 극심한 연료난과 전력부족을 타결하는 데 주도적인 역할을 했다.

당대 최고의 석탄 전문가인 정인욱 전 명예회장은 상공부 석탄과장으로 석탄정책 실무 책임자였다. 그는 국내 석탄광업의 올바른 발전을 위해 탄광 기술자를 양성해야 한다는 구상을 하고 있었다. 하지만 탄광 기술자 양성을 위해서는 현장에서 기술자들을 훈련시키고 실습할 수 있는 현장 산업체가 필수였다. 이에 각 지역 유망 탄광을 국영회사에 흡수하고 석탄 기술자 양성을 위한 사관학교와 같은 역할을 위해 탄생한 것이 대한석탄공사다.

전쟁의 광풍이 휩쓸고 무엇 하나 제대로 남아있지 않은 탄광 현장, 석탄공사는 부산에 임시본부를 설치하고 복구공사를 위한 준비에 나섰다. 정인욱 당시 석탄공사 이사는 탄광 복구를 위해 정신없이 뛰어다녔다. 석탄 채굴을 위한 화약이 모두 군용으로 지급되면서 산업용 화약을 구하는 것은 하늘의 별 따기였다. 또 탄차에 쓰이는 베어링 역시 수입에 의존하는 등 무엇 하나 제대로 되는 것이 없었다.

정인욱 전 명예회장은 부산에 밀려든 피난민들이 석탄에 약간의 흙과 물을 섞어 틀에 넣은 다음 나무망치로 쳐서 만든 구멍탄을 이용해 취사와 난방을 하는 것을 지켜봤다. 이런 상황을 보면서 빠른 시일 내에 석탄개발을 통해 국민연료를 장작에서 석탄으로 전환시켜야 한다고 역설하기 시작했다. 하지만 엔지니어로서 앞서갔던 그의 생각은 받아들여지지 않았고 결국 그는 1951년 석탄공사 이사직을 사임했다.

이어 1952년에는 강원탄광을 설립해 채탄기술, 운반기계화를 통해 생산성이 높은 민영탄광의 모범사례를 보여줬다. 특히 탄광촌 내에 당시 최신 주택촌을 건설해 광원들의 복지를 높였다는 점을 높이 인정받았다. 창업 후에도 1957년부터 1959년 말까지 대한석탄공사 총재를 맡아 연 50~60%의 놀라운 석탄증산을 이뤄냈다.

또 이어 1971년 삼표제작소를 설립해 광산개발에 필요한 기자재를 국산화하고 삼표연탄공장을 운영하며 가정용 연탄의 품질향상과 대량 생산을 일궈냈다.

정인욱 전 명예회장이 태백산종합개발구상을 미군정 하의 상무부에 제안한 것이 1947년 이른 봄이었다. 그는 해방 후 미군정의 촉탁직을 맡아 일하고 있었다.

그가 제안한 것은 태백산 일대 정선, 삼척, 강릉을 연결하는 삼각지대를 개발하는 것이었다. 이곳은 우리나라 4대 지하자원인 석탄, 철, 흑연, 금 등을 비롯한 수백 종의 광물이 매장된 곳이다. 우선 석탄을 개발해 발전을 하고 이를 에너지로 산업부흥에 시동을 건다는 원대한 구상이었다. 이를 위해서 석탄을 운반할 철도를 부설해야 한다고 주장했다. 재원은 미군정의 양곡지원자금으로 충당하고 몇 백만 명의 실업자를 동원해 철도와 도로를 부설하자는 계획이었다.

그러나 주위 사람들은 과대망상이라 손가락질하며 그의 구상을 일소에 붙였다. 그는 사표를 던지고 혼자 꿈을 키웠는데 이때 그 구상을 이해하고 찬성한 것은 미군정 경제협력처(ECA)의 크라우스 고문 한 사람뿐이었다.

20년 앞을 내다본 선각자적 구상이었기에, 민주당 시절 태백산종합개발계획으로 구체화되고 1970년대 박정희 정권에 가서야 결실을 맺게 된다. 이런저런 연유로 박정희 전 대통령은 그를 항상 '정 선생'이라고 호칭했다고 한다.

1952년 대한석탄공사 이사직을 내던지고 강원도로 달려간 정인욱 전 명예회장은 신들린 사람처럼 석탄을 찾아 헤맸다. 날마다 검은 다이아몬드 탄맥을 찾아 헤매기를 수개월, 소나무에 목을 매 자살할 결심을 한 적도 있었다.

식량이 귀하던 당시 새벽에 삶은 감자와 옥수수를 싸들고 해발 600~1,000m가 넘는 험산준령을 헤매고 다니던 끝에 드디어 광맥을 발견했다. 식물의 분포와 탄층의 흐름으로 탄맥이 발달할 가능성이 큰 후보지를 발견한 것이다. 인부를 동원해 표토를 제거하자 양질의 탄맥이 나타났고 굴착해 들어가자 시커먼 탄이 무더기로 쏟아지기 시작했다. 바로 강원탄광의 개광기념일이다.

'오로지 쇠와 돌 등 남이 하지 않는 사업을 통해 국가와 사회에 기여하는 것을 기업가적 사명으로 알고 있다'는 정인욱 전 명예회장의 신념은 그의 막내아들인 정도원 삼표 회장에게까지 이어져 오고 있다.

탄광과 연탄사업을 주도했던 강원산업에서 삼표연탄 수송을 원활하게 하기 위해 1966년 설립된 삼강운수를 모체로 출발한 삼표가 오늘날 레미콘이나 골재 등 건설 기초자재 선두기업으로 자리매김한 것이다.

이어 정인욱 전 명예회장은 1970년대 들어 강원산업 포항공장을 착공, 철강부문에 본격 진출하여 민간기업으로서는 최초로 340만 톤 규모의 철강 생산공장을 완공한 바 있다.

정인욱 전 명예회장의 성품을 가장 잘 보여주는 것은 1957년 이승만 대통령이 그를 대한석탄공사 총재로 임명할 때다. 그는 석탄공사 운영이나 인사에 개입하지 말 것, 탄값을 즉시 지불할 것, 이상을 불이행할 시 총재직을 즉각 사임한다는 세 가지 조건을 붙여 총재직을 수락한 것이다.

그렇게 시작된 총재직. 처음엔 반신반의하던 직원이나 노조책임자들도 그의 솔선수범과 언행일치에 탄복하게 된다.

해마다 50% 이상의 놀라운 증산을 기록한 것이다. 그렇게 1년만에

만년 적자였던 석탄공사를 흑자로 전환시켰다. 특히 그는 채탄 시 소비되는 갱목만큼 장차 보충할 수 있도록 나무를 심는 것을 각 탄광에 의무화한다. 수복 직후 급팽창한 서울이 다시 푸른 산을 되찾기 시작한 것이다. 하지만 1959년 말, 3·15 부정선거 준비 압력이 내려오면서 정인욱 전 명예회장은 취임 시 약속과 다르다며 미련 없이 자리에서 물러난다.

광부들의 사택에서 피아노 소리를 울리게 했던 그는 기업가라기보다는 경세가의 면모를 지녔다. 강원탄광을 설립하고 회사가 이익이 나기 시작하자 그가 가장 먼저 한 일은 광부 사택 신축이었다. 1959년대 후반 탄광 옆 산기슭에 널려 있는 돌을 이용해 스위스의 별장지대를 연상케 하는 수백 동의 최신식 주택촌을 건설해 무상으로 분양한 것이다.

특히 그는 폐광하면서도 지하 600m 이하 광구에서 채탄기계를 끌어올려 분해하고 일일이 기름을 치고 포장했다. 통일되는 날 북에 가서 곧바로 쓸 수 있도록 한국산 전기모터까지 60Hz를 북한 50Hz에 맞게 조정해 놓았다.

특히 경영자로서도 한 번 맺은 인연은 평생을 간다는 신념을 지속해 왔다. 힘들 때 도움을 받았던 은행을 40년간 주거래 은행으로 삼은 것도 이 같은 정인욱 전 명예회장의 철학을 보여주는 좋은 예다.

그는 생전에 늘 '연탄공장도 세계 1위, 탄광도 세계 1위, 압연용 롤공장도 세계 1위' 라면서 국내 기술의 중요성을 강조하고 기술자 우대 정책을 폈다.

이는 강원탄광을 비롯해 대한석탄공사, 삼표산업, 강원산업 등 정인욱 전 명예회장의 손길이 닿은 곳이라면 예외가 없었다. 강원탄광이 월 5,000톤 규모에서 7,500톤, 1만 1,250톤 등 매년 50% 이상 증산을 거듭하자 그는 직원들에게 업계 최고의 대우로 보답했다.

뿐만 아니다. 1993년에는 강원산업 복지재단을 설립하고 기업이윤 일부와 개인 재산을 매년 장학사업기금으로 출연해왔다. 이 같은 정 회장의 뜻은 막내아들인 정도원 삼표 회장에게 이어져 '정인욱학술장학재단'을 통해 사회에 기여하고 있다.

조병우

유풍 회장

△1941년 출생 △1964년 서울대 섬유공학과 졸업 △1963년 삼호방직 그룹 비서실 입사 △1971년 삼호방직 경영관리부 업무부 부장 △1974년 유풍실업 회장
〈주요 업적〉 모자수출

모자 하나로 세계제패한 입지전적 인물

　　　'아무리 세상에 없는 모자라도 고객이 원한다면 만들어 드립니다.'

1974년 유풍 창업 이래 30년 넘게 모자수출이라는 한 길만을 걸어온 조병우 유풍 회장이 내건 슬로건이다.

1964년 서울대 섬유공학과를 졸업한 조병우 회장은 당시 최대의 방직회사인 삼호방직 비서실에 입사하면서 섬유전문경영인으로서 첫발을 내디뎠다. 이어 1971년 삼호그룹 비서실 경영관리부, 업무부장을 거쳐 1974년 유풍실업을 설립한 그는 모자 하나로 세계를 제패한 입지전적인 인물이다. 창업 이래 30년간 모자 수출 전문업체로 한길만 걸어 60여 개국에 모자로 총 수출 1억 달러를 달성하고 자회사를 포함한 매출 규모가 연간 2억 2,000만 달러에 이른 것이다.

그가 모자 하나만을 고집하는 데는 나름의 철학이 있다. 전문 기업만이 살아남을 수 있다는 평소의 기업철학뿐 아니라 모자 한 품목만으로도 해야 할 일들이 너무나 많았기 때문에 다른 데 신경을 쓸 여력이 없었다는 것이다.

"세상의 변화에 따라 소비자의 요구를 제대로 읽고 분석하는 것을 바탕으로 섬유 소재의 흐름과 트렌트, 삶의 질의 변화와 환경의 변화 등 연구해야 할 일이 너무나 많습니다. 게다가 세계 최고의 제품을 생산하기 위한 시설과 공법의 연구는 또 얼마나 많겠습니까? 이 일들을 제대로 못했다면 제대로 살아남기가 쉬웠겠습니까? 살아남다 보니 세계 제일의 길도 갈 수가 있었겠지요. 성취의 기쁨은 제대로 열심히 일한 사람만이 느낄 수 있을 것입니다."

그가 모자산업의 근간인 섬유산업이 사양산업이란 말에 동의하지 않는 것은 당연하다. 변화에 적응하지 못한 낙오자가 사양산업이란 말을 한다는 것이다.

"섬유를 사양산업 운운하고 있는 것은 정말 잘못된 생각입니다. 사람이 아무것도 입지도 쓰지도 신지도 않고 나체로 살자는 말을 하는 것인지요? 사람이 진화해 머리가 작아지거나 없어지지 않는 이상은 모자산업은 지속될 수밖에 없을 것입니다."

아무리 첨단산업이라도 시대변화를 쫓아가지 못할 경우 사양산업이 될 수밖에 없다는 것이다.

유풍이 세계 최고의 모자업체로 우뚝설 수 있었던 것은 이 같은 변화에 대응하기 위한 조병우 회장의 끊임없는 기술 혁신 의지 덕분이었다. 그는 연구개발을 통한 신규 섬유소재 개발 및 고기능성 제품개발, 디자인 브랜드 경쟁력 강화 생산기지 글로벌화 등을 추진해왔다. 그 결과 모자 끝단인 헤어밴드 부분을 헐겁게 해서 머리 조임을 없애고, 대신 모자 안쪽에 마찰계수를 높인 소재를 사용, 모자가 바람에 날려도 잘 날아가지 않도록 하는 기술 등이 탄생했다.

모자의 크라운부에 신축성이 좋은 스판덱스 원단을 사용하고 Stretchable 스웨트밴드를 부착해 하나의 사이즈로 여러 크기가 맞게 고안하는 등 생산성과 착용감을 높여 프리사이즈캡 특허를 한국, 미국, 유럽을 포함한 약 10여 개국에 등록하기도 했다.

유풍의 세계적인 상표 'FLEXFIT'은 고도의 기능성과 함께 국제적인 환경유해물질의 안정성을 인정받으며 수출시장 확대에 큰 역할을 해 왔다. 특히 단순 수출량 확대가 아닌 브랜드 수출이라는 측면에서 섬유·의류 산업의 고부가가치 창출을 선도했다.

유풍의 대표 특허인 프리사이즈캡의 신축성과 신축 밴드를 이용하여 다양한 사이즈 연출이 가능하도록 함으로써 라이센스 비즈니스의 성공모델로 자리 잡게 한 것이다. 특히 NBA, PGA등 세계 최대의 스포츠리그 프로모션에 공급함으로써 착용감, 디자인 등에서 혁신적 제품으로 평가받고 있다.

이는 R&D를 바탕으로 세계유수 브랜드사와의 아이디어 교류를 통해 연간 2차례에 걸쳐 자체 개발 신제품 모자를 출시하는 노력에서 비롯됐다. 2003년 10월 유풍실업은 서울대 공과대학 재료공학부와 생활과학대학 의류학과와 연계해 패션신소재연구센터(Fashion Textile Center / FTC)를 설립하는 데 이르렀다.

FTC의 연구부서 중 하나인 '감성모자연구소'는 소비자의 감성에 부합하고 쾌적성을 증대시킨 신기능성 모자를 개발하기 위해 설립되어 유풍의 R&D파트와 유기적으로 협력하여 모자의 감성과 기능성 및 디자인에 관련된 제반 연구를 수행하고 있다.

모자의 기능성과 감성을 측정하기 위한 첨단 장비를 구비하여 보다 과학적이고, 정확한 감성 수치를 산정하고 이를 새로운 디자인개발과 품질개발에 활용함으로써 세계 모자기술 발전에 이바지할 것으로 기대하기 때문이다. 이처럼 업계 최고의 연구개발 역량을 자랑하는 것은 별도의 R&D 팀 운영 등으로 나타나는 조병우 회장의 애착 때문이다.

물론 창업 당시에는 어려움도 많았다. 바로 제2차 세계 오일쇼크로 세계 경제가 침체되어 우리나라의 수출여건도 매우 어려운 시기인 1974년에 유풍실업을 창업한 것이다.

섬유산업이 수출이 주도할 당시 가파른 매출신장으로 수출물량을 이행하는 데 필요한 원부자제의 조달과 생산시설의 확보 등 많은 자금이 먼저 투입되어야 하기에 자금 마련에 어려움이 많았지만 당시의 수출지원 제도와 정책이 크게 뒷받침해 줬다.

"그럴 때일수록 새로운 상품과 앞선 창의력이 절실히 필요한 시기였습니다. 세계 시장의 섬유의 흐름을 예측할 수 있었던 섬유인 엔지니어겸 마케팅맨으로서는 순탄하게 출발할 수 있었지요."

조병우 회장은 이 같은 모자수출을 통한 경제성장 기여로 인해 1985년 무역의 날 석탑 산업훈장과 1992년 무역의 날 은탑산업훈장을 받았다. 또한 독실한 크리스찬이기도 한 조병우 회장은 1998년 이 같은 공로를 인정받아 자랑스런 가톨릭 실업인 대상을 수상했다.

섬유를 전공한 엔지니어로서뿐만 아니라 경영인으로서 그는 오픈 시스템으로 유명하다. 사내 모든 정보가 전 직원에게 공개되도록 한 것이다.

조병우 회장이 부장이나 사장에게 지시한 사항을 전 직원이 항상 읽을 수 있도록 하고 의사결정 과정에서도 200여 명이 넘는 전 직원이 참여할 수 있도록 함으로써 직원 간 벽을 허물었다. 업무상 직원의 실수를 절대 탓하지 않되 똑같은 실수를 다른 직원들이 반복하지 않게 하기 위해 오픈 시스템을 통해 실수에 대한 문제해결 및 예방정보 등을 공유하는 지식교류 시스템을 채택한 것이다.

매출 가운데 수출이 차지하는 비율이 95%에 이르는 것으로 알려진 유풍은 세계 모자업계에서 가장 높은 수익률을 자랑한다. 세계적으로 유명한 회사들이 유풍이 만든 모자를 사들이고 있는 것이다. 특히 유럽과 미국의 남자골퍼들이 2년마다 양국을 오가며 팀 대항전으로 열리는 라이더컵(RYDER CUP) 대회에서는 유풍이 지난 10년간 공식업체로 선정되는 등 세계 모자업계를 이끌고 있다.

진대제

정보통신부 전 장관

△1952년 출생 △서울대 전자공학과 졸업 △미국 스탠퍼드대 전자공학 박사 △1983~85년 미국 IBM Warson 연구소 연구원 △1985~87년 삼성전자 미국현지법인 수석연구원 △1993~95년 삼성전자 반도체부문 메모리사업본부장 전무 △1996년 삼성전자 부사장 △2001년 삼성전자 정보가전 총괄담당 대표이사 사장 △2003~2006년 3월 정보통신부 장관

〈주요 업적〉 16메가 D램 개발

세계최초로 와이브로·DMB개발 주도

진대제 정보통신부 전 장관이 어느 조찬모임에서 외국인에게 들었다며 '100점짜리 인생을 만드는 법'을 소개한 바 있다.

알파벳 순서대로 숫자를 붙여주고 알파벳 단어를 숫자로 환산해 점수를 내라고 했다. A는 1, B는 2, C는 3, D는 4… Z는 26을 붙여주고 이것이 곧 점수가 되는 것이다. 진대제 전 장관이 물었다. "열심히 일하면 될까요(hard work)?" 그리고는 계산을 해봤다. 98(8+1+18+4+23+15+18+11)점이었다. 일만 열심히 한다고 100점짜리 인생이 되는 건 아니었다. 그렇다면 "지식이 많으면(knowledge)?"은 96점이다. "운으로 될까요(luck)?"는 47점이었다. "돈이 많으면(money)?"은 72점이었다. "리더십(leadership)?"은 89점이었다.

진대제 전 장관이 또 다시 물었다. "그럼 100점짜리는 뭘까요?" 답은 '마음먹기(attitude)'였다. 인생은 마음먹기에 따라 100점짜리가 될 수 있다고 그는 말했다.

그는 삼성전자 CEO 출신으로 정보통신부 장관을 역임했고 경기도 지사 선거에 열린우리당 후보로 나와 낙선하기도 했다. 공직과 정치인, 교수로 변신을 시도했지만 인간 진대제는 영원한 엔지니어로 평가받고 있다.

어려운 환경에서 꾸준히 노력해 성공한 모습은 젊은이들에게 귀감이 되고 있는데, 지금도 "미래는 노력하는 자의 것"이라는 말을 자주한다. 자서전에서도 '가난한 산골 소년이 수백 억의 재산을 가지고 한국의 IT산업을 일으켰다는 명예를 손에 넣기까지의 과정은 오직 노력 하나 밖에 없었다'고 말한다. 여기에 조금 더한다면 끊임없이 변화를 추구하는 열정 정도라고 강조한다.

삼성전자 디지털미디어총괄담당 사장이던 2001년 2월 〈이코노미스트〉와의 인터뷰에서 '제조업 중심의 문화는 관행과 규제를 강조합니다. 이런 문화에 길들여진 상태에서는 디지털시대에 맞는 창의력과 도전정신을 발휘하기가 힘들죠. 그래서 저는 가끔 카우보이모자를 쓰고 회사에 나타납니다. 카우보이모자는 서부 개척시대의 상징물로 말이나 행동뿐만 아니라 옷차림에서도 도전과 변화를 보여주자는 뜻입니다'라고 말한 바 있다.

〈매일경제신문〉이 주최하는 세계지식포럼(2002년 10월)에서도 "디지털시대에 적합한 CEO는 C(clarify, 명확화)+E(energize, 활기부여)+O(organize, 조직강화)라며 정확한 예측력, 도전정신, 눈에 띄는 헌신, 종합적인 위임, 끊임없는 학습 등이 요구된다"고 밝혔다.

한국 반도체산업을 세계 최고의 반열에 올려놓은 '국보 1호 박사' 진대제 전 장관. 그가 삼성전자와 인연을 맺고 삼성전자의 비 메모리

분야를 총괄하는 시스템 LSI 본부 대표이사에 올라 제2의 반도체 신화를 만들어간 과정을 소개한다.

IBM에서 반도체 개발업무를 담당하고 있던 그가 삼성에 입사하기 위해 사표를 제출하자 주위에서 모두 만류했다. IBM이라는 유수의 기업을 마다하고 당시로서는 이름도 생소한 삼성에 입사하겠다니 그럴 만도 했다. 인사차 찾아간 모교의 지도교수 역시 마찬가지였다. 그때 그는 이런 말을 했다.

"일본을 이기는 것이 평생 소원입니다. 고국에 돌아가 일본을 능가하는 제품을 개발하고 싶어서 삼성을 택했습니다."

삼성 입사 후 그는 4메가 D램 개발의 수석 엔지니어로 일했다. 4메가 개발 후 1989년 4월부터 16메가 D램 개발 책임을 맡았다. 그 전의 4메가 D램이나 1메가 D램은 선진업체의 기술과 노하우를 이용해 개발할 수 있었지만 16메가 D램은 자체 기술로 개발에 착수한 지 1년 4개월만인 1990년 7월 완전동작 칩을 얻을 수 있었다. 선진업체와 거의 비슷한 시기에 반도체개발에 성공한 것이다.

반도체는 개발 성공만으로 끝나는 것이 아니다. 누가 먼저 상용제품을 개발하느냐가 관건이다. 진대제 전 장관은 반도체개발 이후 상용 샘플 확보에 혼신의 힘을 기울였다고 회고한다. 그리하여 1991년 6월, 상용 샘플을 얻기에 이르렀다.

그는 1991년 7월 샘플을 들고 미국으로 갔다. 미국의 대형 거래선에 전달하기 위해서였다. 뉴욕에 있는 IBM을 찾아가 이를 전달하자 그동안 삼성이 제공한 제품의 불량에 타박만 늘어놓던 담당자의 표정이 달라지는 것이었다. IBM에 16메가 D램 샘플을 갖고 온 것은 삼성이 처음이었던 것이다. 나중에 밝혀진 사실이지만 삼성의 샘플을 받아든 중역이 삼성전자에 더 많은 주문을 하라고 지시를 할 정도로 최초의 샘플 전달은 놀랄 만한 반향을 불러일으켰다고 한다.

IBM에 이어 방문한 DEC나 웨스턴 디지털, HP 등에는 이미 소문이 나서 환영준비를 하고 기다릴 정도였다. 그야말로 진대제 전 장관은 최초 샘플 전달회사로서 환대를 받았다. 최초 개발은 아니지만 상용 샘플의 최초 전달이라는 의미는 그 만큼 컸던 것이다. 드디어 일본을 이겼구나 하는 감격에 눈물이 핑 돌 정도였다고 회상한다.

그러나 일은 거기서 끝나지 않았다. 그 후 HP에서 삼성 제품보다 더 우수한 코냑이 있다는 말을 전해 들었다. 당시 HP는 제품 전달 회사의 이름을 감추기 위해 프랑스산 술 이름을 붙이곤 했다.

나중에 알려졌지만 그 코냑이란 회사는 일본의 도시바였다. 도시바는 삼성보다 뒤진 10월에 샘플을 전달했지만 속도가 삼성보다 훨씬 빠른 제품이었던 것이다.

단순히 전달시기만 앞섰을 뿐, 성능이 뒤진다는 것은 진정한 승리라 할 수 없었다. '타도 코냑'을 목표로 완전 재설계에 들어갔다. 개발진의 고생이 이만저만이 아니었지만 진정한 승자가 되기 위해서는 주저앉을 수 없는 일이었다.

삼성은 속도와 성능을 더욱 개선한 16메가 D램을 개발해 HP에 전달했고, 그 뒤 코냑이 2개라는 이야기가 떠돌았다.

그 코냑 중의 하나가 바로 삼성 제품이었다. 그 후 삼성은 이 제품을 곧바로 상품화하는 데 세계시장 석권에 나섰으나 또 하나의 코냑이던 도시바는 바로 상품화에 성공하지 못했다. 결국 진대제 전 장관이 이끄는 삼성이 승리자가 되었다. 삼성 16메가 D램은 그 후 세계 시장의 절반을 점유하며 1995년의 반도체 호황을 장식한 일등공신이 됐다.

진대제 전 장관은 "비 메모리는 21세기 전자산업 전반의 경쟁력 확보 차원에서 육성돼야 한다"며 "향후 반도체시장은 메모리와 비 메모리의 양쪽 기능을 통합한 복합메모리가 주도하게 될 것"이라고 예측한 바 있다.

PC와 TV의 결합이 현실화되었고 반도체도 멀티미디어 기능을 하나의 반도체에 탑재하는 방향으로 발전하고 있다. 삼성전자의 반도체 사업은 진대제라는 인물과 함께 싹이 트고 꽃을 피웠다 해도 지나친 말이 아니다.

그의 좌우명은 '日日學 日日新(일일학 일일신)'이다. 쉬지 않고 공부하는 것만이 급격한 기술변화 속에서도 살아남을 수 있는 비결이라고 믿고 있다. 그는 2003년 9대 정보통신부 장관에 취임해 IT839전략과 U-코리아 프로젝트를 수립, 세계 최초로 와이브로(휴대인터넷)와 DMB 등을 개발했다.

그는 5~10년 뒤 한국경제를 먹여 살릴 수 있는 미래기술분야로 건강·안전·쾌적·정보를 키워드로 삼는 대체에너지, 질병극복, 환경순환, 우주정복, 로봇, 차세대디스플레이, 지능형 교통체계, 스마트컴퓨팅, 지능형 홈네트워크를 꼽는다.

최길선

현대중공업 사장

△1946년 출생 △1969년 서울대 조선공학과 졸업 △1972년 현대중공업 입사 △1984년 현대중공업 조선사업본부 이사 △1990년 현대중공업 조선사업본부 전무 △1993년 한라중공업 조선사업본부 부사장 △1997년 한라중공업 대표이사 사장 △2000년 현대미포조선 고문 △2001년 현대중공업 사장 △2004년 현대미포조선 사장 △2006년 현대중공업 대표이사 사장

〈주요 업적〉 조선강국 토대 마련

허허벌판에 세계최고 조선소 일궈

최길선 현대중공업 사장은 허허벌판이던 울산 미포만에 조선소를 기공하던 1972년 현대중공업에 입사해 40년 가까이 조선 현장을 지킨 한국 조선산업의 산증인이다.

1972년 현대중공업에 평사원으로 입사해 최고 경영인의 자리에 오른 최길선 사장은 설계, 생산, 생산기획, 조선소 레이아웃 설계 등의 업무를 수행하면서 조선 현장에서 33년을 보낸 자타가 인정하는 최고의 조선전문 경영인이다.

특히 삼호조선, 현대미포조선, 현대중공업 등 현대계열 3개 조선소 사장을 두루 역임하면서 연간 60억 달러의 수출을 이끌어 세계 1등 조선국 달성에 기여한 것으로 평가받고 있다. 1972년 조용한 어촌마을 백사장을 일궈 시작한 현대중공업이 세계에서 가장 많은 선박을 건조하는 조선회사로 성장하는 데 기둥역할을 해왔다.

"1973년 3월 23일인가요. 날짜도 기억합니다. 현대중공업 1호선에 쓰일 강재절단을 시작한 날이죠. 그때부터 실제적인 건조가 시작됐다고 볼 수 있습니다. 서울대 공과대학 조선공학과를 졸업하고 1972년 입사하자마자 울산 현장에 배치되어 설계를 맡았죠. 처음 맡은 일이 설계도면을 보고 필요한 강재를 발주하는 일이었죠. 당시는 초대형선 설계나 시공능력이 없어 하나하나 배워가면서 시작했습니다."

최길선 사장에게는 특히 1974년 조선소 준공과 더불어 이뤄진 1호선 진수 당시가 기억에 또렷이 남아있다.

"1호선 시운전 때였습니다. 지금이야 2박 3일이면 끝나지만 당시는 기술상 두 달 정도가 걸렸습니다. 1호선인 만큼 300여 명가량이 승선 했는데 당시 배속력이 제대로 나는지 재는 일을 맡았었지요. 시운전이 끝난 뒤 길이 340m, 폭 58m에 이르는 데크를 일일이 닦아냈는데 힘든 줄도 모르고 그저 기쁠 뿐이었습니다."

1호선을 시작으로 그간 최길선 사장이 탄생을 지켜본 배만 1,200여 척에 이른다. 그 때문에 울산 조선소의 탄생부터 세계 1위 조선업체로 자리매김하기까지를 고스란히 목격한 그에게 오늘날 울산 조선소의 변화에 대한 감회는 남다르다.

"1978년 1,800TEU급 국내 첫 컨테이너선이 외국컨설팅사와의 협력 으로 건조되었습니다. 30년 가까이 흐른 지난해 80여 척을 건조했으니 이제 4일에 한 척 꼴로 배를 찍어낸 셈이지요. 2005년 1만 TEU급 컨테 이너선을 수주한데 이어 이제 꿈의 컨테이너선이라 불리는 1만 3,000TEU급에 도전하고 있으니 10배가량 껑충 뛴 셈입니다."

뿐만 아니다. 1979년 선박용 대형엔진 1호기 생산, 1999년에는 선박 의 꽃으로 최고의 조선기술을 필요로 하는 LNG선의 국내 최초 해외수 주 순간을 함께 했다.

김형벽 회장의 뒤를 이어 한국조선공업협회장을 역임한 최길선 사장은 "오늘날 조선산업이 한국의 대표적인 1등 산업으로 성장한 것은 설계인력과 현장인력, 최적화된 설비시스템이 화음을 이뤘기 때문이다"라고 설명했다. 그는 세계 조선분야에서 1위부터 5위 업체까지 모두 한국기업인데 대해 "조선 실력은 함부로 넘볼 수 있는 것이 아니다"라고 말한다.

"1960년대만 해도 한국에는 산업이라고 할 만한 것이 없었습니다. 하지만 박정희 전 대통령이 공업화계획을 내세우면서 산업화에 대한 강한 비전을 국민들에게 보여줬지요. 그 결과 우수한 인재들이 공대로 모여들었습니다. 조선공학과도 마찬가지였습니다. 당시 국내에는 조선소도 없었지만 이미 서울대, 한양대, 인하대 등 주요 공과대학 조선공학과에서 우수 인재들을 많이 배출해 놓은 상태였습니다."

9개 도크를 갖추고 육상건조까지 보편화됐지만 자동화될수록 블랙박스가 늘어난 만큼 우수한 인력이 중요하다는 설명이다. 조선산업이 노동집약적 산업이 아닌 고급 관리기술의 총집약이라고 강조하는 것도 이 때문이다.

특히 세계 첫 선박 육상건조는 조선산업에 일대 혁신을 가져왔다. 이는 수만 톤의 대형 해양구조물을 도크가 아닌 육상에서 완전조립하고 시운전한 뒤 이중 바지선을 이용해 안전하게 진수하는 공법으로, 지금은 완전히 자리를 잡았다.

물론 현대중공업이 1983년 세계 1위 조선업체로 우뚝 서기까지 어려움도 많았다.

"1973년 오일쇼크가 닥쳐 대형선 발주가 단절되고 일부는 취소되기도 했지요. 어려움이 많았습니다. 조선소가 대형선을 위한 레이아웃으로 설계되었기 때문에 작은 배를 만들어내는 걸로는 수익을 낼 수 없었지요."

하지만 이 과정에서 최길선 사장은 정주영 전 회장의 각별한 신임을 얻게 된다. 어려움을 겪는 울산현장을 정주영 전 회장이 하루가 멀다 하고 찾으면서 가장 기초가 되는 설계를 맡은 최길선 사장이 자주 브리핑을 해야 했던 것이다.

"어려운 상황이라 정주영 회장님께서 예고 없이 현장을 자주 찾으셨어요. 보통은 도착하기 전날 밤에야 회장님의 방문이 알려지지요. 그러면 부랴부랴 브리핑 자료를 만드느라 밤을 꼬박 새곤 했습니다. 요즘처럼 프레젠테이션 프로그램이 따로 있었겠습니까? 일일이 괘도에 도면을 그려야 했죠."

하지만 입사 3년차의 과장이었던 최길선 사장은 그룹 총수를 직접 접한다는 긴장감에 피곤한 줄도 몰랐다고 한다. 이는 엔지니어로서 최고 역량을 발휘한 그의 12년 초고속 승진의 토대가 됐다.

최길선 사장은 입사 12년만인 1984년 현대중공업 조선사업본부 이사로 승진한 데 이어 한라중공업 사장을 거쳐 2001년 현대중공업 사장직에 올랐다. 2004년 현대미포조선 사장을 거쳐 2005년 말 현대중공업 사장에 복귀했다. 이때 복귀 후 그가 선언한 것이 있다. '한 번 한 실수를 다시 하지 않는다'는 것이다.

그는 젊은이들에 대해서도 충고를 아끼지 않았다.

"요즘 젊은이들 중에는 다들 단칼에 승부를 내려고 고시에 매달리는 사람이 많아요. 하지만 인생은 그렇게 한 번에 승부가 날 만큼 하찮은 것이 아닙니다. 다른 사람 밑에서 배우는 것이 의미가 있습니다."

이 같은 일에 대한 집념과 끝까지 물고 늘어지는 근성은 고(故) 정태구 부사장에게서 배웠다. 불독이라 불리며 모두가 겁내던 정태구 부사장의 엄격함에 큰 감명을 받았던 것이다. 특히 설계, 생산, 생산기획, 조선소, 레이아웃 등을 모두 다뤄본 그는 현장의 중요성을 거듭 강조했다.

"테니스 스타인 이형택 선수의 경기를 아무리 지켜본다 한들 내 테니스 실력이 향상되는 것이 아닌 것과 같습니다. 스스로 해봐야 알 수 있는 것이죠."

때문에 그는 임원으로 승진한 이후에도 생산부서를 맡아 현장을 진두지휘하며 스스로 고안한 현대적 생산관리 및 생산기법을 지속적으로 현장에 적용했다. 또 그 스스로 개발 초기단계에서부터 모든 과정을 두루 경험해 선주사의 요구를 누구보다 잘 아는 것도 이 때문이다. 결과적으로 생산성 향상을 통한 회사 이익구조 개선을 가져온 것이다.

6시 조찬회의를 시작으로 밤늦게까지 선주사 미팅으로 강행군을 하는 최길선 사장이 수영, 골프로 체력관리를 대신하는 것도 150만 평의 조선소를 일일이 점검하기 위한 것이란 말이 있을 정도다.

최길선 사장은 조선산업 일선에 종사하면서 국내 최신의 생산운영기법(MIS)를 도입해 조선현장에 적용한 한국 조선공업사의 산 증인이다.

최 남 석

LG화학 전 부사장

△1935년 출생 △1958년 서울대 화학공학과 졸업 △1958년 국방과학연구소 연구원 △1963년 유니온카바이드 중앙연구소 △1970년 미국 브루클린공예대 고분자학 박사 △1974년 한국과학기술연구소 생물고분자연구실 실장 △1980~1986년 럭키 중앙연구소 소장 △1988년 럭키 연구개발본부장 부사장 △1994년 럭키기술연구원 원장 △1995년 LG화학기술연구원 원장 △1998년 LG화학 부사장

〈주요 업적〉 생명과학분야 연구개발 촉진

국내 과학기술 발전 이끈
생명공학 지킴이

'21세기에 가장 발전가능성이 있는 과학기술분야는?' 이란 질문이 나오면 대부분의 사람들은 BT(생명공학)를 꼽는다. 실제로 우리나라의 생명공학분야는 하루가 다르게 발전하고 있고, 많은 외국인들도 한국의 생명공학 수준이 상당하다는 것을 인정하고 있다. 그러나 그 이전까지만 해도 정보통신기술이나 중공업분야에 밀렸던 것이 사실이다.

지금과 같은 생명공학분야의 발전을 이끌어 낸 것은 한때 인기에 연연하지 않고 묵묵하게 자리를 지켰던 사람들이 있기 때문이다. 그 한가운데 최남석 LG화학 전 부사장이 있다. 특히 그는 16년 이상 민간기업 연구소를 성공적으로 운영함으로써 국내 기업연구소의 발전모델을 제시하는 등 연구개발 풍토조성과 발전에 선도적 역할을 수행했다는 평가를 받고 있다.

그가 과학기술에 관심을 갖게 된 것은 아버지인 고(故) 최기철 서울대 명예교수의 영향이 크다. 최기철 교수는 남한지역 담수어를 9년 동안 총정리해 《한국의 자연-담수어편》, 《민물고기를 찾아서》, 《민물고기 이야기》 등을 펴내고 한국민물고기보존협회를 발족시켰으며, 2002년 별세하기 직전까지 생물학자가 되길 희망하는 학생들의 모임인 '곤민모임'을 후원하는 등 '민물고기 박사'로 불릴 정도였다. 이런 아버지의 영향으로 최남석 전 부사장은 자연스럽게 생명공학에 관심을 갖게 됐다고 한다.

최남석 전 부사장은 1958년 서울대 화학공학과를 졸업하고 1970년 미국 브루클린 폴리테크닉 인스티튜트에서 고분자화학 박사학위를 받고 굴지의 화학기업인 Alza사 책임연구원으로 근무하는 등 생명공학·화학공학 연구의 한 길을 걸어왔다.

그는 1974년 귀국해 KIST(한국과학기술연구원) 초기 멤버로 참가해 고분자화학 연구부를 담당했다. 미국 내에서도 상당한 명성을 날리고 있던 그가 돌아오게 된 결정적 이유는 1970년대 박정희 전 대통령이 '우리나라가 잘 살기 위해서는 과학기술이 발달해야 한다'는 생각에 해외에 나가 있는 유명 한국인 학자들을 불러들였기 때문이었다.

최형섭 당시 과학기술처 장관이 직접 미국까지 날아와 "조국 과학발전에 도움을 달라"며 그를 설득하여 파격적인 연구조건을 제시해 상대적으로 연구 환경이 더 좋은 미국을 떠나 우리나라에 들어오게 됐다.

1979년까지 KIST에 재직하면서 '공업용 폴리에스터 필름'을 개발해 국내 연구개발 활동의 새로운 이정표를 제시했으며, 수입에 의존하던 제품을 국산제품으로 대체하는 한편 해외수출을 통해 경제발전에 이바지했다.

1980년 LG화학(당시 럭키화학)으로 옮겨 1995년까지 기술연구원 원장으로 재임하면서 첨단 연구 분야인 유전공학, 정밀화학, 신소재 등의 분야에서 인간성장호르몬, 신규 세파계 항생제, 퀴노른계 항생제, 트롬빈 혈액응고 억제제, 피레스로이드계 무공해 농약, 엔지니어링 플라스틱 등 유전공학분야 히트제품을 속속 개발해 국내 화학 산업을 선도하였으며 국가경쟁력 강화에도 크게 기여했다.

이밖에도 왜소증 치료제 유트로핀을 비롯해 젖소에 주사하면 우유량을 25%까지 늘리는 '산유촉진 단백질(BTS)', 백혈구를 파괴하는 암 치료제의 부작용을 막기 위해 백혈구를 늘려주는 암 보조치료제 '류코젠' 등도 선보였다. 이 같은 노력으로 그는 1993년 과학의 날에 동탑산업훈장을 수여받기도 했다.

인간성장호르몬과 노화방지제를 개발할 때의 에피소드는 유명하다. 임상시험 대상을 찾기 어려워 6개월 동안 직접 실험용 주사를 맞은 것이다. 주위의 만류에도 불구하고 연구를 진행시키기 위해서는 반드시 필요한 과정이라고 설득하자 구자경 명예회장도 '그렇다면 나도 참여하겠다'고 나서 함께 주사를 맞기까지 했다.

그는 당시를 회상하며 "주사를 6개월가량 맞으니 지방이 줄어 배가 들어가고 몸이 날렵해지는 느낌을 받아 제품의 성공을 예감했다"며 "첨단 신제품을 내놓을 때마다 흥분이 돼 젊어지는 것 같아 제2의 청년기를 보내는 느낌이었다"고 웃었다.

그와 함께 연구소에 근무했던 후배 연구원이 "최남석 전 부사장은 평소 외국문헌을 읽다가 아이디어가 나오면 수시로 연구원들에게 던져줬다"고 회상할 정도로 그는 연구에 온 힘을 쏟아부었다.

최남석 전 부사장은 연구소 운영에도 탁월한 능력을 보였다. 연구소에 일반기업의 목표관리(MBO)기법을 도입하고 박사 대 연구원 비율을 종래 1대 7에서 1대 2로 높이는 등 조직혁신을 주도해 기업연구소의 전형을 세웠다는 평가까지 받고 있다.

"연구소 연구개발 체계의 단계별 발전목표는 과거의 모방적 제품개발 연구에서 탈피해 독자적 연구개발 체계 확립을 위한 신기술·신물질·신제품 창출을 기본전략으로 하는 선진기술형 종합연구소 체제로 바뀌어야 합니다. 그렇지만 우리나라에서 그 만한 모습을 갖추고 있는 곳은 몇몇 대기업 연구소를 제외하고는 전무한 것 같습니다."

그는 "글로벌화가 가속화되면서 고도기술의 조기 습득 및 개발과 다양한 시장의 요구에 부응하기 위해서는 기업 연구소의 발전이 필수적"이라고 입버릇처럼 강조하고 있다. 그는 연구소를 운영하면서 생명과학뿐만 아니라 화학을 응용한 다양한 기술과 소재개발을 독려한 것으로 유명하다.

자신의 전공과 같은 고분자 연구부에서는 국내 최초로 설립한 응용기술센터의 기능을 보완하는 한편 목적기초연구 및 핵심기술연구 중심의 파이오니어링 연구와 소재별 전문화 및 다양화 등 제품 경쟁력 강화를 위한 재료기술연구에 주력하도록 했다.

또 농약, 의약, 염료중간체, 첨가제 등 유기합성연구를 수행하는 정밀화학 연구부를 만들어 기존물질 합성연구를 통한 기술축적과 매출 기여의 토대 위에서 물질의 분자구조 설계·변화를 통한 신물질을 만드는 한편 효능검정, 독성·안전성 검정시험 등을 통한 신규농약·의약품 개발연구를 진행시켰다.

이와 더불어 공정개발연구부를 설치해 기존 공정개선과 신공정개발, 상업화 기술확보를 위한 촉매·반응공학, 분리정제 등의 연구를 수행케 했다. 물리화학연구부에서는 당시 기업연구소에서는 보기 드문 크리스탈 X-ray, NMR(자기공명분석장치), GC/MS(가스크래마토그래피 분석장비), FT-IR(적외선 분석장비) 등 첨단기기를 도입해 모든 연구의 핵심이 되는 기초기술을 개발하는 한편 표면분석과 구조분석, 원소분석, 분리법 등 각종 분석연구로 각 연구부의 연구활동을 지원해 주도록 했다. 연구소 내 이런 유기적인 네트워크를 적용한 곳은 그 이전까지는 한 군데도 없었다.

최남석 전 부사장은 '미래 성장동력은 생명공학이 될 것'이라고 예상하고 연구원 내 바이오텍 연구부도 동시에 설치했다. 여기서는 물질특허 획득을 통한 고부가가치의 신규물질 창출이라는 전략 아래 1984년 미국에서 설립된 해외현지연구소(럭키 바이오텍)의 지원과 함께 단백질공학연구팀을 주축으로 신물질 개발을 독려했다.

그가 만든 바이오텍연구부는 당시로는 많은 사람들이 관심을 갖고 있지 않던 분자생물학, 발효공학, 단백질의 정제 등을 연구하는 단백질화학 및 공학, 제제연구, 특수제형연구, 생산품의 독성·임상시험을 코디네이트하는 팀으로 구성했다. 단순한 재료연구에 머물러 있던 기업연구소들의 관점에서 보면 상당히 파격적인 조직 구성이었던 것이다. 이 때문에 LG화학연구원은 아직도 기업연구소들 중에서 가장 생산성이 높다는 평가를 받고 있다.

기술연구원을 떠난 이후에도 LG화학 기술담당 상임고문으로 그간의 연구원 경영에 대한 경험을 살려 미국에서 LG 생명공학 연구소를 운영하면서 국내 기술자문과 해외 선도 연구기관과의 국제협력연구, 연구개발 결과의 해외 상품화를 추진해 국내기업 연구개발의 세계화에 기여하기도 했다.

그는 아직도 주사 맞기 싫어하는 어린이들을 위해 주사제 대신 알약으로 같은 효과를 내는 방법이나 세계최초의 AIDS치료제 등을 꿈꾸고 있다.

최 상 홍

한일 MEC 회장

△1935년 출생 △1958년 서울대 기계공학과 졸업 △1963년 공군본부 시설감실 기계 및 설비심사 장교 △1963~1966년 독일 슈트트가르트 LTG 사 근무 △1966년~한일기술연구소 대표 △1987년~장한기술시스템 대표

〈주요 업적〉 무역센터, LG그룹 트윈빌딩, 대법원청사, 인터콘티넨탈호텔, 삼성서울병원, 예술의 전당 등 건축기계설비

대학 때 느낀 전율로 50년
기계설비 외길

　　　　"건축기계설비만 50년째입니다. 독일회사에서 근무하다 귀국했던 1966년에 우리나라의 건축기계설비분야는 불모지와 다름없었습니다. 이제는 설비를 빼고 저를 이야기할 수 없을 정도로 제 일부가 됐습니다."

'기계설비업계의 대부'로 불리는 최상홍 한일 MEC 회장은 다른 길에 한눈 한 번 팔지 않고 '건축기계설비'라는 분야에서 꾸준한 길을 걷고 있는 인물이다. 최상홍 회장이 설비분야에 뛰어들게 된 계기는 서울대 기계공학과 재학 시절 들었던 한 강의였다.

대학 4학년 때 들은 '공기조화 및 냉동'이라는 강의인데, 생소한 분야였음에도 강의를 들으면서 온 몸의 전율 같은 것을 느꼈다고 한다. 최상홍 회장이 당시 강의를 담당했던 김효경 교수에게 찾아가 공기조화 기술을 평생 전공기술로 익히고 싶다는 말을 했다는 것은 기계과 내에서 유명한 에피소드로 남아있다.

우리나라에서는 설비에 대한 실무경험을 쉽게 쌓을 수 없었던 관계로 졸업 후 공군시설장교로 5년을 복무하자마자 독일 슈트트가르트에 있는 공기정화 전문회사인 LTG 사에서 3년간 기술연수를 받았다.

그가 LTG 사에 근무할 때의 에피소드 하나. 설비에 대한 목마름 때문에 그는 근무하던 3년 내내 가장 일찍 출근하고 가장 늦게 퇴근하는 직원으로 유명했다. 직원들의 출퇴근 시간을 가장 정확하게 알고 있는 경비원 모두가 인정하기도 했다.

그런 사정을 뒤늦게 알게 된 회사는 '초과근무수당' 을 지급하겠다고 했지만 그는 "오래 일하는 것은 돈 때문에 그런 것이 아니라 하나라도 더 배우기 위한 것" 이라며 정중하게 거절해 3년 근무 기간이 끝나고 귀국을 결심했을 때 LTG 사 사장이 직접 독일에 남을 것을 권유하기까지 했다.

큰 포부를 품고 한국으로 돌아와 1966년 한일 MEC의 모태인 한일기술연구소를 설립했지만 1960년대 후반 우리나라는 설비업 자체가 태동기였기 때문에 설비만으로는 힘들어 시공도 같이 해야 했다. 심지어 건물 냉난방은 난로나 선풍기만 제대로 설치하면 된다고 생각할 정도였다.

지금은 달라졌지만 당시만 해도 설비는 철저하게 건축의 하청체계로 돼 있어 건축에서 일괄 수주해 다시 설비에 하청을 주는 방식이었다. 심한 경우는 50%를 깎은 가격에 설비설계를 맡기는 등 속된 말로 '지독한 착취' 를 당했다.

"건축 전체를 본다면 설비는 모형과 투시도, 조경, 사진처럼 독립적으로 드러난 형태가 아니기 때문에 소홀하게 생각할 수도 있겠지만 설비가 없으면 건축물이 제 기능을 할 수 없게 됩니다. 마치 죽은 시체와 같습니다. 설비는 사람 몸으로 따지면 근육과 혈관 속을 흐르는 피와 같다고 보면 됩니다."

즉, 건물은 외관보다는 환기, 냉방, 난방, 급배수 등 설비에 대한 기능적인 측면이 중요하다는 것이다. 그러던 중 부산에 세워질 외환은행의 시공설비를 시작으로 외환은행본점, 대우센터, 대한화재보험, 김포공항, 국제센터빌딩, 종합무역센터, 도심공항터미널, 예술의 전당, 대법원청사, 국제신문사옥, 코오롱빌딩, 부산시청사, 정부 제3청사 등의 시공을 담당하게 됐다.

최상홍 회장이 주도한 대표적인 설비분야는 크게 6개로 나눌 수 있다. 냉난방 및 환기·위생, 소방설비설계·감리, 냉동·냉장장비 설계와 감리, 건축기계설비 시공관리, 건축기계설비 기술진단 및 시운전 조정, 공기조화 관련 기기개발, 기계설비 제어기기 연구개발과 제작 등이다.

그는 1967년 뉴서울 호텔 설계와 시공을 하면서 독일 LTG 제품의 인덕션 유닛을 국내 최초로 도입·적용했으며, 1974년 현재 삼성본관으로 사용되고 있는 동방생명사옥 설계 시 에너지 절약을 위한 폐열회수가 가능한 전열교환기도 국내 최초로 도입했다.

또 반도체 공장이나 제약 공장에 적용되는 바이오 클린룸을 1977년 국내 최초 GMP(Good Manufacturing Practice, 의약품 제조 품질 관리 기준)에 맞춰 동아제약 안양공장에 도입해 한동안 클린룸 견학의 필수장소로 꼽히기도 했다. 이어 한국기술전자연구소에 CLASS100 수준 클린룸을 도입했고 금성반도체 구미공장을 차례로 설계·감리해 클린룸 전문회사로 자리 잡게 됐다. 이밖에도 건식쿨러, 이젝터 타입의 냉각

탑 등 다양한 설비설계를 도입했다.

특히 서울 상계동 초고층아파트는 우리나라에서 최초로 시공된 초고층 아파트로, 모든 기준을 처음으로 만들어 적용해야 했다. 이 프로젝트에서 중간층에 설치된 어린이 놀이터를 이용해 급수용 중간 고가수조를 설치해 상하좌우 인접세대로 물소리에 의한 소음전달 방지대책을 고려했다. 지금은 보편화됐지만 당시에는 시대를 앞선 기술이라는 평가를 받기도 했다.

1990년대 초 인텔리전트 빌딩의 붐과 함께 새로운 기법들이 많이 도입되던 시기에 지어진 우리은행 본점 설비설계. 이는 국내 최초로 대형 업무공간에 있어서 소형공조기에 의한 구역별 제어가 도입된 것으로도 유명하다. 건물 중앙에 자연채광용 공간인 대형 아트리움을 설치해 근무환경의 쾌적성을 확대시켜 주변의 부러움을 샀다.

미국과 일본의 경우는 대학전공에서부터 중요한 부문으로 건축설비가 다루어지고 있고 많은 설비 전문인력이 활동을 하고 있지만, 우리나라는 아직도 건축설비가 기계공학이나 전기공학의 일부분으로 건축전공자들에게는 외면당하고 있는 실정이라는 것에 대해 최상홍 회장은 안타까워했다.

그는 건축설계와 설비설계를 동시에 제공하는 기계설비의 토털서비스를 처음 도입한 것으로도 유명하다. 최근 들어 건축설계와 설비설계의 상호연관성이 드러나면서 설비영역이 하나로 묶이고 있지만 이전에는 독립적으로 유지되는 것이 보통이었다.

그러나 최상홍 회장은 '건축설비는 통일성이 있어야 한다' 며 전기는 물론 기계설비 등 엔지니어링 영역의 모든 부분, 나아가서 감리까지 토털서비스를 강조하면서 한일에서 처음으로 도입했다.

"건축물이 단순할 때는 건축설계 단계에서 건물의 기능적 측면까지 담당할 수 있습니다. 그렇지만 건물의 기능이 복잡해지고 인공지능을 부여한 인텔리전트 빌딩까지 나오는 상황에서는 그 같은 모든 영역의 조정업무를 감당할 수 없습니다. 그렇기 때문에 건축설계에서부터 설비에 이르기까지 일괄서비스가 필요합니다. 우리나라 설비회사들도 앞으로 용역시장이 개방됐을 때를 대비해 토털서비스 개념을 적극 도입해야 할 것으로 보입니다."

"항상 부지런하고 남보다 앞서기 위해 최선을 다하라", "사람이 기술이고, 기술이 한일을 만든다"는 말을 입에 달고 다니는 최상홍 회장은 지난 1993년 한일 MEC의 모태인 한일기술연구소를 한일 MEC의 부설연구소로 재설립해 브레이크 없는 기술경쟁에 당당히 맞설 수 있도록 했다.

기술연구소는 1997년 외환위기를 벗어나면서 연구소 조직을 벤처기업형으로 탈바꿈해 자동제어분야를 중심으로 소형 건물을 위한 분산화 자동제어 네트워크 시스템을 연구·개발했다. 최근에는 건물의 에너지 성능, 친환경 평가프로세스 정립을 통한 공학해석, 초고층 건물 성능진단 기술, 미래기술 확보를 위한 이중외피 등 새로운 시스템 개발에 관한 연구를 진행시키고 있다.

최상홍 회장은 1989년 반도체공장의 초청정설비와 대형 냉동창고의 중앙식 냉동·냉장설비를 국내에서 최초로 설계·감리했을 뿐만 아니라 공조 냉동공학회 및 기계설비협의회 회장으로 기계설비 업계 발전에 크게 공한한 공로로 은탑산업훈장을 받았다. 기술개발에 대한 끊임없는 독려로 1997년 건축설비 및 소방시설의 설계 및 감리분야에서 ISO9001 품질시스템 인증을 취득하기도 했다.

그는 "산업과 생활의 수준이 첨단화될수록 건축물 내 설비에 대한 소비자들의 요구도 높아지고 있다"며 "냉방시설도 처음에는 시원한 기능만을 요구했지만 지금은 향기까지 느낄 수 있게 돼 기분까지도 좌우할 수 있는 설비를 요구하는 만큼 건축설계 계획에서부터 설비시설 자체가 고려돼야 한다"고 강조했다.

최 진 민

귀뚜라미보일러 명예회장

△1941년 출생 △청구대 졸업 △연세대 경영대학원 박사△ 1962년 신생보일러 대표이사 △1992년 SBS 이사 △귀뚜라미그룹 명예회장 △1996년 SBS 인터내셔날 회장 △2004년 귀뚜라미문화재단 이사장 〈주요 업적〉 한국형 보일러 개발 및 보급

보일러로 세계서 경쟁하는
기술예찬론자

최진민 귀뚜라미보일러 명예회장은 국내 보일러산업 발전에 한 획을 그은 인물이다.

1962년 귀뚜라미보일러 전신인 신생보일러공업사를 창업한 그는 연탄보일러, 기름보일러 등을 개발해 시장에 내놓으며 보일러시장을 주도했다. 귀뚜라미보일러는 처음에는 제품명이었으나 이 제품이 국민들의 사랑을 받으며 보일러의 대표적인 명사로 자리매김하자 1990년에 아예 회사명을 귀뚜라미보일러로 바꿨다.

귀뚜라미보일러가 현재 보유하고 있는 특허기술은 무려 560여 개에 이른다. 부품 국산화율도 98.7%이다. 거의 모든 부품이 국산품이다. 뿐만 아니라 한국인의 생활 특성과 가옥 구조에 맞도록 설계돼 있다.

이 회사의 대표적인 제품이 저탕식보일러다. 난방열이 바닥에 많이 집중되도록 했으며 특히 일반제품에 비해 온수를 많이 사용할 수 있도록 설계됐다. 여기에 연료절감 효과까지 갖췄다.

최진민 명예회장에게는 두 가지 수식어가 따라다닌다. 첫 번째가 '보일러업계의 대부'다. 1962년 귀뚜라미보일러를 창업해 40여 년이 지난 지금 국내 굴지의 정밀기계개발업체로 키워냈다. 귀뚜라미보일러의 현재 국내 점유율은 약 50~60%에 달한다.

그는 또 '기술예찬론자'로 유명하다. 회사설립 직후부터 경영자 겸 연구소장으로 활동해 왔다. 그는 귀뚜라미보일러가 갖고 있는 560여 개의 특허기술 개발에 직간접적으로 참여했다. 이는 '기술이 곧 힘'이라는 그의 평소 지론에서 기인했다. 귀뚜라미보일러는 요즘에도 매년 40여 개씩의 특허를 출원, 등록하고 있다. 최진민 명예회장의 '기술중시론' 맥이 끊이지 않고 이어진 결과다.

그를 지척에서 바라본 사람들은 '마치 고등학생의 삶을 사는 것 같다'고 감탄한다. 일찍 잠자리에 드는 대신 이른 새벽에 일어나 보일러 기술 관련 책을 펴기 때문이다.

그의 기술에 대한 욕심은 비단 회사에만 국한되지 않는다. 그는 대한민국 전체가 기술을 소중히 하고 발전시켜야 한다고 입버릇처럼 말한다.

최진민 명예회장은 우수한 공업, 농업기술직 공무원을 선정해 포상하는 '청민기술상'을 재정·지원하고 있다. 청민은 고향인 경북 청도의 앞글자와 자신의 이름 마지막자를 따서 지은 것으로 그는 지난 1984년 청민문화재단을 만들고 이를 통해 국내 우수 기술인뿐 아니라 예술인, 학자 등을 발굴·시상하고 있다.

최진민 명예회장은 기술에 관한 한 비 전문가의 아이디어라고 해도 소홀히 다루는 법이 없다. 국내 보일러산업의 기술수준을 한 단계 격상시킨 것으로 평가받고 있는 저탕식보일러, 비닐하우스보일러, 양어장보일러 등은 모두 비 전문가인 소비자의 머리에서 나온 아이디어에 착안해 만들어졌다.

귀뚜라미보일러는 온돌생활양식에 적합하도록 설계된 저탕식보일러 기술 외에도 보일러와 관련된 다양한 기술을 개발했다. 물론 중심에는 그가 있었다.

'터보소용돌이 버너' 기술은 자동차의 터보엔진기술을 응용한 것이다. 한 번 연소된 가스를 다시 빨아들여 다시 연소시켜 완전연소에 가깝게 만드는 기술이다.

이전까지는 불완전 연소되는 연료 비중이 높아 연료의 낭비율이 높았을 뿐 아니라 그을음과 유해가스가 발생해 환경을 해치는 이중의 문제가 있었다.

'거꾸로 타는 하향연소식보일러' 도 연료절감에 크게 기여한 기술로 꼽힌다. 이 기술을 활용한 제품의 장점은 같은 열로 두 번 열 교환을 할 수 있다는 점이다. 불꽃이 내려오면서 한 번, 다시 올라오면서 한 번 등 2번 가열할 수 있어 열효율이 매우 높다. 일반적인 제품의 열효율이 87%인 데 비해 이 기술을 적용한 제품의 열효율은 95%에 이른다.

가스누출을 탐지하는 기술도 개발해 제품에 적용했다. 귀뚜라미보일러가 내놓은 히트작 중 하나인 '가스누출탐지 보일러' 는 가스가 외부로 누출되면 엄지손가락 크기의 전자감응장치가 이를 탐지해 보일러 가동을 중단시키고 가스가 옥외로 나가도록 고안됐다. 이 탐지기는 담배연기 정도의 약한 화기도 검색해 낼 정도로 정밀하며 최진민 명예회장이 직접 고안해 화제를 불러 모으기도 했다.

'찜질방 전용 보일러'는 찜질 전용온도인 38도에서 40도를 적절하게 유지시켜주는 제품이다. 제품개발에는 찜질을 하기에 가장 적합한 온도를 유지시켜주는 자동온도조절시스템 기술이 접목됐다.

이와 함께 비닐하우스나 양어장 등 일반주택이 아닌 곳에서 사용하는 전문용도의 제품기술 개발에도 노력하고 있다. 또 축열식 화목보일러, 갈탄보일러 등 조개탄이나 장작, 종이상자 등 주변에서 흔히 구할 수 있는 땔감을 연료로 사용하기 때문에 연료비 부담을 크게 줄일 수 있다.

안전성 향상 기술도 빼놓을 수 없다. 대표적인 안전기술로는 가스누출탐지기와 지진감지장치를 들 수 있다. 이 기술은 소량의 가스라도 누출이 되면 자동으로 보일러를 정지시킨다.

지진으로 인한 사고에도 대비했다. 지진이나 충격에 의해 보일러가 벽에서 이탈되면 자동으로 보일러 작동이 멈추는 장치를 개발했다.

최근에는 보일러 산업에 첨단기술의 꽃이라 할 수 있는 네트워크 기술을 접목시켰다. 귀뚜라미보일러가 개발한 '홈네트워크형 보일러'는 인터넷이나 휴대전화로 보일러를 작동시킬 수 있도록 했다.

귀뚜라미보일러는 업계 내에서도 수준 높은 서비스로 정평이 나 있다. 서비스원들이 전용차량을 통해 전국 어디에나 판매 후 관리를 할 수 있도록 하는 체제를 완벽히 갖췄다.

특히 최진민 명예회장은 사고가 나기 전에 미리 점검해 소비자들의 권익을 보호하자는 '미리미리 서비스'라는 개념을 도입했다. 귀뚜라미보일러가 서비스 부문에서 타의추종을 불허하는 데 기반이 됐다는 낙도 서비스용 선박을 따로 사들여 전국 어디에서나 서비스를 받을 수 있도록 했다.

해외시장 공략에도 박차를 가했다. 1999년 중국 톈진에 공장을 세우는 것을 비롯해 세계 곳곳에 개발거점을 세워 현지 시장을 본격 공략하도록 했다. 최진민 명예회장은 한국에 온돌문화가 있는 것처럼 각 국가마다 사용하는 연료도 다르고 소비자들의 특성도 다르다는 것을 강조하며 한국형뿐만 아니라 유럽형, 러시아형, 중국형, 북미형 등 각 지역 특성에 맞는 보일러를 생산해 해외시장 공략에 나서야 한다고 말하곤 했다.

이뿐 아니다. 그는 기술수출에도 앞장섰다. 귀뚜라미보일러의 우수한 기술은 기술 선진국으로 알려진 일본에서도 탐내는 것이었다. 귀뚜라미보일러는 지난 1996년 회사가 자랑하는 기술 중 하나인 '터보 소용돌이 버너' 기술을 일본 보일러 업체에 수출하기도 했다.

최진민 명예회장은 엔지니어뿐 아니라 사회의 리더로서도 막대한 영향을 줬다. 그는 '노블리스 오블리제'를 직접 실천한 인물로 꼽힌다.

그는 20여 년 동안 꾸준히 장학사업을 펼쳐오고 있다. 귀뚜라미문화재단을 통해 매년 결손가정이나 불우한 가정 학생 중 성실하고 꿋꿋이 살아가는 이들을 선발해 장학금을 전달하고 있다. 장학금을 받은 학생만도 3만 5,000명이 넘는다.

한국 경제의 최대 위기였던 외환위기 때도 귀뚜라미보일러의 장학금 지급을 멈추지 않았다. 오히려 외환위기가 터져 불우한 학생들의 상황이 더 힘들어질 것이라고 판단해 장학금 규모를 늘렸다. 지원 학생 수도 3,000여 명으로 대폭 늘렸다.

이외에도 귀뚜라미는 연구기관과 학술관련단체 연구비 지원, 교육기관 발전기금 지원, 공업과 농업분야 발전기금 지원, 무의탁 양로원과 고아원, 보육원 등의 사회복지시설 지원 등을 하고 있다.

최 진 석

하이닉스 반도체 전무

△1958년 출생 △경북대 금속공학과 △한양대 재료공학 박사 △1995년 삼성전자 기술개발부 수석연구원 △2001년 삼성전자 상무 △2004년 하이닉스반도체 메모리제조본부장 전무

〈주요 업적〉 16메가 D램부터 1기가 D램 개발을 이끈 한국 반도체 신기술 개발의 주역

하이닉스 부활 이끈 뚝심의 사나이

2003년 1월 하이닉스에 합류한 최진석 상무(당시 직책)는 사무실에서 창 밖을 바라보는 시간이 많아졌다.

스스로 자청해서 제조본부를 맡기는 했지만, 19년 전 반도체 업계에 발을 들여 놓은 이후로 한 번도 연구소를 떠난 적이 없는 순수한 '연구개발(R&D)맨' 이었기 때문에 제조본부를 어떻게 이끌어가야 할지 사실 막막한 상황이었다.

원래 최진석 전무는 하이닉스로 스카우트되기 전까지 1984년부터 2001년까지 삼성전자 반도체 연구소에서 일했다. 그는 사실 16메가 D램부터 1기가 D램 개발을 이끈 한국 반도체 신기술 개발의 숨은 주역이었다.

16메가 D램 개발 시절에는 커패시터(Capacitor)부분을 맡아 연구원으로서 최고의 상이라는 삼성그룹 기술 대상을 처음 수상했다. 그 이후 1995년 256메가 개발로 두 번째 삼성그룹 기술 대상을 받았으며, 2001년 300mm 공정 책임자를 맡으면서 세계 최고의 300mm 초기 생산 수율을 기록함으로서 총 3회의 삼성그룹 기술 대상을 받은 화려한 경력의 연구 전문 인력이었다.

그가 합류한 2003년 1월 당시는 하이닉스 이사회가 마이크론 테크놀로지와의 합병을 거부하고 독자생존을 위해 안간힘을 쓰던 시기였지만 실상 하이닉스는 전기료도 낼 수 없을 만큼 최악의 상황에 있었다.

당시 최진석 전무가 스스로 자청해서 제조본부로 옮긴 것은 나름대로 이유가 있었다. 전문가들은 하이닉스 몰락의 최대 원인을 현대전자와 LG반도체를 합병한 정부의 빅딜정책으로 꼽고 있었지만, 최진석 전무는 이러한 외적 요인보다는 하이닉스 내부적인 요소에 집중했다.

그는 '경쟁사보다 열세인 하이닉스의 제조 경쟁력'에서 문제를 찾고 있었다. 제조 부분에서의 열세는 결국 뒤처진 원가 경쟁력으로 이어지게 되고, 결국은 경쟁사가 짜놓은 제품가격에 맞춰서 회사가 출렁일 수밖에 없는 상황이라고 결론지었다.

실제 2002년 당시 하이닉스의 제조원가는 경쟁사들보다 높은 수준인데다, 매출은 경쟁사에 비해 낮은 수준이어서 지속적인 적자를 이어갈 수밖에 없는 구조였다. 최진석 전무는 우선 경쟁력 있는 제조원가 구조를 위하여 생산량 증대를 결심하게 된다.

하지만 이러한 구상은 처음부터 난관에 봉착한다. 생산량 증가를 위해서는 그에 상응하는 투자가 필요가 했지만 하이닉스는 최소한의 투자금액도 갖고 있지 못한 상황이었다. 게다가 더욱 어려웠던 것은 직원들의 패배주의 의식이었다.

이때부터 최진석 전무는 라인의 사원에서부터 임원까지 8,000여 명의 제조본부 직원들을 설득하며 쓰러져가는 회사의 비전을 제시하는 강의를 하게 된다. 여기서 그는 회사의 어려운 실정을 가감 없이 보여주며, 이를 극복하기 위해서 필요한 '계란으로 바위 치기' 식의 혁신적 사고와 발상을 호소하게 된다.

반면 그는 직원들의 이야기를 경청하는 일에도 힘을 실었다. 현업 조장들은 "사실 우리들의 의견이 엄청나게 기술적인 아이디어는 아니었다. 웨이퍼를 클리닝하는 데 쓰이는 수도꼭지를 두 개로 늘리자는 것과 같은 사소한 발상들이었지만, 최진석 전무는 이에 대해 기꺼이 귀를 기울였다. 결과적으로 이런 의견들이 엄청난 원가절감의 역할을 해준 것으로 안다"고 전했다.

이와 함께 최진석 전무는 직원들의 성과에 대한 보상과 포상 제도를 분명히 운영하면서 '열심히 일하는 직원이 더 즐겁게 다닐 수 있는 회사' 를 만들어 갔다. 또한 본인 스스로도 창고에 보관되어 있던 옛날 16메가, 64메가 시절에 쓰던 구식 장비를 사용하자는 의견을 제시했다.

이것은 사실 투자 없이 생산량을 늘리자는 격으로 어떤 전문가도 감히 꺼낼 수 없었던 혁신적인 아이디어였다. 하지만 그의 지휘 아래 구식장비들은 엔지니어들의 피땀 어린 노력과 함께 개조되면서, 수백억 원짜리의 장비들로 다시 태어나 경쟁사들을 놀라게 만들었다. 이렇게 몇 개월이 지나자 16메가 D램을 뽑아내던 장비들은 어느덧 멀쩡하게 256메가 D램을 생산하고 있었다.

이러한 노력은 조금씩 성과를 보여주게 되는데, 2003년 1월 4만 장을 생산하던 M7 라인이 6월에 들어서자 25% 증가율을 보이며 5만 장 생산을 달성하고, 그 해 12월에는 다시 6만 장에 도달하는 등 웨이퍼의 생산량이 눈에 띄게 올라갔다.

이러한 생산량 증가는 자연스런 원가절감과 판매증가를 가져와 하이닉스는 드디어 그 해 8월부터 흑자를 내기 시작했다. 이는 하이닉스가 적자를 기록하기 시작한 지 32개월만의 일이었으며, 그가 제조를 맡은 지 7개월만에 이루어낸 성과이기도 하다.

이렇게 시작한 혁신전략을 바탕으로 그가 제조본부에 부임한 2003년 첫 해부터 시작해 2004년, 2005년까지 3년 연속 세계 최고의 웨이퍼 생산비율 증대를 기록하게 했다. 사실상 이는 수조 원씩 투자를 하여 생산량을 늘리는 경쟁사들보다 더욱 더 값진 성과로 업계에서 평가되고 있다.

2003년 흑자 전환이 이뤄지고 2004년에는 영업이익 2조 원을 달성했지만, 반도체 업계와 시장에서는 아직도 하이닉스반도체의 미래를 내다보는 시선은 냉정하기만 했다.

우선 2005년 상반기부터 D램 반도체 시장의 환경이 급속도로 악화되기 시작한 것이 주요 원인이다. 실제로 반도체 업계에서는 '하이닉스의 부활은 2004년에 있던 D램 시장의 호황에 의지한 불완전한 회복'으로 보고 있었다.

이들은 D램 시장이 급락하는 2005년이야말로 하이닉스의 진짜 체력을 평가할 수 있는 시기로 보고 있었다. 사실 D램의 판매가는 매년 평균 30%의 하락률을 보인다. 하지만 2005년 D램 시장은 이미 상반기부터 30%가 급락하는 양상을 보이기 시작했다. 이러한 시장의 환경 변화에 대처하기 위해 최진석 전무는 청주에서 일부 생산하고 있었던 낸드플래시 생산에 보다 힘을 싣기 시작한다.

2005년 상반기 최진석 전무는 D램 시장의 불황이 심화될 것을 예측하고 청주의 두 개 라인을 모두 낸드플래시로 전환하기로 결정한다. 주위의 우려에도 불구하고 최진석 전무가 이러한 전략을 세운 것은 낸드플래시를 통해 회사의 수익 구조를 다양화함으로써 D램 가격 사이클과 상관없이 지속적인 이익을 낼 수 있도록 만들기 위함이었다.

결과적으로 이런 결정은 그의 빠른 추진력과 맞물려 엄청난 결과를 나타내게 된다. 청주사업장에서는 D램에서 낸드플래시로 생산을 전환하기 위해 수천 대의 장비를 이동하면서도 이미 장비를 가동하고 있는 곳에서의 생산량은 지속적으로 늘어나는 믿을 수 없는 상황들이 연출되었다. 결국 낸드플래시로의 급속한 전환은 하이닉스를 2005년 세계 최고의 매출 성장률로 이끌며, 세계 9위의 반도체 업체로 거듭나게 하는 1등 공신이 되었다.

이제는 아무도 하이닉스의 부활을 의심하지 않는다. 오히려 전문가들의 관심은 하이닉스가 어디까지 성장할 것인가에 있다.

이러한 궁금증은 최진석 전무의 '세계 1위 정복 23개 아이템'을 들여다 보면 가늠할 수 있다. 그가 2003년 제조본부를 맡으면서 23개 도전 아이템을 세웠을 당시만 해도 'D램 제조원가 1위', '신제품 수율 1위'와 같은 아이템은 그저 머나먼 꿈으로 보였지만, 매년 1위 아이템들을 하나 둘 달성하며 끈질긴 저력을 보여주고 있다. 그는 '이 아이템들이 모두 1위가 되는 순간 하이닉스가 1위가 될 것'이라고 믿고 있다.

이를 위해 그는 또 다시 새로운 이야기를 제시하고 있다. 그것은 제조본부는 바로 '불가사 본부'라는 것으로, '불가능을 가능케 하는 본부’ 라는 뜻이다. 누구나 불가능할 것이라고 생각하는 목표를 정해 놓고 우리가 도전해 보자는 것이다.

결국 불가사 본부는 올해에만 지금까지 15개의 불가사 목표를 달성했다. 그중에는 100일 연속 생산량 증대 신기록이라는 목표도 있었다.

현재 하이닉스는 세계 메모리업계 2위, 반도체 업계 7위에 올라섰다.

최창영

고려아연 회장

△1944년 출생 △1969년 서울대 금속공학과 졸업 △1976년 미국 컬럼비아대 공과대학원 박사 △1976년 고려아연 상무 △1980년 고려아연 대표이사 부사장 △1988년 고려아연 사장 △1987년 코리아니켈 사장 △2004년 코리아니켈 회장 △2002년 고려아연 회장 △2004년 케이지엔지니어링 회장 공적

〈주요 업적〉 아연제련 설비 핵심 공정 세계 최초 개발

기술 열정 하나로 세계최고에 올라

최창영 고려아연 회장은 전형적인 학자 타입이다. 시간이 나면 책을 읽고 산에 오른다. 대외적인 활동에도 좀처럼 나서지 않고 30년 가까이 비철금속제련 기술에 전념해 왔다.

1974년에 설립된 고려아연은 해외 현지법인인 미국 일리노이주에 위치한 빅리버진크(Big River Zinc Corporation)와 호주 타운스빌에 위치한 선메탈스(Sun Metals Corporation), 관계사인 영풍 석포 제련소 생산량을 포함하면 전 세계 생산량의 10%에 달하는 세계 제일의 비철금속 제련업체다.

최창영 회장은 고려아연에서 아연과 제련소 건설을 비롯해 조업과 기술개발을 주도적으로 추진했으며 온산제련소를 국제경쟁력을 갖춘 종합비철제련소로 성장시켰다. 아연제련 설비의 핵심 공정인 전해 공장 설비개선과 자동화의 일환으로 음극판 절연코팅기술을 세계 최초로 개발해 상용화시켰으며 습식아연제련 공정중 발생하는 연과 은이 함유된 잔사 처리 및 은을 회수하는 방법에 대한 특허 출원 및 상용화로 연의 생산량을 증대함으로써 수입을 대체하는 성과를 이루어냈다.

최창영 회장은 고려아연 최기호 창업주의 차남으로 고려아연은 창업주와 아들 삼형제가 30년간 일군 기업이다.

창업주 고(故) 최기호 회장은 맏아들인 최창걸 명예회장에게는 경제학과 경영학을, 둘째 최창영 회장에게는 금속공학을, 셋째인 최창근 부회장에게는 자원공학을 전공하도록 해 고려아연을 경영하는 데 필요한 세 가지 공부를 각각 삼형제에게 나눠 시켰다.

최창영 회장은 설립 2년 후인 1976년 입사해 기술개발에 주력해 현장에서 묵묵히 기술을 개발해왔다. 그는 나서기를 꺼려해 많이 알려지지 않았지만 금속공학, 특히 비철금속제련분야에서는 전 세계적으로 손꼽히는 전문가다. 그는 고려아연이 갖고 있는 세계 최초, 최고 기록의 상용화를 주도했다. 고려아연은 2002년 하반기에 산업자원부로부터 세계 일류기업으로 인증받았다.

최창영 회장은 "설립한 지 30년 만에 규모와 기술 모두에서 선진 제련소를 따라 잡았다"면서 "세계 최고가 되자는 경영철학과 임직원들의 열정이 어우러진 결실이라고 생각한다"라고 말한다.

고려아연은 세계적으로 인정받는 기업이지만 일반인들에게는 생소한 기업이다. 최창영 회장은 언론과 좀처럼 인터뷰를 하지 않아 더욱더 알려지지 않은 최고경영자이다.

고려아연은 1978년 울산의 온산공단에 연산 5만 톤 규모의 아연제련소를 준공한 뒤 설비를 확충해 연간 아연 43만 톤과 연(鉛) 20만 톤을 생산하는 종합비철금속제련회사로 성장해 단일 아연제련소로는 세계 최대 규모이다.

1996년에 인수한 미국 현지법인 빅리버진크(BRZ)와 2000년부터 가동한 호주의 선메탈스(SMC)를 합한 고려아연의 올해 아연 생산량은 세계 최대로 아연 수요의 약 10%를 공급한다.

최창영 회장은 "생산능력 확충은 기술력이 뒷받침됐기에 가능한 일이었다"면서 "기술개발을 통해 증설 투자를 하고도 원가 경쟁력을 유지할 수 있었다"고 설명했다.

최창영 회장은 1990년대 들어 기존 공법에 의한 증설은 경쟁력이 없다는 판단을 내리고 신기술 개발에 착수했다. 벨기에의 유미코어(Umicore)와 공동으로 '상압직접침출공법'을 개발했고 1994년에는 이 공법으로 공장을 지어 생산능력을 19만 톤에서 22만 톤으로 늘렸다.

이 방식을 활용해 생산능력을 지속적으로 확충했다. 상압직접침출공법은 설비투자비와 유지보수비가 덜 드는 장점이 있어 아연 가격 변동에 유연하게 대응할 수 있도록 해줬다. 아연 값이 오르면 약간의 설비를 추가로 설치해 생산량을 늘릴 수 있는 것이다.

아연 제련의 가장 일반적인 방법은 원광석을 태운 뒤 이를 황산에 녹여 불순물을 제거하고 전기분해하는 순서를 따른다. 이 공법은 설비투자 비용이 크다는 단점이 있어 대안으로 1980년대에 원광석을 황산에 바로 녹이는 '가압직접침출공법'이 개발됐다. 고려아연이 세계 최초로 성공시킨 상압직접침출공법은 고압을 가하지 않아도 돼 가압직접침출공법보다 에너지가 덜 들고 설비 유지보수가 쉽다.

아연을 제련하고 남은 잔재는 중금속이 흘러나와 보통은 플라스틱을 입힌 저장소에 담아 놓는다. 아연을 생산하면 할수록 저장소를 늘려야 하는데 환경규제가 강화되고 있어 아연제련소들은 대부분 잔재 처리에 골머리를 썩고 있는데 이 같은 문제점을 없앤 것이다.

최창영 회장은 특히 환경친화적인 아연 처리공법에 자부심을 갖고 있다. 비철금속제련이 일반 소비자들에게 공해산업으로 알려져 있지만 고려아연이 이런 고정관념을 깼다는 자신감이다.

"우리는 1980년대 말에 잔재처리공법 개발에 들어가 1995년부터 설비를 가동했습니다. 2000년에는 세계 최초로 잔재의 90% 이상을 처리하는 성공을 거뒀습니다."

이 같은 최창영 회장의 말에서 자신감은 물론 자부심도 함께 느낄 수 있다.

그는 "국내외 전문가들과 정보와 의견을 나누며 많은 도움을 받고 있다"고 말한다. 항상 겸손한 모습을 보인다는 것이 지인들의 평가다. 이구택 포스코 회장과 이진형 한국과학기술원 교수, 정인상 경북대 교수 등이 그와 동창이며 친하게 지내고 있다.

최창영 회장은 직원들에 대한 칭찬도 아끼지 않는다.

그는 "나는 주로 어떤 기술을 선택할지 전략적인 판단을 내렸고 상용화는 임직원들이 이뤄냈다"면서 "우리 임직원들의 추진력 덕분에 지금의 고려아연이 있을 수 있었다. 새 공정이 잘 돌아가지 않자 문제가 해결될 때까지 한 달 동안 공장에서 숙식한 임직원도 있다"고 소개했다.

고려아연이 취급하는 아연은 일반 소비자들이 잘 알지 못하는 사업부문이다. 그러나 아연은 우리 일상생활에 없어서는 안 되는 금속이다. 아연은 녹이 슬지 않도록 철강을 도금하는 데 가장 많이 활용되는데 세계 아연 생산량의 절반 정도가 이 용도로 쓰인다. 자동차 한 대에 평균 13Kg의 아연이 사용된다고 한다.

아연 생산량의 20% 정도가 사용되는 황동은 건축자재와 문손잡이 등 장식용품에 사용된다. 아연은 강도와 유연성이 좋아 다이캐스팅 주조법으로 자동차 정밀부품 등을 만드는 데에도 사용되고 자외선을 잘 차단하는 성질이 있어 선블록 크림의 성분으로도 쓰인다. 인체의 필수 미네랄로 각종 의약품에도 사용된다.

고려아연의 잔재처리공법은 과학기술부와 환경부로부터 각각 국산신기술(KT)과 환경신기술(ET) 인증을 획득했다. 이 기술은 잔재에서 연, 은 등 유가금속을 회수한다. 고려아연은 연간 24만 톤의 각종 아연 잔재를 처리해 유가금속을 3만 5,000톤을 회수한 뒤 청정 슬래그 15만 톤을 시멘트공장 등에 판매한다.

최창영 회장은 "외국의 아연제련소들도 이 공법의 도입에 관심을 나타내고 있고 엔지니어링 수출 상담을 벌이고 있다"면서 "이 공법은 아연 잔재뿐 아니라 다른 산업폐기물을 처리하는 데에도 활용할 수 있을 것"이라고 내다봤다.

그는 최근 기관투자가와 애널리스트들의 반대를 수용해 계열사 에어미디어에 추가로 출자하지 않기로 결정했다. 그는 "고려아연 경영진도 투자자 입장에서 에어미디어 유상증자 참여 여부를 고민하고 있었다"면서 "결국 주주가치 제고를 위해 당초 계획을 철회했다"고 말했다.

일반인들에게는 잘 알려지지 않았지만 일상 생활 속에 깊숙이 들어와 있는 아연 제품에 있어 세계 1위로 올라선 고려아연. 고려아연의 기술 혁신을 이끌어온 최창영 회장은 한국의 산업 경쟁력을 세계 10위권으로 올려놓은 숨은 1등 공신이다.

허진규

일진그룹 회장

△1940년 출생 △1963년 서울대 금속공학과 △1965년 한국차량기계제작소 근무 △1967년 일진전기 창업 △1975년 일진 설립 △1978년 일진전자 설립 △1982년 일진경금속 설립 △1985년 일진그룹 대표이사 회장 △1987년 덕산금속공업 설립 △1988년 일진다이아몬드 설립 △1994년 일진산전 설립 △1998년 이천전기 인수
〈주요 업적〉 PCB용 전해동박, 공업용 합성다이아몬드 개발

금속산업 업그레이드시킨 거인

취업을 준비하는 이공계열 대학생들에게 '꿈의 직장'
이라 불리는 곳이 있다. 바로 일진그룹이다. 기초실험에서부터 생산
과 수출에 이르는 모든 과정에 참여할 수 있고 이를 통해 자신들이 연
구한 제품이 시장에서 어떤 위치를 차지하고 반응이 나타나는지 등을
직접 체험할 수 있기 때문이다. 일진그룹이 그런 풍부한 연구실습 기
회를 제공하게 된 데에는 그룹 총수인 허진규 회장의 기업이념이 바탕
이 됐다.

서울대 금속공학과 출신 엔지니어답게 허진규 회장은 창업 이래 40
년 동안을 오로지 부단한 기술개발로 회사 성장을 이룩한 대표적인 경
영인이다.

1967년 4평 남짓한 자기 집 마당에서 회사를 차린 뒤 당시 누구도 거
들떠 보지 않았던 소재산업과 중간재 개발생산에 진력해왔다. 그래서
일반 소비자들은 '일진' 이라는 이름을 낯설어 한다.

"소비재 한두 개만 있어도 기업 홍보가 훨씬 더 잘 될 텐데…."

그 말에 허진규 회장은 "나보고 패밀리 레스토랑을 열라고요? 자신이 없어 못하겠습니다. 천직이 이쪽인가 봐요"라며 끝내 고개를 흔든다.

국내 최고 부품 소재 전문기업을 이끌어 온 허진규 회장. '원조 벤처인'이라는 별명을 가질 정도로 허진규 회장은 그동안 기술개발에 골몰해왔고 '부품·소재'라는 한 우물만 파왔다. 기술이 천직이라 굳이 사람들이 잘 알아주는 소비재산업을 하지 않아도 상관없다는 게 세간에 알려진 그의 경영철학이다.

부품·소재 산업은 국내 기업이 가장 취약한 분야이다. 특히 주요 전자부품에 대한 일본 의존도가 심화되는 상황에서 주요 기술제품의 국산화를 이룩했다는 것은 그가 우리 사회에 기여한 바가 적지 않다는 것을 의미한다. 허진규 회장은 기술개발 원칙을 이렇게 요약했다:

"우선 남들이 쉽게 개발할 수 있는 것, 그 시장에 진입하기 용이한 것은 가급적 손 대지 않는다."

아무나 뛰어들 수 있는 '레드오션'은 진정한 기술이 아니라는 뜻이다.

그는 또한 아무리 훌륭한 기술이라도 산업발전에 도움이 되지 않는다면 연구하지 않는다는 소신을 가지고 있다. 반대로 한 번 개발하기로 마음먹은 기술은 절대로 포기하지 않는 뚝심을 가진 것으로도 유명하다.

일진그룹은 현재 핵심주력분야인 공업용 합성다이아몬드부문의 세계 3대 메이커로서 전체 시장의 3분의 1을 장악하고 있다. 공업용 다이몬드 합성은 대기업도 쉽게 진출하지 못한 분야였다. 그러나 1985년 일진그룹을 '다이아몬드 프로젝트'를 가동해 결국 2년만인 1987년 다이아몬드 합성에 성공하였고 1990년부터는 양산에 들어갔다. 세계적 기업인 GE가 장악하고 있는 공업용 합성다이아몬드 시장을 뚫은 것이다. 하지만 GE 측이 가만히 있을 리 만무했다.

'영업비밀 침해'라는 명목으로 일진그룹을 상대로 소송을 걸어온 것이다. 당시 '산업계 골리앗과 다윗 싸움'이라고 불리며 무려 7년간에 걸쳐 벌어진 그 소송은 일진그룹의 사활이 걸린 전쟁이나 마찬가지였다. 결과는 일진그룹의 대승리였다. 허진규 회장의 뚝심과 일진 직원들의 치밀하고 적극적인 대응에 GE가 두 손을 들고 만 것이다.

'극일(克日)'을 하겠다며 40년 전 부품·소재산업에 뛰어들었던 허진규 회장. 일본 수입품에 의존했던 송배전 선로용 각종 전력 금구류를 생산한 게 그의 초기 작품이다. 이후 공업용 다이아몬드와 PCB(인쇄회로기판)용 전해동박을 개발하면서 성장가도를 달렸다.

전해동박에도 얽힌 사연이 많다. 일진이 개발하기 전까지 전해동박은 일본에서 전량 수입에 의존해오던, 모든 전자부품에 들어가는 필수적인 산업전자 소재로 국가의 전자산업 발전에 없어서는 안 될 품목이었다. 허진규 회장은 "우리나라 기간산업에 발전이 될 만한 품목 개발에 매진한다"는 결심으로 5년이 넘는 기간과 막대한 비용을 감수하면서까지 묵묵히 개발에 매진해 마침내 성공하게 된다.

개발 이후에도 일본 업체의 견제 등 숱한 우여곡절을 겪으면서도 독자적인 기술로 최고급 품질의 제품을 완성, 국산화시킴은 물론 지금은 세계 3대 메이커로 자리매김하고 있다.

최근 개발한 프로젝션용 싱글 LCD 패널(액정소자기판)도 그의 투철한 기술개발 정신을 보여주는 좋은 예다. 한때 대형 TV 시장을 주도했던 프로젝션 TV 속에는 0.7인치 미만의 LCD 패널이 3개 들어간다. 3개의 패널이 빛의 3원색인 적색, 녹색, 청색을 쏘아 천연색을 만들어내기 때문이다.

그러나 허진규 회장은 2001년 '1개의 패널로 천연색을 내보자' 며 팔을 걷어붙였다. 5년간 기술개발에 투자한 돈은 1,000억 원대. 그래도 성과가 뚜렷하지 않자 포기해야 하는 것이 아니냐는 이야기가 안팎으로 흘러나왔지만 허진규 회장은 포기하지 않았고, 결국 지난 2006년 4월에 성공했다.

세계 최초의 쾌거였던 이 기술의 개발은 앞으로 상당한 영향력을 미칠 듯하다. 한마디로 개인 휴대용 스크린 시대를 열 수 있게 되는 것이다. 이 싱글 LCD 패널이 휴대전화기에 장착되면 10인치짜리의 개인 휴대용 스크린을 즐길 수 있다. 현재 소니, 엡손 등 일본 업체에서 대부분을 수입하고 있는 프로젝션용 LCD 패널을 이번 제품 개발로써 상당한 수입대체효과를 일으킬 수 있다는 것이 또한 일진그룹 측의 계산이다.

허진규 회장은 "기술개발을 하다보면 난 더 기다려줄 수 있는데 직원들이 먼저 중간에 포기하는 경우가 있다" 면서 "실패한 기술도 축적이 되고 다른 식으로 응용하면 훌륭한 기술이 되는 만큼 끝까지 최선을 다해야 한다"고 말한다.

그는 또 직원들에게 늘 당부하는 것이 있다. "하이테크로 남들이 하는 것을 따라 하지 말라", "시장성이 있는 기술을 개발하고 특허로 철저히 보호하라", "쉽게 제품화할 수 있는 기술을 개발하라" 등이다.

기술은 그 국가가 얼마나 부강한지 가늠하는 척도다. 돈이 있더라도 기술이 없으면 강국이 아니다. 산업과 국가에 꼭 필요한 기술을 개발하라. 하나의 기술을 개발한다는 것이 결코 쉬운 일은 아니기에 끈기 있게 하라는 그 자신의 신념을 직원들에게 주문하는 데 게으름이 없다.

"인재야말로 기업의 가장 큰 경쟁력입니다. 돈은 없으면 빌리면 되지만 인재야 어디 그렇습니까."

허진규 회장은 창업 이후 지금까지 인재육성에 남달리 강한 애착을 보여왔다. 사내에 산학학생제도, 석박사지원제도, FTM(경영자 후보과정) 등을 운영하고 대학 연구소 지원에도 적극적이다. 지난 1990년 당시 자신의 모교인 서울대 부설 신소재연구소 건립에 당시 기업이익의 절반을 전액 희사한 것도 기술개발에 필요한 인재를 양성해야 된다는 그의 소신에서 비롯되었다.

이미 40년간 신소재의 국산화와 기초기술개발이라는 외길을 걸어왔지만 그는 요즘도 그 길을 걷는 데 주저하지 않는다. 첨단 한국의 미래가 바로 거기에 달려 있다고 믿는 것이다. 그래서 그는 실력은 좋은데 돈 벌기 쉬운 일에만 집착하는 젊은 기업인들을 보면서 누구보다도 안타까워한다. 쉬운 것보다는 우리 사회를 위해 꼭 필요한 게 무엇인가를 먼저 생각해야 한다는 게 그가 지닌 기업정신인 것이다.

ROTC 1기 출신인 허진규 회장은 환갑을 훌쩍 넘긴 나이지만 겨울이면 용평스키장을 찾을 정도로 건강을 자랑한다. 취미가 뭐냐는 질문에 그는 "내 취미는 신기술개발이지요"라며 사람 좋은 웃음을 짓는다. 한국 기술개발의 산증인답게 거인의 풍모가 느껴지는 웃음이었다.

홍순익

한진중공업 사장

△1946년 출생 △1970년 서울대 조선공학과 졸업 △1970년 한진중공업 입사 △1972년 미국 Frigitemp Marine 사 근무△ 1974~1984년 미국 JJ 헨리 사 수석엔지니어 △1976년 미국 스티븐스 공대 해양공학 석사 △1999년 미국선급협회 한국 총괄담당 부사장 △ 2001년 한진중공업 조선부문 부사장 △ 2004년~한진중공업 조선부문 대표이사 사장

〈주요 업적〉 고부가가치 선박 제조기술 개발

각국의 선급경험 산업현장서 꽃피워

조선하면 한국이다. 한국 조선업계 상승세가 하늘을 찌르고 있다. 세계 조선소 1~5위를 국내업체가 휩쓸며 컨테이너선과 액화천연가스(LNG)선, 액화석유가스(LPG)선 등에서 최고 수준의 기술력을 자랑하고 있다.

이 같은 국내 조선업계의 실적에는 조선업계 CEO의 리더십이 밑바탕이 됐음은 물론이다.

"조선소 외에 갈 곳이 없다."

바로 1970년 서울대 조선해양공학과를 졸업한 이래 36년간 국내외 선박건조 및 해양 엔지니어링분야에서 기술자이자 경영자로서 끊임없는 연구개발을 몸소 실천하고 있는 홍순익 한진중공업 사장의 말이다.

홍순익 사장은 국내 조선사는 물론 해외 엔지니어링사와 미국 선급을 두루 거치며 체득한 경험과 노하우를 산업현장에 적용해 오늘날 우리나라가 세계 1위의 조선강국을 이룩하는 데 큰 역할을 담당한 것으로 평가받고 있다.

홍순익 사장은 한진중공업에서 후판전용 수직자동 용접 시스템, 조선용 블록의 대형화를 이룬 GPE SKID공법, 바다 속 수중 용접공법인 'DAM' 공법을 세계 최초로 성공시키는 등 획기적인 선박건조기술 개발을 선도해왔다.

대한민국 1호 조선소인 부산 영도 조선소에서 선박 건조와 수주 활동에 주력하고 있는 그는 서울대 조선해양공학과를 졸업하고 본격적인 조선인의 길을 걷기 시작했다.

그는 대학을 졸업하고 미국에 유학 및 외국계 회사에서의 수석엔지니어, 대형조선사의 조선소장, 미국선급협회 부사장에서 2001년 초 다시 친정인 조선으로 복귀하기까지 국내외 조선현장을 두루 거친 조선전문 경영인이다.

1970년 대한조선공사(한진중공업 전신)에 입사한 그는 이어 1972년 미국 Frigitemp Marine 사에 입사 3년간 경험을 쌓고 1974년부터 10년간 미국 JJ 헨리 사에서 조선해양 수석엔지니어로 활약했다.

특히 매일 아침 5시 새벽기도로 하루를 시작할 정도로 근면한 홍순익 사장은 일하는 동안에도 학업을 병행, 1976년 미국 스티브스 공과대학에서 해양공학 석사학위를 받은 정통 조선 엔지니어다.

그는 1984년 삼성중공업 설계이사로 귀국해 1998년까지 삼성중공업 거제조선소장, 부사장 등을 두루 거쳤다. 이어 1999년 미국선급협회(ABS) 한국 총괄담당 부사장으로 활동하다 2001년 한진중공업 조선부문 부사장을 거쳐 2004년 9월부터 한진중공업 조선부문 대표이사 사장을 맡고 있다.

누구보다 조선산업에서의 기술의 중요성을 잘 알고 있는 홍순인 사장은 한진중공업의 두뇌역할을 하는 조선기술연구소를 통해 신기술 연구와 신제품 개발에 매진할 수 있도록 지원하고 있다. 특히 디지털 혁명을 맞아 구조해석 유동해석 진동소음 등 컴퓨터 기술과 인터넷 기술을 도입하는 데 엔지니어로서 그의 역량을 십분 발휘하고 있다.

이는 한진중공업의 자체 경쟁력을 영도 조선소에서의 고난도 기술 개발과 고부가가치 선박 건조를 통한 기술 중심과 함께 필리핀 조선소를 통한 생산 중심 두 가지 축을 두고 추진하는 것과 연관된 것이다.

그 역시 1990년대 유조선 및 살물선의 최적 개념설계에 관한 연구, 고속 컨테이너선 선형개발 등을 대한조선학회지에 발표한 엔지니어로서 누구보다 기술의 중요성과 현장의 애로사항을 잘 알고 있기 때문이다.

2004년 9월부터 최고사령탑을 맡아 온 그는 세계 최초로 도크 밖 해상에서 블록 탑재를 통해 배를 건조해내는 이른바 댐(DAM) 공법에 성공하기도 했다. 이는 8,100TEU급 컨테이너선에 적용될 수 있는 것으로 지난 2005년에 특허를 획득했다. 또 그해 10월 한진그룹으로부터 계열분리 독립을 성공적으로 이끌어 내기도 했다.

특히 컨테이너 부두건설에 대한 기여로 2002년 대통령 표창을 받았고 이와 함께 2005년 9월 후판전용 용접시스템을 개발해 장영실상을 수상했다. 75mm 이상의 두꺼운 선체외판의 용접 효율을 높이도록 디지털 통신 제어방식을 이용해 정확한 원거리 제어를 가능케 했다.

또 아크센서와 엔코더를 활용한 정확한 속도 제어 등이 가능한 것이 특징이다. 이러한 아크상태 판단 기술로 미숙련 용접사도 사용이 가능하다.

국내외 업계에서 정통 조선맨으로 한국 및 미국 조선학회, 한국해양공학회, 한국엔지니어클럽 회원으로 왕성한 활동을 하는 홍순익 사장은 한진중공업을 세계 조선기술의 센터로 발전시킬 적임자라는 평가를 받으며 고부가가치 선박전문의 조선사 구축에 앞장서고 있다.

황창규

삼성전자 반도체 총괄사장

△1953년 출생 △서울대 전기공학과 졸업 △메사추세츠 주립대 전자공학 박사 △1985~1989년 미국 스탠퍼드대 전기공학과 책임연구원 △1992년 삼성전자 반도체연구소 이사 △1999년 삼성전자 반도체총괄 반도체연구소장 부사장 △2000년 삼성전자 메모리사업부장 대표이사 부사장 △2001년 삼성전자 메모리사업부장 사장 △2004년 삼성전자 반도체총괄 겸 메모리사업부장 사장

〈주요 업적〉 40나노 32기가 낸드플래시 메모리 개발

반도체 미래 열어가는
황의 법칙 창조자

"21세기는 황의 법칙이 정보통신 관련 및 과학업계를 움직일 것이다."

이 분야에 조금이라도 관심 있는 사람이라면 대부분 이 말에 고개를 끄덕일 것이다. '황의 법칙' 은 메모리 신성장론으로 반도체 집적도가 1년에 두 배씩 늘어날 것이라는 이론으로 여기에서 '황' 은 황창규 삼성전자 반도체 총괄사장을 가리키는 말이다.

황창규 사장의 명성은 '황 = 대한민국의 반도체 미래' 라고 하면서 업계가 일거수일투족을 주시할 정도로 높다.

2002년 2월 샌프란시스코에서 열린 국제반도체학회(ISSCC)총회에서 황창규 사장은 기조연설을 했다. 반도체 올림픽이라는 이 총회에서 탄생한 게 바로 '황의 법칙', 즉 반도체 신성장론이다. 세계가 반도체의 절망을 얘기할 때 황창규 사장은 희망을 노래했다. 그는 미래의 반도체는 PC 일변도에서 탈피해 모바일 · 디지털 제품으로 수요가 확대된다고 예상했다.

또한 반도체의 집적도는 1년에 2배씩 늘어난다고 주장했다. 1965년 인텔의 창업자로 컴퓨터의 연산속도가 매 18개월마다 2배씩 빨라지며 이를 주도하는 것이 PC라고 주장했던 '무어의 법칙'을 뒤집은 것이다. 황창규 사장이 반도체 교과서를 새로 쓴 것이다.

황창규 사장은 '독종'으로 통한다. 서울공대 동창이면서 벤처신화를 일궈낸 이민화 전 회장은 "세상에 총기가 있는 사람은 많지만 마지막에 승리하는 자는 독종"이라며 "황창규 사장이 그런 사람"이라고 말한 바 있다.

황창규 사장의 독종으로서의 모습은 '1등에 항상 배고프다'는 의지로 표출된다. 반도체는 절대강자만이 살아남는 무한경쟁 시장이기 때문에 2등, 3등은 의미가 없다. 그래서 세밀한 전략이 있어야 하고 우직한 돌진이 있어야 한다는 게 그의 철학이다.

그는 1994년 256메가 D램의 시제품을 세계 최초로 개발한데 이어 1996년 1기가 D램 시제품, 1999년 1기가 낸드메모리 플래시 제품을 세계 최초로 개발했다. 2006년 9월에는 40나노 32기가 낸드플래시 메모리 개발에 성공해 2010년에는 메모리와 비 메모리를 통틀어 반도체 분야의 세계 1위 기업으로 도약하겠다는 의지를 밝혔다. 2010년까지 삼성전자 반도체 부문이 매출 400억 달러(약 38조 원)를 올려 인텔을 제치겠다는 것이다.

황창규 사장의 강점은 본인의 강한 의지 못지않게 주변을 '한 번 해보자'는 환경으로 만든다는 점이다. 1등은 혼자의 힘이 아닌 팀원들의 의지와 노력이 있어야 한다는 점을 누구보다 잘 알고 있는 것이다. 팀원은 다름 아닌 황창규 사단이라고 불리는 세계 최강의 반도체 연구진을 두고 하는 말이다.

다음은 황창규 사장이 소개한 '삼성전자가 세계 최초로 256메가 D램의 개발에 성공' 했던 당시의 일화이다.

"무척 무덥던 1994년 8월 11일 오후. 여느 때와 마찬가지로 수요공정 개발회의가 진행되는 도중 짧은 메모가 전달했다. '256메가 D램 워킹 다이 확보'. 이 메모를 대하는 순간 그동안의 고난이 벅차오르는 감동과 서로 교차하고 있었다. 삼성전자가 세계 최초로 256메가 D램의 개발에 성공한 것이다.

0.25미크론의 기술을 구현해야 할 256메가 D램은 0.35미크론의 64메가 시제품 0.5미크론의 16메가 D램 양산제품과는 달리 넘어야 할 기술의 벽이 너무 많고 상대적으로 기초기반 기술이 취약했다. 그러기에 연구원들의 회의적인 시각과 자신감 결여로 처음부터 어려움을 겪어야 했다. 개발 책임자로서 연구원들의 자신감을 고취시키는 일이 급선무였다.

연구원들에게 우리의 기술력이 일본의 콧대 앞에 무너질 수 없다는 의지를 심어주기 위해 함께 등산을 하고 수차례의 워크숍을 통해 기술현실을 분석, 대책을 마련했다. 또한 일본경쟁사 기술회의를 통해 벤치마킹을 꾸준히 습관화해 개발의지를 계속 불타오르게 했다.

젊고 적극적인 연구원들이 점차 개발에 대한 집념과 확고한 신념을 갖게 된 것이 나를 고무시켰다. 이와 함께 16메가 D램의 덴시티

(Density)를 통해 0.25미크론에 접근한 다음 근접한 기술부터 접목시켜 256메가 D램을 개발하며, 기존 설비를 이용하기로 개발전략을 수립했다.

이런 기초준비를 거쳐 6개월 후인 1992년 3월 킥오프(Kick-Off) 회의를 열고 개발을 위한 긴 여정에 들어갔다. 경쟁사의 기술을 모방하고 따라가던 모습을 바꿔 우수한 자체기술을 개발하겠다는 각오를 다지기 위해 '테크놀로지 엑설런트 프로젝트'라는 암호명까지 내걸었다.

수많은 시행착오를 겪으면서 연구원들은 상당한 자신감을 갖게 됐고, 개발에 가속도가 붙어 어느 정도 가시적인 결과로 얻었다. 이를 토대로 시제품 설계팀은 1994년의 신정과 설 연휴도 반납한 채 4월에는 설계를 마무리했고, 공정연구원은 여름휴가를 전원 반납한 채 새로 갖추어진 포토 설비의 인프라를 이용해 밤낮으로 연구소의 불을 밝혔다.

1994년 8월 11일, 첫 번째 런이 나와 테스트를 하게 됐다. 오후 4시 아홉 번째 웨이퍼에서 2억 6,700만 개 셀 전부가 동작하는 기적이 일어난 것이다. 당시 256메가는 50번 이상의 런을 투입하고도 많은 시행착오를 겪어야만 개발이 가능하다고 믿고 있었다. 그래서 경쟁업체들은 우리 기술개발의 성공을 믿기 어렵다고 발표할 정도였다.

그러나 우리는 3개월 후 완전작동 샘플을 HP와 IBM 등의 거래선에 전달했다. 이것은 기적이 아니라 우리 연구원들의 땀과 노력, 눈물의 대가였다."

황창규 사장은 지금도 팀워크와 함께 커뮤니케이션을 중시한다. 그는 한 달에 1시간 30분은 어김없이 경영현황 설명회에 할애한다. 직원들과 의견을 교환하고 세상의 흐름을 전망하면서 1등을 위한 전략을 얘기한다. 그의 카리스마는 바로 여기에서 나온다고 한다.

사실 그는 모질게 자란 사람은 아니었다. 황창규 사장의 조부는 사군자 중 매화부문에서 일가를 이룬 구한 말 화원화가 황매선 선생이다. 그는 어려움 없이 자라 해외 유학을 마치고 삼성에 스카우트되어 지금에까지 이르렀다.

그는 리더의 필수적인 요건으로 통찰력을 꼽는다. 시장의 흐름은 물론이고 기술변화를 감지하고 마케팅 변화를 포착해야 한다. 그리고 과감한 결단력도 필요하다.

2001년은 그의 판단이 가장 빛난 경우이다. 2001년은 지독히 불황이었다. 반도체뿐만 아니라 정보통신 산업 전체가 가라앉았다. 그래서 기업들은 혹독한 구조조정을 할 수밖에 없었다. 삼성의 추월 상대였던 도시바도 마찬가지였다.

도시바는 당시 삼성에게 손을 잡자고 제안을 했다. 시장점유율이 2배나 되는 도시바가 삼성전자에 포괄적인 업무제휴를 요청한 것이다. 하지만 황창규 사장은 이를 단호하게 거절하고 이건희 회장을 설득했다. 그리고 삼성전자만의 독자노선을 걸었고 결국 황창규 사장이 승리했다.

과학기술로 세상을 열다

초판 1쇄 2006년 12월 5일
　　2쇄 　　　12월 20일

지은이 매일경제 과학기술부
펴낸이 김석규　**담당PD** 권병규　**펴낸곳** 매경출판(주)
등 록 2003년 4월 24일(No. 2-3759)
주 소 우)100-728 서울 중구 필동1가 30번지 매경미디어센터 9층
전 화 02)2000-2610(출판팀) 02)2000-2636(영업팀)
팩 스 02)2000-2609　**이메일** publish@mk.co.kr

ISBN 89-7442-428-2
값 12,000원

• 이 책은 한국과학문화재단의 인쇄매체 지원사업의 일환으로 제작되었습니다.